CHARLES DARWIN & TÜRLERİN KÖKENİ

- EVOLUATIONARY ESSAY BOOK ON-

CHARLES DARWIN &

"ON THE ORIGIN OF THE SPECIES"

[BİR BİYOGRAFİK & DARWIN VE EVRİM KURAMI ÇALIŞMASI]

Yazarı (Author): Charles DARWIN (İngiliz Biyolog Evrimci)

Sayfa Düzeni ve Grafik Tasarım: (e-Kitap Projesi)

(Fulya Saatçıoğlu & Murat Ukray)

Kapak Tasarımı: E-KİTAP PROJESİ

İstanbul – Nisan, 2025

ISBN: 978-625-3871-51-2

İletişim ve İsteme Adresi:

www.ekitaprojesi.com

İÇİNDEKİLER

YAZAR HAKKINDA

İnsan dahil tüm canlı türlerinin doğal seçilim yoluyla bir ya da birkaç ortak atadan evrildiğini öne sürmüş ve o günün şartlarına göre bu teoriyi destekleyen pek çok kanıt sunmuştur. Darwin'in fikirleri üzerine inşa edilen modern evrim teorisi, bugün biyoloji biliminin temeli ve birleştirici öğesidir. Evrimin gerçekleştiği gerçeği Charles Darwin'in yaşadığı dönemde, doğal seçilim teorisinin evrimin ana açıklaması olduğu ise 1930'lu yıllarda bilim dünyası tarafından kabul görmüştür. Darwin'in orijinal teorileri modern evrimsel biyolojinin temelini oluşturmakta, hayatın çeşitliliği üzerine birleştirici bir mantıksal açıklama sunmaktadır.

Darwin'in doğa tarihine duyduğu ilgi, önce Edinburgh Üniversitesi'nde tıp, sonra Cambridge Üniversitesi'nde teoloji okurken gelişti.

Beagle gemisinde yaptığı beş senelik yolculuk sırasında, zamanın meşhur jeoloğu Charles Lyell'ın ortaya attığı, geçmişteki jeolojik süreçlerin bugünkülerle aynı olduğunu savunan teoriyi destekleyecek pek çok gözlem yaptı ve iyi bir jeolog olarak ünlendi. Aynı yolculukta, canlıların coğrafi dağılımı ve fosiller üzerine yaptığı dikkatli gözlemler sonucunda, türlerin birbirine dönüşümüyle ilgilenmeye başladı ve 1838'de doğal seçilim fikrini geliştirdi. Daha önce benzer fikirlerin "sapkınlık" olarak nitelendirildiğini ve bastırıldığını görmüş olduğundan, uzun süre fikirlerini en yakın arkadaşları dışında kimseye açmadı. Olası itirazlara en iyi şekilde cevap verebilmek için araştırma yapmaya ve kanıt toplamaya başladı. 1858'de Alfred Russell Wallace'dan aldığı bir mektubu okuyunca, Wallace-'ın da kendisininkine benzer bir teori geliştirdiğini anladı, ve nihayet teorisini yayımlamaya karar verdi.

1859'da yayımladığı *On the Origin of Species* (*Türlerin Kökeni Üzerine*) adlı kitabı, canlıların ortak atalardan evrilerek çeşitlendiği fikrinin geniş kabul görmesini sağladı. Daha sonra yayımladığı *The Descent of Man, and Selection in Relation to Sex* (*İnsanın Türeyişi, ve Cinsiyete Mahsus Seçilim*) kitabında insan evrimini ve cinsel seçilim fikrini inceledi. *The Expression of the Emotions in Man and Animals* (*İnsan ve Hayvanlarda Duyguların İfadesi*) adlı kitabında ise insanların ve hayvanların duygularını ifade ediş şekilleri arasındaki benzerlikleri ortaya koydu.

BİRİNCİ BÖLÜM:

CHARLES DARWIN VE HAYATI

CHARLES DARWIN KİMDİR

ÇOCUKLUĞU VE GENÇLİĞİ

Darwin, 12 Şubat 1809'da,

İngiltere-
nin Shropshire bölgesindeki Shrewsbury kasabasınd a, Robert ve Susannah Darwin'in beşinci çocuğu olarak The Mount'ta dünyaya geldi. Babası Robert Darwin ve baba tarafından dedesi Erasmus Darwin, ünlü doktorlardı. Annesi ise zengin bir çömlek imalatçısı olan Josiah Wedg-wood'un kızıydı. Darwin Temmuz 1817'de, henüz sekiz yaşındayken, annesini kaybetti. Eylül 1818'de ise Shrewsbury Okulu'nda yatılı öğrenci olarak eğitime başladı.

1825'te mezun olan Darwin, bir süre babasının yanında stajyer doktor olarak çalıştıktan sonra İskoçya'daki Edinburgh Üniversitesi'nin tıp fakültesine yazıldı. Fakat cerrahlığa bir türlü ısınamadı ve tıp derslerini boşlamaya başladı. Okulda çalışan Guyana kökenli azledilmiş bir köleden taksidermi (hayvan doldurma) sanatını öğrendi. Doğa tarihiyle ilgilenen öğrencilerin kurduğu Plinius Topluluğu'na (*Plinian Society*) katıldı. Öğretmeni Robert Edmund Grant'ten Jean-Baptiste Lamarck'ın evrim teorisini öğrendi ve Grant ile beraber deniz canlılarını inceleyip ortak atalardan evrilme teorisini destekleyen homoloji (farklı canlı türlerinde aynı temel yapıya sahip organların bulunması) örnekleri buldu. Bir başka öğretmeni olan Robert Jameson'dan ise jeoloji ve bitkilerin sınıflandırılması üzerine dersler aldı, Edinburgh Kraliyet Müzesi'nin bitki koleksiyonunu düzenlemede Jameson'a yardımcı oldu.

Darwin'in tıp eğitimini iyice boşladığını farkeden babası, 1827'de onu Edinburgh'dan alarak Cambridge Üniversitesi'ne bağlı *Christ's College*'a yazdırdı.

Darwin'in teoloji okuyup bir din adamı olmasını umuyordu. Darwin, teolojide tıbba kıyasla daha başarılı olsa da (özellikle teolog William Paley'nin, canlıların karmaşıklığını üstün zekâlı bir yaratıcıya bağlayan yazılarını beğeniyordu), asıl ilgi alanı hâlâ doğa tarihiydi. Kuzeni William Darwin Fox ile beraber böcek toplamaktan hoşlanıyordu. Böceklere olan ilgisi sayesinde botanik profesörü John Stevens Henslow ile tanışan Darwin, bu profesörle yakın arkadaş oldu ve hem Henslow'un doğa tarihi dersine yazıldı, hem de ondan özel dersler almaya başladı. Kısmen bu dersler sayesinde, 1831'de 178 kişilik devresinde 10. olarak mezun oldu. Darwin 1831 yazını, jeoloji profesörü Adam Sedgwickile beraber Galler'in jeolojik katmanlar haritasını çıkararak geçirdi.

1831 sonbaharında Henslow, Darwin'i *HMS Beagle* gemisinin kaptanı Robert FitzRoy ile tanıştırdı. *Beagle*, Aralık 1831'de FitzRoy'un komutasında iki senelik bir Güney Amerikayolculuğuna çıkacaktı ve kaptan yolda kendisine arkadaşlık edecek iyi eğitimli bir doğabilimci istiyordu. Henslow'un tavsiyesi üzerine FitzRoy, Darwin'i gemisine almayı kabul etti. Darwin'in babası önce bu uzun yolculuğa izin vermediyse de, kayınbiraderinin araya girmesiyle fikrini değiştirdi.

HMS Beagle'ın yolculuğu iki yerine beş yıl sürdü. Darwin, yolculuk boyunca çok çeşitli jeolojik oluşumlar, fosiller ve canlılar keşfetti ve bunlardan örnekler topladı. Fırsat buldukça Cambridge'e keşiflerini anlatan ayrıntılı mektuplar yazıyor, topladığı ilginç örnekleri postalıyordu. Bu sayede, kendisi uzakta olmasına rağmen, İngiliz doğabilimcileri arasında ünü epey yayıldı. Yolculuk boyunca tuttuğu günlüğüne, doğabilimsel keşiflerinin yanı sıra, karşılaştığı değişik insan topluluklarıyla ilgili kültürel ve antropolojik gözlemlerini de yazıyordu. Bu günlüğü 1839'da *The Voyage of the Beagle* (Beagle Yolculuğu) adıyla yayımlayacaktı. Denizdeki yolculuğu boyunca defalarca ağır deniz tutması geçirmesine rağmen, hayvanbilim notlarının büyük kısmı denizde yaşayan omurgasızlarla ilgilidir, ilk notunun konusu durgun suda topladığı bir plankton kümesi hakkındadır.

Yolculuk Darwin için kolay olmadı. Deniz tutmasından fena şekilde etkilendi, Ekim 1833'te Arjantin'de ateşli bir hastalık geçirdi, Temmuz 1834'te ise And Dağları'ndan Şili'ye dönerken tekrar hasta oldu ve bir ay yataktan çıkamadı.

Yolculuğun başında Kaptan FitzRoy, Darwin'e Charles Lyell'ın *Principles of Geology* (Jeolojinin Prensipleri) adlı kitabını vermişti. Lyell bu kitabında jeolojik oluşumların, bugün de devam eden çok yavaş süreçlerin etkisiyle, çok uzun çağlar sonucunda oluştuğunu savunuyordu.

Darwin, Batı Afrika açıklarındaki Santiago adasında, yüksek volkanik kaya yamaçlarında mercan ve deniz kabuğu kalıntıları bulunca, bu yamaçların bir zamanlar deniz altında bulunduğunu, ve Lyell'ın söylediği gibi çağlar boyunca yavaş yavaş yükseldiğini anladı. Darwin yolculuk boyunca pek çok önemli jeolojik keşif yapacaktı. Patagonya'da gördüğü, deniz kabukluları ve çakıldan oluşan geniş düzlüklerin yükselmiş sahiller olduğunu tahmin etti, ve Şili'de bir deprem sonrasında deniz seviyesi üstünde kalmış midye yatakları gözlemleyince, kıyının deprem sonucu yükseldiğini anladı. Benzer şekilde, And Dağları'nın yamaçlarında, kumlu sahillerde yetişen ağaçlara ve deniz kabuklularına ait fosiller buldu ve bu yamaçların zaman içinde yükseldiği sonucuna vardı. Ayrıca Hint Okyanusu'nda bol bol inceleme fırsatı bulduğu atollerin (mercan adalarının), deniz tabanından yükselen volkanik dağların çevrelerinde oluştuğunu keşfetti.

Darwin Güney Amerika'da, soyu tükenmiş devasa memelilere ait fosiller buldu. Bu fosillerin bulunduğu katmanlarda modern deniz kabuklularına ait kalıntılar da vardı, yani bu memelilerin soyu yakın zamanlarda, herhangi bir iklim değişikliği ya da felâket olmadan tükenmişti. (Darwin'in zamanında yaygın görüş, fosillerin Nuh tufanı benzeri büyük felâketlerde ölen hayvanlar olduğuydu.) Darwin bu hayvanların benzer Afrika ve Avrupa türleriyle akraba olduklarını düşündü, oysa İngiliz biyolog Richard Owen 1836'da bu hayvanların modern Güney Amerika türlerine çok daha yakın olduğunu gösterecek ve Darwin'in kafasında şekillenmekte olan doğal seçilim fikrine bir destek daha sağlayacaktı.

Principles of Geology'nin 1832'de çıkan ikinci cildi, Güney Amerika'daki Darwin'e postalandı. Charles Lyell, bu ciltte evrim fikrine karşı çıkıyor, biyolojik türlerin dağılımını "yaradılış merkezleri" fikriyle açıklıyordu. Darwin, bir taraftan bunu okurken, bir taraftan da daha sonra kendi evrim teorisini destekleyecek olan çok önemli gözlemler yapıyordu. Galápagos Adaları'ndan pek çok "alaycıkuş" (*mockingbird*) örneği topladı ve bu kuşların, yaşadıkları adalara göre ufak fizyolojik farklar gösterdiklerini farketti.

Yerel İspanyollar'ın, bir kaplumbağanın görünüşüne bakarak hangi adadan geldiğini anlayabildiklerini öğrendi. (İngiltere'ye dönüş yolculuğunda notlarını düzenlerken, "alaycı kuşlar ve kaplumbağalar hakkındaki şüphelerim doğruysa, türlerin değişmezliği fikri sarsılacaktır" diye yazacaktı.) Avustralya'da gördüğü keseli sıçan-kangurular ve ornitorenkler Darwin'i o kadar şaşırttı ki, Dünya canlılarının iki ayrı yaratıcı tarafından yaratılmış gibi olduklarını düşündü.

Beagle'ın 1826-1830 arasındaki ilk yolculuğu sırasında, Güney Amerika'nın en güney ucundaki Tierra del Fuego'dan alınmış ve İngiltere'de "medenîleştirilmiş" olan üç Yagan yerlisi, misyonerlik yapmaları için kabilelerine geri verildi. (Darwin bu kabileleri "sefil ve rezil vahşiler" olarak tanımlıyordu.) Bir sene geçtiğinde, yerliler misyonerlik görevini bırakmış, eski hayatlarına geri dönmüşlerdi. Darwin, kısmen bu tecrübe sonucunda, insanların hayvanlardan sanıldığı kadar uzak olmadığını düşünmeye başladı. Darwin, insan toplulukları arasındaki yaşayış farklılıklarını, ırksal gelişmişlikle değil, kültürel gelişmişlikle açıklıyordu. Güney Amerika'da şahit olduğu kölelik kurumundan hoşlanmıyor, Avrupalı kolonilerin Avustralya ve Yeni Zelanda'daki yerli halklara verdiği zarardan üzüntü duyuyordu.

Yolculuğun sonlarına doğru Darwin'in tuttuğu ayrıntılı notları okuyan Kaptan FitzRoy, yolculukla ilgili resmi raporun doğabilimle ilgili son kısmını Darwin'in yazmasını rica etti.

İKİNCİ BÖLÜM:

"EVRİM TEORİSİ NEDİR?"

EVRİM TEORİSİNİN DOĞUŞU

Darwin'in seyahatteyken İngiltere'ye yolladığı mektuplar, fosil örnekleri ve doldurulmuş canlılar, eski öğretmeni Henslow aracılığıyla İngiliz doğa bilimcilerine aktarılıyor, Darwin'in ünü bu sayede gittikçe yayılıyordu. *Beagle* 2 Ekim 1836'da İngiltere'ye döndüğünde Darwin saygın bir doğa bilimci olarak tanınmıştı. Darwin, İngiltere'ye ayak bastığında, önce Shrewsbury'ye gidip akrabalarını ziyaret etti, sonra Cambridge'e gelerek *Beagle* yolculuğunda topladığı örneklerin tanımlanıp sınıflandırılması üzerinde çalışmaya başladı. Henslow, bitki örneklerini tasnif edip isimlendirmede Darwin'e yardımcı oluyordu, fakat hayvan örnekleri için Darwin'in uzman zoologlara ihtiyacı vardı. Babasının parasal desteğiyle Londra'ya gidip zoologlarla görüşmeye başlayan Darwin, Charles Lyell aracılığıyla Richard Owen adında bir biyologla tanıştı. Owen, Darwin'in getirdiği fosilleri inceleyerek o güne kadar bilinmeyen pek çok soyu tükenmiş hayvan türü tanımladı. Bu türlerin arasında, tembel hayvan benzeri büyük memeliler, hipopotam benzeri bir otobur memeli (*Toxodon*) ve armadillo benzeri dev bir zırhlı memeli (*Gliptodon*) da vardı. Bu hayvanlar anatomik olarak, Darwin'in düşündüğü gibi Afrika hayvanlarına değil, Güney Amerika hayvanlarına yakındılar.

Darwin, Aralık 1836'da Güney Amerika kıtasının yükseldiğine dair bir bilimsel makale yazdı, ve Ocak 1837'de Lyell'ın da desteğiyle bu makalesini Londra Jeoloji Cemiyeti'ne sundu. Aynı gün, *Beagle* yolculuğunda topladığı kuş ve memeli örneklerini de Londra Zooloji Cemiyeti'ne sundu. Ornitolog John Gould, Darwin'in tanımlayamadığı ve değişik türlere ait olduğunu varsaydığı bir grup kuşun aslında birbirine çok yakın 12 yeni ispinoz türü olduğunu açıkladı. Darwin Şubat 1837'de Coğrafya Cemiyeti Konseyi'ne seçildi, ve bir ay sonra Cambridge'den Londra'ya taşındı.

Londra bilim çevrelerinde, hayatın ve canlı türlerinin kökeni sevilen bir tartışma konusuydu. Matematikçi ve filozof Charles Babbage'ın başını çektiği bir grup, Tanrı'nın Dünya'daki hayatı özel bir mucize aracılığıyla değil, doğa kanunları aracılığıyla yarattığını savunuyordu.

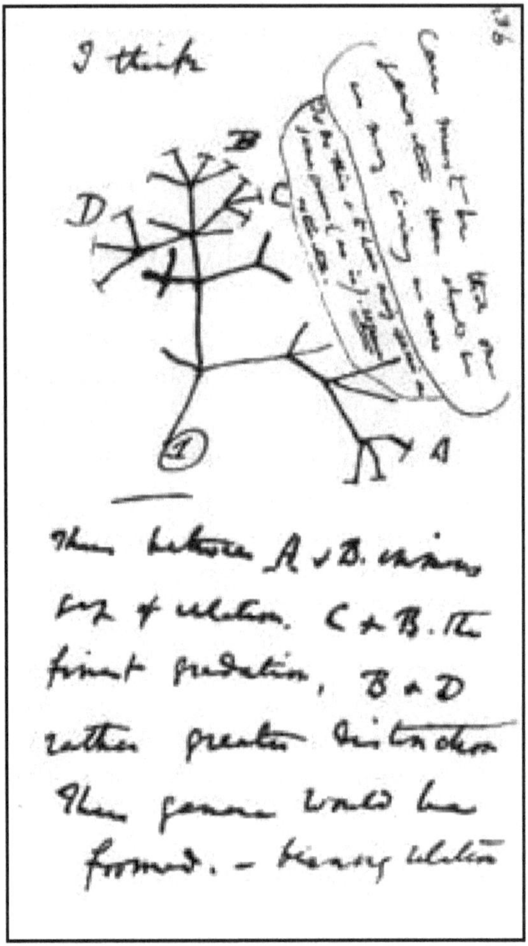

Darwin'in 1837'de günlüğüne çizdiği evrim ağacı

Darwin'in Edinburgh Üniversitesi'nden hocası Robert Edmund Grant ve Dr. James Gully gibi bir grup bilim insanı ise türlerin birbirine dönüşebildiğini iddia ediyor, ama bu fikirleri yüzünden çoğunluk tarafından sapkınlıkla ve toplumsal düzeni bozmaya çalışmakla suçlanıyordu.

Mart 1837'de John Gould, Darwin'in farklı adalardan topladığı alaycı kuşların farklı türlere ait olduklarını açıkladı. İspinozları hangi adalardan topladığını not etmemiş olan Darwin, Kaptan Fitz Roy'un notlarını inceleyince, Gould'un tanımladığı farklı ispinoz türlerinin de farklı adalardan geldiğini keşfetti. Nisan 1837'ye gelindiğinde Darwin, anakaradan göç edip farklı adalara yerleşen kuşların, zaman içinde bir şekilde değişiklik geçirip farklı türlere dönüştüklerini anlamıştı. Temmuz ayında, her zamanki günlüğünün yanı sıra, türlerin birbirine dönüşümüyle ilgili fikirlerini yazdığı gizli bir "B" günlüğü tutmaya başladı ve bu günlüğün 36. sayfasına ilk kez bir evrim ağacı çizdi.

Darwin, bir taraftan türlerin dönüşümü üzerinde çalışırken, bir taraftan da *Beagle* günlüklerini yayıma hazırlıyor, ve Charles Lyell'ın fikirlerini destekleyecek bir Güney Amerika jeolojisi kitabı yazıyordu. Tüm bunların üstüne, bir de kendi getirdiği örnekler hakkındaki uzman görüşlerini içerecek geniş kapsamlı bir eser üzerinde çalışmaya başladı.

Sonunda bu yüksek çalışma temposuna dayanamayarak kalbinden rahatsızlandı. Eylül 1837'de doktor tavsiyesi üzerine çalışmalarına ara verdi ve Shaffordshire'da akrabalarının yanında kalmaya başladı. Kuzeni Emma Wedgwood da aynı evde kalıyor ve hasta bir akrabaya bakıyordu. Haziran 1838'e kadar Shaffordshire'da kalan Darwin, türlerin dönüşümü üzerindeki araştırmalarına devam ediyor, uzman görüşü almak için doğabilimcilerin yanı sıra çiftçiler ve güvercin yetiştiricilerine de danışıyordu. Bir taraftan da kuzeni Emma'dan hoşlanmaya başladığını farkeden Darwin, günlüğüne yazdığı notlarda evliliğin yararları ve zararlarını karşılaştırıyor, yarar hanesine "*yaşlılıkta arkadaş olur ... köpekten iyidir*" gibi notlar düşerken, zarar hanesinde "kitaplar için daha az para" ve "korkunç bir zaman kaybı" gibi sakıncaları sayıyordu. Sonuçta evlenmeye karar veren Darwin, babasına da danıştıktan sonra Temmuz 1838'de evlilik teklif etmek için Emma'ya gitti, ama teklifi yapmaya cesaret edemedi.

Araştırmalarına Londra'da devam eden Darwin, türlerin dönüşümü konusunda çok önemli gelişmeler kaydetti. Thomas Malthus'un *An Essay on the Principle of the Population* (Nüfus Prensibi Üzerine Deneme) adlı yazısı Darwin için önemli bir esin kaynağı oldu. Malthus bu yazısında insan nüfusunun aslında çok büyük bir hızla (her 25 yılda ikiye katlanarak) çoğalma potansiyeli olduğunu, ama hastalık, savaşlar ve açlık sayesinde nüfusun kontrol altında tutulduğunu anlatıyordu. Darwin, aynı prensibin tüm organizmalara uygulanabileceğini farketti. Tüm canlı türleri, mevcut kaynakların izin verdiğinden çok daha fazla yavru üretiyor, yavrular arasında "zayıf" olanlar çok geçmeden ölüyor, "güçlü" olanlar ise hayatta kalarak yeni yavrular meydana getiriyor ve kendilerini "güçlü" yapan özellikleri yavrularına aktarıyorlardı. Böylece türler nesilden nesile değişerek çevrelerine daha iyi uyum sağlıyorlardı. Bu teorisini ilk defa 28 Eylül 1838'de günlüğüne yazdı.

Kasım 1838'de nihayet Emma'ya evlilik teklif eden Darwin, Ocak 1839'da evlendi. Aynı ay içinde, *Royal Society*'ye (Kraliyet Cemiyeti) üye olarak seçildi. Darwin çifti, evlilikten hemen sonra Londra'ya yerleşti.

Doğal seçilim teorisinin yayıma hazırlanması

Darwin, doğal seçilim fikrinin temelini atmıştı ama şüpheci meslekdaşlarını ikna etmek için çok çalışması gerektiğinin farkındaydı. Jeoloji Cemiyeti'nin Aralık 1838'deki toplantısında, evrim fikrini savunan eski hocası Robert Edmund Grant'e nasıl şiddetle karşı çıkıldığına bizzat şahit olmuştu. Teorisini destekleyecek kanıtlar bulabilmek için hayvan yetiştiricileri ile görüşmeye ve bitkiler üzerinde deneyler yapmaya devam etti. Mayıs 1839'da Kaptan FitzRoy'un *Beagle* raporu yayımlandığında, Darwin'in yazdığı kısım o kadar beğenildi ki, sonradan başlıbaşına bir kitap olarak basıldı.

1842 başlarında Darwin, Lyell'a fikirlerini açıklayan bir mektup yazdı. Her canlı türünün kendi başlangıcı olduğunda ısrar eden Lyell, jeoloji alanında müttefiki olan Darwin'in bunu inkâr etmesine çok üzüldü. Mayıs 1842'de Darwin'in mercan kayalıkları üzerine yazdığı eser yayımlandı, aynı sıralarda Darwin, doğal seçilim teorisinin bir "kabataslağını" kâğıda döktü. Kasım 1842'de Darwin çifti, Londra'nın stresinden uzaklaşmak için şehrin dışındaki *Down House*'a geçti. Ocak 1844'te fikirlerini botanist arkadaşı Joseph Dalton Hooker'a açan Darwin, kendisini "bir cinayeti itiraf ediyormuş gibi" hissediyordu ama Hooker Darwin'in teorisini beğendi. Temmuz'a gelindiğinde, Darwin'in "kabataslağı" 230 sayfalık bir deneme yazısına dönüşmüştü. Ekim 1844'te anonim olarak yayımlanan ve insan dahil tüm canlıların ilkel formlardan dönüşerek ortaya çıktığını savunan *Vestiges of the Natural History of Creation* (Yaradılışın Doğal Tarihinden İzler) adlı kitap, doğa bilimciler tarafından yerden yere vurulunca Darwin teorisi konusunda ne kadar dikkatli olması gerektiğini bir kez daha anladı. Kitap, Londra orta sınıfından büyük ilgi gördü ve türlerin dönüşümü konusunu bir kez daha gündeme getirdi. Darwin 1846'da üçüncü jeoloji kitabını yayımladı, ve arkadaşı Hooker'la beraber deniz kabuklularıyla ilgili geniş kapsamlı bir araştırmaya başladı. 1847'de Hooker, Darwin'in doğal seçilim üzerine yazdığı uzun denemeyi okudu ve önyargıdan uzak tarafsız eleştiriler sundu, fakat bir taraftan da Darwin'in yaradılış fikrine karşı çıkmasını sorguladı.

1849'da uzun süredir kötü giden sağlığını düzeltmek umuduyla Malvern'de bir kaplıcaya giden Darwin, iki ay sonra kendini daha iyi hissetti. 1850 Haziran'ında çok sevdiği kızı Annie ciddi şekilde hastalanınca, kendi kronik kötü sağlığının kalıtsal olduğunu tekrar düşünmeye başlayan Darwin, Nisan 1851'de Annie'nin ölümüyle iyiliksever bir Tanrı'ya olan tüm inancını kaybetti.

Deniz kabuklularıyla ilgili çalışmalarının sonuçlarını 1851-1854 arasında yayımladığı bir dizi kitapla anlatan Darwin, 1853'te bu çalışmasından dolayı *Royal Society* tarafından madalya ile ödüllendirildi. Ayrıca bu çalışma, o zamana kadar jeolog olarak bilinen Darwin'in biyolog olarak da ünlenmesini sağladı. Darwin, deniz kabuklularıyla ilgili çalışmasında, belli bir fonksiyonu olan bir organın, değişen şartlar sonucunda ufak değişimler geçirerek fonksiyonunu değiştirebileceğine dair kanıtlar gözlemledi. Kasım 1854'te notlarına, ortak bir atadan gelen canlıların, "doğanın ekonomisinde ayrı ayrı yerlere" adapte olmaları sonucunda anatomik olarak birbirlerinden uzaklaşabileceklerini yazdı.

1856 başlarında Darwin, yumurta ve tohumların deniz suyunu aşıp canlı türlerini okyanus ötesine taşıyıp taşıyamayacağını inceliyordu. Arkadaşı Hooker canlıların değişmezliğine olan inancını sorgulamaya başlamıştı ama Darwin ve Hooker'ın ortak arkadaşı Thomas Henry Huxley evrim fikrine şiddetle karşı çıkıyordu. Lyell ise Darwin'in fikirlerini ilgiyle takip ediyor, ama sonuçlarını göremiyordu. Lyell, Borneo'da çalışmakta olan doğabilimci Alfred Russell Wallace'ın yazdığı bir makaleyi okuduğunda, Darwin'in fikirleriyle benzerlikler gördü ve Darwin'e bir makale yazması için baskı yapmaya başladı. Darwin Wallace'ı bir tehdit olarak görmediyse de bir makale yazmaya başladı. Makaleye ayrıntı üzerine ayrıntı eklemeye başlayınca, makaleyi *Doğal Seçilim* başlıklı uzun bir kitaba dönüştürmeye karar verdi. Kitap için Wallace dahil pek çok meslekdaşıyla yazışıyordu. Aralık 1857'de Wallace insanın kökenine değinip değinmeyeceğini sorduğunda, ona "önyargılarla çevrili bu konudan" uzak duracağını söyledi.

Haziran 1858'de Darwin kitabını henüz yarılamışken Wallace'dan bir makale aldı. Wallace bu makalede Darwin'in yıllardır kafasında sakladığı doğal seçilim fikrini anlatıyordu. Oldukça morali bozulan Darwin, makaleyi arkadaşları Lyell ve Hooker'a yolladı ve Wallace'ın seçeceği herhangi bir dergide yayımlanmasını rica etti. Darwin'in doğal seçilim fikrini Wallace'dan çok daha önce düşündüğünü ve uzun süredir bu konuda ayrıntılı araştırmalar yaptığını bilen arkadaşları, Darwin ve Wallace'ın makalelerinin 1 Temmuz 1858'de Linneaus Cemiyeti'nde (*Linneaean Society*) ortak bir sunumda okunmasına karar verdiler. Darwin, kızıl hastalığından hayatını kaybeden küçük oğlunun cenazesi sebebiyle bu sunuma katılamadı.

Teori Linneaus Cemiyeti'nde pek ses getirmedi. Darwin sonradan Dublin'li bir profesörden duyduğu tek bir yorumu hatırlayacaktı: "Teoride yeni olan her şey yanlış, doğru olan her şey ise eski." Bunun üzerine Darwin, tüm enerjisini kitabını bitirmeye verdi, ve *On the Origin of Species by Means of Natural Selection, or The Preservation of Favoured Races in the Struggle for Life* (Doğal Seçilim ile Türlerin Kökeni, veya Hayat Mücadelesinde Ayrıcalıklı Irkların Korunumu Üzerine) 22 Kasım 1859'da ilk defa kitapçılara dağıtıldı. Kısa sürede büyük popülerlik kazanan ve ilk baskısı tükenen kitap, doğal seçilim fikrini ayrıntılı gözlemlere ve dikkatli mantıksal çıkarımlara dayanarak savunuyor, bazı olası itirazlara da önceden cevap veriyordu. Kitapta insan evrimine doğrudan değinilmiyor, sadece teorinin "insanın kökeni ve tarihine de ışık tutabileceği" söyleniyordu. Giriş kısmında yazdığı bir cümle, Darwin'in teorisini basitçe özetliyordu.

Her canlı türü, yaşaması mümkün olandan daha fazla birey doğurduğundan, ve bunun sonucu olarak sık sık tekerrür eden bir hayatta kalma savaşı mevcut olduğundan, yaşamın karmaşık ve zaman zaman değişen koşullarında kendisine fayda sağlayacak herhangi bir değişikliğe sahip olan her canlı, hayatta kalmada daha yüksek şansa sahip olacak ve *doğal olarak seçilecektir*. Kuvvetli kalıtım prensibi sayesinde, seçilen her cins kendi yeni ve değişik formunu yayma eğiliminde olacaktır.

Darwin'in kitabı çok büyük bir ilgiyle karşılandı ve geniş çaplı bir tartışma başlattı. Darwin, kitabının yarattığı tartışmaları yakından takip ediyor, kitap hakkında yayımlanan eleştirileri, yorumları ve karikatürleri özenle kesip saklıyordu. Kitapta doğrudan yer almayan "insanın hayvandan geldiği" iddiası, eleştirilerin ana hedefiydi.

İngiltere Kilisesi'ne bağlı nüfuzlu bilim insanları, ki bunlara Darwin'in eski öğretmenleri Adam Sedgwick ve John Henslow da dahildi, açıkça kitaba karşı tavır aldılarsa da pek çok genç doğabilimci kitaba olumlu tepki verdi. 1860'da yedi Anglikan teolog tarafından yayımlanan *Essays and Reviews* (*Deneme ve Eleştiriler*) adlı kitap, Darwin'in teorisini desteklediği için kiliseden büyük tepki aldı.

Türlerin Kökeni üzerine en meşhur tartışma Haziran 1860'da *British Association for the Advancement of Science*'ın Oxford'daki toplantısında yaşandı. Oxford piskoposu Samuel Wilberforce Darwin'in kitabını küçümseyen bir konuşma yapınca karşısında Darwin'in arkadaşları Joseph Hooker ve Thomas Huxley'i buldu. Huxley Darwin'i o kadar katı bir biçimde savunuyordu ki o günden sonra kendisine "Darwin'in buldogu" lakabı takıldı. Bu tartışmayla ilgili sıkça anlatılan bir hikâyeye göre, Wilberforce Huxley'e "maymunluğunuz büyükanne tarafından mı geliyor büyükbaba tarafından mı?" diye sorunca Huxley, "birikimini önyargı ve yalanlara hizmet etmek için kullanan kültürlü bir insan olmaktansa maymundan gelmeyi tercih edeceğini" söyledi.

Darwin, hastalığı sebebiyle bizzat katılamadığı bu tartışmaları basından takip ediyor, yazışmalar aracılığıyla kendisine daha çok destekçi bulmaya çalışıyordu. Darwin'i kararlı bir biçimde savunan Thomas Huxley, Charles Lyell ve Joseph Hooker,

Richard Owen önderliğindeki muhalif grubu bastırmayı başarınca 1864'te Darwin'e Kraliyet Cemiyeti'nin Copley Madalyası verildi.

Kısa zamanda pek çok baskı yapan ve pek çok dile çevrilen *Türlerin Kökeni*, bilimsel konulara yeni yeni merak duymaya başlayan Avrupa orta sınıfının en çok okuduğu bilimsel kitaplardan biri oldu. Zamanının sosyal akımlarını doğrudan veya dolaylı olarak etkiledi ve popüler kültürün önemli bir parçası haline geldi.

Hıristiyan inanışına olan bağlılığını yitiren ve bir agnostik (bilinemezci) olduğunu bildiğimiz Charles Darwin 19 Nisan 1882'de öldüğünde, ailesi onu bölgedeki bir kilise avlusuna, çocuklarının mezarlarının yanına gömmeyi düşünüyordu. Ne var ki, aynı düşünceyi paylaşmayan bazıları çarçabuk harekete geçerek, önde gelen bilim insanları ve hükûmet üyelerini ikna çalışmasına girişti. Amaçları, bu kişileri bir araya getirip İngiltere'nin ünlü kilisesi Westminster Abbey'nin baş rahibinden Darwin'in buraya gömülmesini rica etmelerini sağlamaktı. Baş Rahip George Granville Bradley, "gerekli onayın canı gönülden verileceği"ni bildirdi. Böylece, agnostik olan Darwin 26 Nisan günü öğleden sonra Westminster Abbey'ye gömüldü. Tabutunu taşıyanlar arasında eski dostu botanikçi Joseph Hooker, yazılarıyla Darwin'i kendi kuramını yayımlamaya yönelten genç doğabilimci Alfred Russel Wallace ve ABD'nin İngiltere büyükelçisi James Russell Lowell da vardı. Darwin bu kilisenin "Bilginler Köşesi" olarak bilinen bölümünde, Sir Isaac Newton'un gömülü olduğu yerin birkaç metre ötesinde ve astronom Sir John Herschel'in yanı başında yatıyor. Darwin, yeryüzündeki canlı türlerinin değişimini betimlemek için "gizemlerin gizemi" tanımlamasını ortaya atan büyük filozof Herschel'e, Türlerin Kökeni kitabının girişinde göndermede bulunmuştu. Darwin çiftinin on çocuğu oldu. Çocukların ikisi (Mary Eleanor ve Charles Waring) çok küçükken öldü. Ayrıca, Annie'nin on yaşındayken ölmesi çiftin üzerinde yıkıcı bir etki bıraktı. Darwin, çocuklarına bağlı ve sıradışı derecede ilgili bir babaydı. Her hastalandıklarında Darwin çocuklarının, eşi ve kuzeni olan Emma Wedgwood ile yapmış olduğu yakın akraba evliliği sebebiyle belirli zayıflıklarla doğmuş olabileceğini düşünüyordu. Darwin bu konuyu yazılarında ele aldı ve bu durumun diğer bazı organizmalarda ortaya çıkardığı avantajlı sonuçlarla karşılaştırdı. Korkularının aksine Darwin'in hayatta kalan çocukları, büyüdüklerinde seçkin kariyerler elde ettiler ve dikkat çekici bir aile olan Darwin-Wedgwood Ailesi'nin saygın birer bireyi oldular.

Hayattakikalan yedi çocuk-tan George, Francis ve Horace,sırasıyla astronom, botanist ve inşaat mühendisi olarak Royal Society üyesi seçildi. Diğer oğlu Leonard ise asker, politikacı, ekonomist ve öjenist olarak çalıştı. Ayrıca istatistikçi ve evrimsel biyolog Ronald Fisher'ın akıl hocası oldu.

Bir öpücük böceği sokması sonucu Çagas (Chagas) Hastalığı'na yakalaranarak öldüğü yönünde bilgiler mevcuttur.

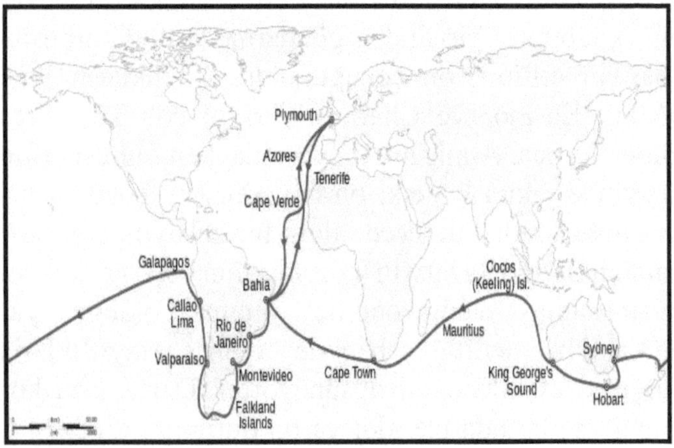

The voyage of the *Beagle, Beagle yolculuğunun harita-sı..*

Charles Darwin türlerin kökeni (*The Origin of Species*) adlı yapıtını 1859'da yayınladı. Newton'un fizikte yaptığı devrimi, Darwin bu yapıtıyla biyolojide yaptı. Darwin'in düşünceleri özgündü ve yeniydi; çünkü o, türlerin değişmez olmadığını, ayrı yaradılışlar olmadığını, çevremizde gözlemlediğimiz yaşam biçimlerinin doğal ayıklama süreciyle evrim geçirdiğini, biyoloji evrimin ve jeolojik değişmenin milyarlarca yıllık bir süre içerisinde yavaş yavaş oluştuğunu, insanın doğanın tarihinde basit nesnelerden fazla bir şey olmadığını ve doğanın araştırılmasında mucizelerin ya da kutsal bir planın yeri olmadığını ileri sürmüştürBu, tüm insanlığın o zamana dek kabul edip inandığı yaradılış kuramıyla çelişiyordu; çünkü yaradılış kuramına göre tüm varlıklar yaratıldıklarında ne idiyseler, şimdi de aynıdırlar ve ilerde de değişmeyeceklerdir.

Darwin'in kuramına kilise, bazı bilim adamları (*John Ray, Thomas Burnet, William Paley, Willian Thomson, Lord Kelvin*) çeşitli nedenlerle karşı çıkmışlardır. Thomson ve Kelvin evrimin çok uzun zaman gerektirdiği için, olamayacağını ileri sürmüşlerdir. William Paley'in tasarımın bir tasarımcı gerektirdiği tezini, Doğa Teolojisi ya da Tanrı'nın Varlığı ve Öznitelikleri Hakkında Doğa Görünümlerinden Elde Edilen Kanıtlar (*Natural Theology, or Evidences of The Existence and Attributes of the Deity Collected from the Appearances Of Nature*) adlı kitabında savunmuştur. Önceleri genç Darwin de bu görüşü benimsemiştir. Sözgelişi bir cep saati, bir saat yapıcısının varlığını dolaylı olarak gösterdiği gibi, sonsuz derecede karmaşık ve amaçlı bir böcek ya da kelebek de bir yaratıcının varlığını gösterir.

Onsekizinci yüzyılda İsveçli botanikçi Carl Von Linne (*1707-78*), bitki ve hayvanları Tanrı'nın planı olarak düşünür, değişmediklerini savunur. Onları "iki terimli" (cins ve tür) bir sistem içinde sınıflandırır. Linne, yaşamının son dönemlerinde türler ve türler içindeki çeşitler arasındaki farklılıkları merak etmeye başlar ve bunların her ikisinin de kendi sözleriyle, "zamanın kızları" olabileceğini belirsiz bir şekilde ima eder (*McClellan III ve Dorn, 2006*).

Fransız natüralist ve Paris'teki kraliyet bahçelerinin yöneticisi Count de Buffon (*1707-88*) türlerin evrim geçirdiğini savunuyordu. Buffon, ilerleyen bir evrimi değil de bugün çevremizde gözlemlediğimiz bitki ve hayvanların daha eski çağlarda var olan daha sağlam atalardan bozularak geldiğine inanıyordu.

Başka bir Fransız natüralist Jean Baptiste Lamarck (*1744-1829*) daha da ileri gitmişti: Lamarck, evrimin oluşturabilecek özelliklerin devralınması olarak bilinen bir süreç olduğunu varsaymıştır. İşin özü olarak Lamarck çevresine uymaya çabalayan bir organizmanın kendisinde küçük değişiklikler yaptığını ileri sürmüştür. Ayrıca değişimlerin zaman zaman yeni türler ortaya çıkaran bir soy çizgisi oluşturacak şekilde organizmanın dölleri tarafından da devralındığı varsaymıştı. Darwin, türler içindeki çeşitliliğin kaynağını bu görüşle açıklamıştır. Çevresel etkinin sonucu oluşan özellikleri bir sonraki kuşak devralır. Bu görüş 20. yüzyıla dek sürmüştür (*McClellan III ve Dorn, 2006*).

Lamarck'ın düşüncelerini formüle ettiği zamanlarda Charles Darwin'in büyükbabası Erasmus Darwin (*1731-1802*) bazı bilimsel şiirlerinde benzer düşünceler belirtmişti. Büyük Darwin, yararlı özelliklerin biyolojik miras yoluyla aktarıldığına ve bunların yavaş yavaş birikmesinin farklı formlarla sonuçlandığına inanıyordu. Ona göre süreci başlatan yaşam, cansız maddeden ortaya çıkmıştı:

Diğer yandan, fosil kayıtları ve jeolojik katmanlardan elde edilen birikmiş kanıtlar dünyanın yaşı hakkındaki geleneksel inançlarla tutarlılık göstermemiştir. Aşırı ölçüde yaşlı görünen kayalar üzerinde bazı fosil izlerine rastlanmıştı. Bazıları ise şaşırtıcı katmanlarda bulunmuştur. Örneğin, herhangi bir suyun uzağındaki yüksek yerlerde deniz yaşamıyla ilgili fosillerin bulunması, açıkça uzun zaman dönemleri içinde dünyanın yüzeyinde büyük yerkabuğu kabarmalarını akla getirmekteydi. Fosiller, geleneksel olarak organik varlıkların gerçek fosilleşmiş kalıntıları olarak değil, jeolojik kazalar ya da "doğanın oyunları" şeklinde düşünülüyordu. Dinsel ve natüralist görüşleri, Parit'teki Doğa Tarihi Müzesinde Buffon'un yerine geçen ünlü Fransız natüralist Baron Georges Cuvier (*1769-1832*) birleştirmiştir. Cuvier, görünüşteki büyük değişikliklerin oldukça kısa bir geçmişte oluşan az sayıda afet (seller, yangınlar, yanardağ patlamaları) nedeniyle olduğu sonucuna varmıştır.

Fosiller, balıklardan sonra sürüngenlerin, onlardan sonra da kuşların ve memelilerin geldiğini gösteriyor. Bu durumda insanın da bundan sonra geldiğini ima ediyordu. Fosil kayıtları ve Cuvier, James Hutton (*1726-1797 Yer Kuramı: Theory of the Eart*), Charles Lyell (*Jeolojinin İlkeleri: Principles of Geology*) (*1797-1875*) gibi jeologların buluşları, canlıların yavaş yavaş değiştiğini, bunun da uzun yıllar aldığı, İncil'de söylenenler gibi evrenin ve canlıların İsa'dan önce 4004 yılında oluşmadığını gösteriyordu. Bazı canlıların soylarının tükendiğini, dünyanın pek çok felaket (katastrof) geçirdiğini (sel, deprem, yanardağ vb.) ileri sürüyorlardı.

Darwin, annesini sekiz yaşında kaybetmiş, ablaları tarafından büyütülmüştür. Çocukken köpekleri ve avcılığı çok seven, böcekleri inceleyen biridir. Babası köy doktorudur. Onun doktor olmasını istemiştir. Edinburg Üniversitesinden doktorluk eğitimi sırasında kana dayanamamış ve o eğitimi bırakmıştır. Sonra Cambridge Üniversitesinde papazlık eğitimi almış ve mezun olmuştur. Papazlık yapmamış, jeologlarla dostluk kurmuş; bunun sonucu haritacılığa ilgi göstermiştir.

Güney Amerika kıyılarının haritasını çizmek için beş yıllık gezide natüralist olarak Beagle adlı gemide çalışmıştır. Pek çok adada ve özellikle de Galapagos Adalarında bitki ve hayvanlarla ilgili gözlemleri sonucu düşünceleri berraklaşmış ve evrimi savunur halde İngiltere'ye dönmüştür; fakat bunu bir kuram haline getirmemiştir. Darwin, bu görüşünü ispinozların gagalarındaki değişmeyi göstererek kanıtlamaya çalışmıştır (*McClellan III ve Dorn 2006*).

Papaz Thomas Robert Malthus, Nüfus İlkesi Üzerine Bir Deneme (*Essey on the Principle of Population, 1978-1803*) adlı çalışmasında nüfusun geometrik, buna karşılık geçim kaynaklarının aritmetik olarak arttığını ileri sürmüştür. Bunun sonucu geçim kaynakları bulmak zorlaşır. Güçlü, kurnaz, daha dayanıklı olanların yaşama ve üreme şansı artar. Ötekiler ölür. Darwin ise, bu ilkeyi bitki ve hayvanlara uygulamıştır. Farklılıkları ise, yalnızca ortak atalardan gelişle açıklamıştı.

Alfred Russel Wallace (*1823-1913*) Darwin'den habersiz fakat onun görüşünü destekleyen doğal ayıklama ilkesini ileri sürmüştür. Bu ilkeye Amazon Havzasında yaptığı araştırmalar sonucu ulaşmıştır. Bu görüş, doğal ayıklanma süreci yoluyla en donanımlı bireylerin daha yüksek bir hızla üreyeceği ve böylece atalarından uzaklaşacağı ve uzun dönemde bir değişimine yol açacağı ilkelerini kapsamaktaydı.

Darwin, İnsan Soyu ve Cinsiyete Bağlı Ayıklanma (*The Descent of Man and Selection in Relation to Sex, 1871*) adlı kitabında insanın maymun benzeri bir atayla bağlantısından söz etmiş ve hatta evrimin insanın yalnızca fiziksel özelliklerinde değil içgüdü, davranış, akıl, duygu ve ahlakının gelişmesinde de rol oynadığında ısrar etmiştir. Daha sonraki bilimsel veriler ve bazı bilim adamları Darwin'in kuramını desteklemiştir. Bunlardan biri T.H.

Huxley'dir. Bu yüzden takma adı "Darwin Buldoğu" olmuştur.

Avusturyalı bir keşiş olan Gregor Mendel (*1822-84*), kalıtımın bir karışım süreci olmadığını ve özelliklerin ayrı birimler olarak korunduğunu, bitki melezleşmesi deneyleriyle kanıtlanmıştır. Genler, kuşaktan kuşağa aktarılmakta ve hiçbir zaman karışmadıkları için yararlı özelliği koruyabilmekte ve en sonunda bu özelliği döl havuzuna geçirebilmektedir. Bu ilkeler, Darwin'in görüşünü desteklemektedir.

Evrim süreci için çok uzun zaman gerekiyordu. Lord Kelvin bu sürenin olamayacağını ileri sürmüştü. Einstein, 1905'te madde ve enerji denklemiyle bu sorunu çözdü. Böylece dünyanın ve güneşin yaşı önce milyon yıllara, daha sonra milyar yıllara çıktı (*McCellan III ve Dorn 2006*).

Hugo de Vries 1900 yılında, mutasyon kuramını ileri sürerek, evrimi bir bakıma desteklenmiştir Augus Weismann kromozomları bulmuş ve bunların kalıtım birimlerini içerdiğini kanıtlamıştır. Thomas Hunt Morgan ve arkadaşları meyve sineği (*Drosophila melanogaster*) üzerindeki çalışmalarıyla Mendel'i desteklemişlerdir. Erns Mayr'ın Türlerin Sistematiği ve Kökeni (*Systematics and tha Origin of Species, 1942*) adlı çalışması Darwin'in kuramını desteklemiştir.

Ancak, kalıtımın maddesel ve biyokimyasal temeli, bilim adamları için hala bir sorun oluşturuyordu. 1940'larda, organik bir asit temel çekirdeksel bileşen olarak görünüyordu: Karbon, hidrojen, azot, oksijen ve fosfordan oluşuyordu. Daha sonra Watson ve Crick DNA'yı bularak (adenin, guanin, sitozin ve timin), canlı yaşamın cansızlardan oluştuğunu göstermiş ve dede Erasmus Darwin'i haklı çıkarmıştır.

Charles Darwin türlerin kökeni (*The Origin of Species*) adlı yapıtını 1859'da yayınladı. Newton'un fizikte yaptığı devrimi, Darwin bu yapıtıyla biyolojide yaptı. Darwin'in düşünceleri özgündü ve yeniydi; çünkü o, türlerin değişmez olmadığını, ayrı yaradılışlar olmadığını, çevremizde gözlemlediğimiz yaşam biçimlerinin doğal ayıklama süreciyle evrim geçirdiğini, biyoloji evrimin ve jeolojik değişmenin milyarlarca yıllık bir süre içerisinde yavaş yavaş oluştuğunu, insanın doğanın tarihinde basit nesnelerden fazla bir şey olmadığını ve doğanın araştırılmasında mucizelerin ya da kutsal bir planın yeri olmadığını ileri sürmüştürBu, tüm insanlığın o zamana dek kabul edip inandığı yaradılış kuramıyla çelişiyordu; çünkü yaradılış kuramına göre tüm varlıklar yaratıldıklarında ne idiyseler, şimdi de aynıdırlar ve ilerde de değişmeyeceklerdir.

Darwin'in kuramına kilise, bazı bilim adamları (*John Ray, Thomas Burnet, William Paley, Willian Thomson, Lord Kelvin*) çeşitli nedenlerle karşı çıkmışlardır. Thomson ve Kelvin evrimin çok uzun zaman gerektirdiği için, olamayacağını ileri sürmüşlerdir. William Paley'in tasarımın bir tasarımcı gerektirdiği tezini, Doğa Teolojisi ya da Tanrı'nın Varlığı ve Öznitelikleri Hakkında Doğa Görünümlerinden Elde Edilen Kanıtlar (*Natural Theology, or Evidences of The Existence and Attributes of the Deity Collected from the Appearances Of Nature*) adlı kitabında savunmuştur. Önceleri genç Darwin de bu görüşü benimsemiştir. Sözgelişi bir cep saati, bir saat yapıcısının varlığını dolaylı olarak gösterdiği gibi, sonsuz derecede karmaşık ve amaçlı bir böcek ya da kelebek de bir yaratıcının varlığını gösterir.

Onsekizinci yüzyılda İsveçli botanikçi Carl Von Linne (*1707-78*), bitki ve hayvanları Tanrı'nın planı olarak düşünür, değişmediklerini savunur. Onları "iki terimli" (cins ve tür) bir sistem içinde sınıflandırır. Linne, yaşamının son dönemlerinde türler ve türler içindeki çeşitler arasındaki farklılıkları merak etmeye başlar ve bunların her ikisinin de kendi sözleriyle, "zamanın kızları" olabileceğini belirsiz bir şekilde ima eder (*McClellan III ve Dorn, 2006*).

Fransız natüralist ve Paris'teki kraliyet bahçelerinin yöneticisi Count de Buffon (*1707-88*) türlerin evrim geçirdiğini savunuyordu. Buffon, ilerleyen bir evrimi değil de bugün çevremizde gözlemlediğimiz bitki ve hayvanların daha eski çağlarda var olan daha sağlam atalardan bozularak geldiğine inanıyordu.

Diğer yandan, fosil kayıtları ve jeolojik katmanlardan elde edilen birikmiş kanıtlar dünyanın yaşı hakkındaki geleneksel inançlarla tutarlılık göstermemiştir. Aşırı ölçüde yaşlı görünen kayalar üzerinde bazı fosil izlerine rastlanmıştı. Bazıları ise şaşırtıcı katmanlarda bulunmuştur. Örneğin, herhangi bir suyun uzağındaki yüksek yerlerde deniz yaşamıyla ilgili fosillerin bulunması, açıkça uzun zaman dönemleri içinde dünyanın yüzeyinde büyük yerkabuğu kabarmalarını akla getirmekteydi. Fosiller, geleneksel olarak organik varlıkların gerçek fosilleşmiş kalıntıları olarak değil, jeolojik kazalar ya da "doğanın oyunları" şeklinde düşünülüyordu. Dinsel ve natüralist görüşleri, Parit'teki Doğa Tarihi Müzesinde Buffon'un yerine geçen ünlü Fransız natüralist Baron Georges Cuvier (*1769-1832*) birleştirmiştir.

Cuvier, görünüşteki büyük değişikliklerin oldukça kısa bir geçmişte oluşan az sayıda afet (seller, yangınlar, yanardağ patlamaları) nedeniyle olduğu sonucuna varmıştır.

Fosiller, balıklardan sonra sürüngenlerin, onlardan sonra da kuşların ve memelilerin geldiğini gösteriyor. Bu durumda insanın da bundan sonra geldiğini ima ediyordu. Fosil kayıtları ve Cuvier, James Hutton (*1726-1797 Yer Kuramı: Theory of the Eart*), Charles Lyell (*Jeolojinin İlkeleri: Principles of Geology*) (*1797-1875*) gibi jeologların buluşları, canlıların yavaş yavaş değiştiğini, bunun da uzun yıllar aldığı, İncil'de söylenenler gibi evrenin ve canlıların İsa'dan önce 4004 yılında oluşmadığını gösteriyordu. Bazı canlıların soylarının tükendiğini, dünyanın pek çok felaket (katastrof) geçirdiğini (sel, deprem, yanardağ vb.) ileri sürüyorlardı.

Darwin, annesini sekiz yaşında kaybetmiş, ablaları tarafından büyütülmüştür. Çocukken köpekleri ve avcılığı çok seven, böcekleri inceleyen biridir. Babası köy doktorudur. Onun doktor olmasını istemiştir. Edinburg Üniversitesinden doktorluk eğitimi sırasında kana dayanamamış ve o eğitimi bırakmıştır. Sonra Cambridge Üniversitesinde papazlık eğitimi almış ve mezun olmuştur. Papazlık yapmamış, jeologlarla dostluk kurmuş; bunun sonucu haritacılığa ilgi göstermiştir.

Güney Amerika kıyılarının haritasını çizmek için beş yıllık gezide natüralist olarak Beagle adlı gemide çalışmıştır. Pek çok adada ve özellikle de Galapagos Adalarında bitki ve hayvanlarla ilgili gözlemleri sonucu düşünceleri berraklaşmış ve evrimi savunur halde İngiltere'ye dönmüştür; fakat bunu bir kuram haline getirmemiştir. Darwin, bu görüşünü ispinozların gagalarındaki değişmeyi göstererek kanıtlamaya çalışmıştır (*McClellan III ve Dorn 2006*).

Papaz Thomas Robert Malthus, Nüfus İlkesi Üzerine Bir Deneme (*Essey on the Principle of Population, 1978-1803*) adlı çalışmasında nüfusun geometrik, buna karşılık geçim kaynaklarının aritmetik olarak arttığını ileri sürmüştür. Bunun sonucu geçim kaynakları bulmak zorlaşır. Güçlü, kurnaz, daha dayanıklı olanların yaşama ve üreme şansı artar. Ötekiler ölür. Darwin ise, bu ilkeyi bitki ve hayvanlara uygulamıştır. Farklılıkları ise, yalnızca ortak atalardan gelişle açıklamıştı.

Alfred Russel Wallace (*1823-1913*) Darwin'den habersiz fakat onun görüşünü destekleyen doğal ayıklama ilkesini ileri sürmüştür. Bu ilkeye Amazon Havzasında yaptığı araştırmalar sonucu ulaşmıştır. Bu görüş, doğal ayıklanma süreci yoluyla en donanımlı bireylerin daha yüksek bir hızla üreyeceği ve böylece atalarından uzaklaşacağı ve uzun dönemde bir değişimine yol açacağı ilkelerini kapsamaktaydı.

Darwin, İnsan Soyu ve Cinsiyete Bağlı Ayıklanma (*The Descent of Man and Selection in Relation to Sex, 1871*) adlı kitabında insanın maymun benzeri bir atayla bağlantısından söz etmiş ve hatta evrimin insanın yalnızca fiziksel özelliklerinde değil içgüdü, davranış, akıl, duygu ve ahlakının gelişmesinde de rol oynadığında ısrar etmiştir. Daha sonraki bilimsel veriler ve bazı bilim adamları Darwin'in kuramını desteklemiştir. Bunlardan biri T.H. Huxley'dir. Bu yüzden takma adı "Darwin Buldoğu" olmuştur.

Avusturyalı bir keşiş olan Gregor Mendel (*1822-84*), kalıtımın bir karışım süreci olmadığını ve özelliklerin ayrı birimler olarak korunduğunu, bitki melezleşmesi deneyleriyle kanıtlanmıştır. Genler, kuşaktan kuşağa aktarılmakta ve hiçbir zaman karışmadıkları için yararlı özelliği koruyabilmekte ve en sonunda bu özelliği döl havuzuna geçirebilmektedir. Bu ilkeler, Darwin'in görüşünü desteklemektedir.

Evrim süreci için çok uzun zaman gerekiyordu. Lord Kelvin bu sürenin olamayacağını ileri sürmüştü. Einstein, 1905'te madde ve enerji denklemiyle bu sorunu çözdü. Böylece dünyanın ve güneşin yaşı önce milyon yıllara, daha sonra milyar yıllara çıktı (*McCellan III ve Dorn 2006*).

Hugo de Vries 1900 yılında, mutasyon kuramını ileri sürerek, evrimi bir bakıma desteklenmiştir Augus Weismann kromozomları bulmuş ve bunların kalıtım birimlerini içerdiğini kanıtlamıştır. Thomas Hunt Morgan ve arkadaşları meyve sineği (*Drosophila melanogaster*) üzerindeki çalışmalarıyla Mendel'i desteklemişlerdir. Erns Mayr'ın Türlerin Sistematiği ve Kökeni (*Systema-tics and tha Origin of Species, 1942*) adlı çalışması Darwin'in kuramını desteklemiştir.

Ancak, kalıtımın maddesel ve biyokimyasal temeli, bilim adamları için hala bir sorun oluşturuyordu. 1940'larda, organik bir asit temel çekirdeksel bileşen olarak görünüyordu: Karbon, hidrojen, azot, oksijen ve fosfordan oluşuyordu. Daha sonra Watson ve Crick DNA'yı bularak (adenin, guanin, sitozin ve timin), canlı yaşamın cansızlardan oluştuğunu göstermiş ve dede Erasmus Darwin'i haklı çıkarmıştır.

ÜÇÜNCÜ BÖLÜM:

"DARWINIZM NEDİR?"

Darwincilik (Darwinizm) Nedir?

Doğanın evrimini açıklayan kuramdır.

Büyük İngiliz bilgini ve düşünürü Charles Darwin (1809-1882) özdeksel doğanın açıklanması-na Einstein ve Pavlov'la birlikte büyük çapta katkıda bulunan, insanlık tarihinin dört büyük bilgininden biridir.

Darwin'in büyük önemi, kendisine gelinceye kadar kurgusal olarak açıklanmaya çalışılmış olan evrim ve dönüşüm anlayışlarını kesin bir bilimselliğe kavuşturmuş olmasıdır.

Darwin'in tanıtladığı gerçek, özetle şudur: insanı da içine alan canlı doğa evrimle oluşmuştur. Bu evrimin itici gücü 'yaşam kavgası' ve bunun sonucu olarak da 'doğal ayıklanma'dır. İnsan da bu süreçte bir hayvan türünden meydana gelmiştir. Darwin'in bir dünya gezisinde elde ettiği bol sayıda bilimsel gözlem sonuçları bu gerçeği açık seçik tanıtlamaktadır. Böylelikle daha önce Lamarck tarafından ileri sürülen 'soyaçekim' ve 'çevreye uyma'yla evrim ve Diderot, Robinet, Charles de Bonnet tarafından ileri sürülen yaşayan türlerin yalından karmaşığa 'dönüşme' yoluyla evrimi varsayımları bilimsel bir kesinlik kazanmıştır.

Darwin kuramı şöyle özetlenebilir:

Dünyanın üstünde yaşayabilecek yerler azdır, bu dar alanda yaşamak zorunda bulunan varlıklarsa hızla çoğalmaktadırlar, darlığa (besinlerin sınırlılığına N.) karşı bu çoğalma yaşama kavgasını doğurur. Bu kavgada yaşama gücü olanlar canlı kalır ve türlerini sürdürür. Bu, bir 'doğal ayıklanma'dır. Varlıklar böylesine bir ayıklanmayla ayıklanarak evrimsel bir gelişme içinde türlerini sürdürmektedirler. Yaşama kavgasında ayakta kalanlar belli özellikler gösterenlerdir, bu özellikler soyaçekimle yeni kuşaklara geçmektedir.

Bitki ve hayvan yetiştirenler kuraldışı özellikler gösterenleri birbirlerine aşılaya aşılaya yeni türler elde ederler, insanların bile yapabildiği bu aşılamayı (ve türleştirmeyi N.) doğa daha kolaylıkla ve doğal olarak yapmaktadır. Sonuç olarak türler, yaratımcılığın (yaratılışçılığın N.) ileri sürdüğü gibi yaratılmamışlar, doğal etkenlerle oluşmuşlardır. Bu bilimsel gerçekler, evrene altı bin yıllık bir yaş biçen ve gökle yer arasındaki bütün varlıkların altı gün içinde ve bugünkü biçimleriyle yaratıldıklarını bildiren kutsal kitapla, yaratılışçılık vb. gibi metafizik ve idealist kuramları kökünden yıkmış olmaktadır. Darwin kuramının bilimsel sonuçları, kendince ortaya atılanlardan çok daha önemlidir.

Önce, metafizik ve tanrıbilim bir kez daha yalanlanmıştır, tek tek yaratılma (türlerin ayrı ayrı yaratıldıkları ve yaratılmış oldukları N.) masalı kesin olarak çürütülmüştür.

Sonra ruhçuluk, bir kez daha, içinden çıkamayacağı bir kısırdöngüye sokulmuştur. İngiliz düşünürü Bertrand Russell'ın dediği gibi:"Eğer insanlar, maymunların gelişmişiyseler bu gelişmenin hangi anında bir ruh edinmişlerdir? Bu içinden çıkılmaz zorluğu çözmek için, maymunlarda da bir ruh bulunduğunu kabul edersek, zorunlu olarak, protozoerlerin de bir ruhu bulunduğunu kabul etmeliyiz. Protozoerler'de ruhun olmadığını söylersek insanların ruhunu da yadsımış oluruz".

Üçüncü olarak, Berkeley özdeksizciliği bir kez daha yıkılmıştır, insandan önce özdeksel bir dünya vardır ve insan da bu özdeksel dünyanın dönüşümlerle varlaşmış bir ürününden başka bir şey değildir.

SOSYAL DARWİNİZM NEDİR?

Güçlünün haklı sayılması, eşitsizlik, ırk veya etnik temelli ayrımcılık, zulüm, haksız rekabet ve çekişme, fakirlerin ezilmesi, güçlünün zayıf olanı sömürmesi toplumların tarih boyunca yaşadığı kötülükler ve zorluklardandır. Binlerce yıl öncesinde bile, örneğin Hz. Musa'nın döneminde yaşayan Firavun'un yönetiminde, tüm bunları görmek mümkündür. Firavun, zenginliği ve güçlü ordusu nedeniyle, daima kendini üstün görmüştür. Doğru söyledikleri çok açık olan Hz. Musa ve Hz. Harun'u tüm gücüyle yalanlamış, hatta onları öldürmek istemiştir. Firavun ayrıca ayrılıkçı bir politika sürdürmüş, halkını sınıflara ayırmış, bazılarını "aşağı sınıf" olarak nitelendirmiş, tebasındaki İsrailoğulları'na türlü işkenceler yapmış, onların erkeklerini öldürüp, kadınlarını sağ bırakmıştır. Böylece İsrailoğulları'nın soyunun kesilmesini hedeflemiştir. Allah Kuran'da Firavun'un bu sapkınlıklarını şöyle bildirir:

Gerçek şu ki, Firavun yeryüzünde (Mısır'da) büyüklenmiş ve oranın halkını birtakım fırkalara ayırıp bölmüştü; onlardan bir bölümünü güçten düşürüyor, erkek çocuklarını boğazlayıp kadınlarını diri bırakıyordu. Çünkü o, bozgunculardandı.

(Kasas Suresi, 4)

Yoksa ben, şundan daha hayırlı değil miyim ki o, aşağı (sınıftan) bir zavallı ve neredeyse (sözü) açıklamadan yoksun olan (biri)dir.

(Zuhruf Suresi, 52)

Böylelikle kendi kavmini küçümsedi, onlar da ona boyun eğdiler... (Zuhruf Suresi, 54)

Bereketler kıldığımız yerin doğusuna da, batısına da o hor kılınıp-zayıf bırakılanları (müstaz'afları) mirasçılar kıldık... (Araf Suresi, 137)

Sadece güçlünün haklı sayıldığı, insanların sınıflara ayrıldığı, "aşağı" görülenlerin ezilerek yok edilmek istendikleri, bazı insanların diğerlerine insanlık dışı muamelelerde bulunduğu tek azgın toplum Firavun egemenliğindeki eski Mısır değildi. Binlerce yıl öncesinden günümüze kadar bu tür yönetimlerin ve uygulamaların birçok örneği bulunmaktadır.

Ancak, 19. yüzyılda tüm bu kötülükler çok daha farklı bir boyut kazandı. 19. yüzyıla kadar zalimlik, saldırganlık, acımasızlık olarak nitelendirilen bu tür uygulama ve politikaların, bir anda sözde "doğanın gerçeklerine dayanan bilimsel uygulamalar" olduğu yalanı savunulmaya başlandı. Peki tüm bu acımasızlıklara birdenbire sözde bir meşruluk kazandıran neydi?

Charles Darwin'in evrim teorisi... Darwin, 1859 yılında yayınlanan Türlerin Kökeni adlı kitabında ortaya attığı evrim teorisi ile hayatın kökenine dair bazı spekülasyonlarda bulunuyordu. Bu spekülasyonları, son derece aldatıcı bir dünya görüşünün, Allah'ın varlığını inkar eden ve tesadüfleri "yaratıcı" sayan (Allah'ı tenzih ederiz), insanı hayvan olarak kabul eden, hayatı bir mücadele ve kıyasıya rekabet yeri olarak gören sapkın bir felsefenin sözde bilimsel bir gerçek gibi kabul edilmesine neden oldu.

Darwin, bilimsel bir delili olmayan, 19. yüzyılın köhne bilim anlayışının bir sonucu olarak ortaya çıkan bu teoriyi tek başına geliştirmiş değildi. Kendisinden yaklaşık 50 yıl önce 1798 yılında Thomas

Malthus, Essay on the Principle of Population (Nüfus İlkesi Üzerine Deneme) adlı çalışmasında Darwin'in teorisine temel oluşturacak, gerçekle ilgisi olmayan bazı fikirler ortaya atmıştı. Malthus, günümüzde bilimsel bir değeri olmadığı ispatlanmış olan çalışmasında, nüfusun besin kaynaklarından daha hızlı arttığını, bunun için nüfus üzerinde bir kontrol olması gerektiğini iddia ediyordu. Savaşların, salgın hastalıkların nüfus üzerinde doğal bir kontrol sağladığını ve bu nedenle faydalı olduklarını iddia eden Malthus, ilk kez "hayatta kalma mücadelesi"nden söz eden kişi oldu. Malthus'un insani değerlerden uzak bu tezine göre, fakirler korunmamalı, mümkün olduğunca kötü şartlarda yaşatılmalıydılar ki, çoğalmaları engellensin ve üst sınıflara yeteri kadar besin kaynağı kalabilsin. (Detaylı bilgi için bkz. "Malthus'tan Darwin'e Merhametsizliğin Tarihi" bölümü.) Vicdan ve sağduyu sahibi her insanın şiddetle karşı çıkacağı bu vahşetin kabul görmesi hiç şüphesiz büyük bir zulümdür. Din ahlakının fakirlere, muhtaçlara yardım elinin uzatılmasını gerektirmesine rağmen, Malthus ve onu takiben Darwin bu mazlumların acımasızca ölüme terk edilmelerini söylüyordu.

Malthus'un insanlık dışı bu fikirlerini hemen benimseyerek geliştiren kişilerin başında İngiliz sosyolog ve felsefeci Herbert Spencer geliyordu. Darwinizm'in temel iddiasını özetleyen "en uygun olan hayatta kalır" ifadesi Spencer'a aitti. "Uygun olmayanlar"ın ise elenmeleri yani ölmeleri gerektiğini iddia eden Spencer, "insanlar eğer yaşamak için yeteri kadar tamamlarsa yaşarlar ve yaşamaları da iyidir. Eğer yaşamak için yeteri kadar tamam değillerse ölürler ve en iyisi ölmeleridir" diyordu.1 Yani

Spencer'a göre fakir, eğitimsiz, hasta, sakat, başarısız her insan ölmeliydi. Tüm bunlar Spencer'ın ne kadar ürkütücü, zalim ve hasta bir ruh haline ve dünya görüşüne sahip olduğunun göstergeleriydi. Acıma, şefkat ve koruma hissi duyması gereken insanlara karşı büyük bir merhametsizlik duyuyor, aynı Malthus gibi onları eziyet yoluyla yok etmenin yollarını arıyordu. Devletin fakirleri koruyan yasalar çıkarmasını da engellemeye çalışan Spencer için Amerikalı tarihçi Richard Hofstadter, Social Darwinism in American Thought (Amerikan Düşüncesinde Sosyal Darwinizm) adlı kitabında şu yorumda bulunur:

Spencer sadece yoksullar için hazırlanan yasalara değil, aynı zamanda devletin desteklediği eğitim, sağlık denetimi, barındırma koşullarının düzenlenmesi ve hatta sahte doktorlara karşı cahil kişilere devlet koruması sağlanması ile ilgili yasalara da karşı çıkıyordu.

Malthus ve Spencer'ın merhametsiz dünya görüşlerinden yoğun olarak etkilenen Darwin ise, Türlerin Kökeni adlı kitabında türlerin doğal seleksiyon ile evrimleştikleri masalını ortaya attı. Darwin bir bilim adamı değildi, biyoloji ile sadece amatör olarak ilgilenmişti. Bunun dışında Darwin'in dönemindeki mikroskoplar dahi son derece ilkeldi. O dönemde hücre, henüz sadece bir leke gibi görülüyordu, kalıtım kanunları ise keşfedilmemişti bile. Darwin, bilimsel açıdan son derece yetersiz bu koşullarda, kısıtlı bilgisiyle geliştirdiği teorisinde, doğanın hep avantajlı ve en uygun olanları seçtiğini, diğerlerini ise elediğini, canlılığın da bu şekilde geliştiğini iddia etti. Darwin'in daha en baştan yanlış bir temel üzerine inşa ettiği bilim dışı teorisine göre, canlılık tesadüflerin eseriydi; bu şekilde Darwin, canlılığı Allah'ın yarattığı gerçeğini de reddetmiş oluyordu. (Allah'ı tenzih ederiz.) Darwin, Türlerin Kökeni kitabından sonra, İnsanın Türeyişi adlı kitabında bilim dışı teorisini insanlara da uygulamaya kalkıştı. Kitabında, sözde geri kalmış ırklar olduğundan, bu ırkların yakın bir gelecekte eleneceklerinden, böylece üstün olanların gelişerek ilerleyeceklerinden bahsediyordu. Darwin'in, bu kitabında ve bazı yazışmalarında evrim teorisini insanlara da uygulamasıyla, sosyal Darwinizm şekillenmiş oldu.

Darwin'in bilim dışı teorisiyle pekiştirilen "zayıf ve güçsüz olanların ezilmesi gerektiği" yanılgısı, eşitsizliğin, haksızlığın ve adaletsizliğin yaygınlaşmasındaki en temel faktörlerden biridir.

Bundan sonrasını ise koyu Darwin taraftarları devam ettrdi. İngiltere'de Spencer ve Darwin'in kuzeni Francis Galton, Amerika'da William Graham Sumner gibi bazı akademisyenler ve bazı kapitalistler, Almanya'da ise Ernst Haeckel gibi Darwinistler ve ardından 20. yüzyılın kanlı diktatörü Adolf Hitler gibi faşist ırkçılar sosyal Darwinizm'in acımasız ve merhametsiz kurallarının önde gelen savunucu ve uygulayıcıları oldular.

Sosyal Darwinizm kısa sürede vahşi kapitalizm adı altında haksız rekabeti en acımasız şekliyle uygulayanların; ırkçıların; emperyalistlerin; fakirleri ve yardıma muhtaçları koruma görevini yerine getirmeyen yöneticilerin kendilerini sözde savunma aracı haline geldi. Sosyal Darwinistler, zayıfların, fakirlerin, sözde "aşağı" ırktan insanların ezilmelerini; özürlülerin sağlıklı insanlar, küçük işletmelerin ise büyük şirketler karşısında yok olmalarını doğanın bir kanunu ve insanlığın ilerlemesinin tek yolu gibi göstermeye çalıştılar. Vicdansızlık olduğu kabul edilmesine rağmen, insanlık tarihi boyunca süregelen bu haksızlıkları bir anda sözde bilimsellik kılıfı altında meşru göstermek istediler. Sosyal Darwinizm merhametsizliği, bir doğa kanunu ve insanlığın sözde evriminin en önemli yoluymuş gibi anlatıyordu

Özellikle Amerikalı bazı kapitalistler oluşturdukları kıyasıya rekabet ortamını sosyal Darwinist söylemlerle kendilerince meşrulaştırdılar. Oysa bu, büyük bir aldatmacadan başka bir şey değildi. Haksız ve acımasız rekabeti, sözde bilimsel bir dayanağı varmış gibi göstermeye çalışanlar sadece yalan söylüyorlardı. Örneğin Amerika'nın en büyük sermaye sahiplerinden Andrew Carnegie de bu yanılgıya kapılanlardan biriydi ve 1889'daki bir konuşmasında şöyle diyordu:

Rekabet kanunu için toplumun ödediği bedel, ucuz konforlar ve lüksler için ödediği bedel gibi büyüktür; ancak bu kanunun avantajları bedelinden daha fazladır -çünkü bu kanun sayesinde maddi gelişim mükemmeldir ve bu bize daha gelişmiş koşullar sağlamaktadır... Bu kanun kişi için bazen zor olsa da, ırk için en iyisidir, çünkü her alanda en uygun olanın hayatta kalmasını garanti etmektedir. Bu nedenle, büyük çevresel eşitsizlikler, iş imkanlarının, endüstri ve ticaretin birkaç kişinin elinde toplanması ve bunların arasında rekabet kanunu gibi koşulları kabul etmekte ve hoş karşılamaktayız. Bunlar sadece faydalı değil, aynı zamanda ırkın gelişimi için esastır.

Görüldüğü gibi, sosyal Darwinizm'e göre tek hedef ırkın fiziksel, ekonomik ve politik açıdan gelişmesidir. Bireylerin mutluluğu, refahı, huzuru ve güvenliği önemli görülmemektedir. Acı çeken, yardım için feryat eden, çocuklarına, ailesine, yaşlı anne babasına yemek, ilaç, barınak bulamayan, zavallı, güçsüz insanlara hiçbir şekilde merhamet duyulmaz. Örneğin bu sapkın düşünceye göre, fakir ama güzel ahlaklı bir insan değerli görülmez, bu kişinin ölmesinin toplumun yararına olduğu dahi iddia edilir. Bunun yanında ise, kötü ahlaklı ama zengin bir insan "ırklarının gelişimi" için son derece önemli görülür, koşullar ne olursa olsun o kişiye büyük değer verilir. Sosyal Darwinizm'in ortaya koyduğu bu çarpık mantık örgüsü, bu düşünceyi savunanları ahlaki ve manevi çöküntüye sürüklemektedir. Bir başka sosyal Darwinist William Graham Sumner ise 1879'da bu sapkın akımın aldatmacalarını şöyle ifade etmiştir:

> Bu alternatifin dışına çıkamayacağımız artık anlaşılsın: eşitsizlik, en uygun olanın hayatta kalması; eşitlik, uygun olmayanın hayatta kalması. İlk sayılan özellikler bir toplumu ileriye götürürken, toplumun tüm en iyi üyelerinin lehindedir; sonrakiler ise toplumu geriye götürür ve tüm en kötü üyelerin lehindedir.

Sosyal Darwinizm'in en vahşi uygulayıcıları ise ırkçılardı. Darwinist ırkçılar arasında en tehlikelisi de elbette Nazi ideologları ve hareketin lideri olan Adolf Hitler'di. Naziler, Darwin'in teorisini kendilerine temel alarak, hem öjeni (Darwin'in kuzeni Francis Galton'un, kötü genlerin ayıklanmasıyla toplumun daha nitelikli bireylerden oluşturulabileceğine ilişkin iddiası) kanunlarını uyguladılar, hem de soykırım cinayetlerini gerçekleştirdiler. Sosyal Darwinizm'in en ağır bilançosu Nazizm eliyle oldu. Naziler, Darwinist söylemleri sanki kendilerine bir haklılık kazandıracakmış gibi paravan olarak kullandılar; Darwinist bilim adamlarının da danışmanlığı ile, aşağı ırk saydıkları Yahudileri, Çingeneleri, Doğu Avrupalıları soykırıma uğrattılar; akıl hastalarını, özürlüleri, yaşlıları gaz odalarında katlettiler. Tüm bu cinayetleri en acımasız yöntemlerle gerçekleştirdiler. 20. yüzyılda, dünyanın gözü önünde sosyal Darwinizm adına milyonlarca cinayet işlendi.

Darwin'in kuzeni Francis Galton'un önderliği ile başlayan öjeni hareketi ise, sosyal Darwinizm'in ayrı bir felaket ürünü olarak ortaya çıktı. Doğal seleksiyonu hızlandırmak için, insan eliyle bir seçilim olması gerektiğini öne süren ve böylece insan türünü daha hızlı geliştireceklerini sanan öjeni taraftarları, Amerika'dan İsveç'e kadar birçok ülkede kendilerince "gereksiz" gördükleri insanları zorla kısırlaştırdılar. Ailelerinin haberi ve izni olmadan yüz binlerce insan, kendi rızası dışında, insan yerine konmayarak ameliyat edildi. Öjeninin en zalim uygulamaları ise Nazi Almanyası'nda gerçekleşti. Naziler önce toplumdaki sakat, zeka özürlü veya kalıtsal hastalıkları olan insanları kısırlaştırdılar; sonra bununla yetinmeyerek bu mazlum insanları topluca öldürmeye başladılar. Yüz binlerce suçsuz insan, sadece eli, parmağı, bacağı olmadığı veya yaşlandığı için öldürüldü.

Hiç şüphesiz bu, din ahlakında kesinlikle yeri olmayan çok büyük bir zulüm ve vahşettir. Allah insanlara, ihtiyaç içinde olanları koruyup kollamalarını emretmiştir. Fakirlerin ihtiyaçlarını karşılamak; özürlü insanlara karşı şefkatli ve merhametli olmak, onların haklarını gözetip korumak; toplum içinde yardımlaşma ve dayanışmayı sağlamak din ahlakının gereği olan güzel ahlak özellikleridir. Allah'ın emrettiği ahlakı göz ardı edenler ise, hem kendilerini hem de içinde yaşadıkları toplumları büyük felekatlerin içine sürüklemektedirler. Sosyal Darwin-izm'in neden olduğu belalar bu gerçeğin en çarpıcı örneklerindendir.

Sosyal Darwinizm'in sözde geçerlilik kazandırdığı felaketlerden bir diğeri ise sömürgeciliktir. Sömürgeci devletlerin o dönemki bazı yöneticileri, sömürgelerine karşı takındıkları acımasız tutumlarını sosyal Darwinizm'in bilim, akıl ve mantık açısından hiçbir tutarlılığı ve geçerliliği olmayan tezleriyle kendilerince haklı göstermeye çalıştılar. "Aşağı ırk"ların "üstün ırk" tarafından kontrol altında tutulması gerektiğini, bunun doğanın bir kanunu olduğunu iddia ederek zulme dayalı emperyalist politikalarını sözde bilimsel bir temele yerleştirdiler.

20. yüzyılda meydana gelen iki büyük dünya savaşında ise taraflar sosyal Darwinizm'in çarpık mantıklarını kullanarak, savaşları kaçınılmaz olaylar gibi göstermeye çalıştılar. Masum ve zavallı insanların katledilmelerini; evlerinin, işlerinin, tarlalarının, hayvanlarının yakılıp yıkılmasını; milyonlarca insanın evlerinden, yurtlarından olmalarını; bebeklerin ve çocukların dahi umursuzca öldürülmelerini son derece mantıksız sosyal Darwinist iddialarla insanlığın gelişmesinin bir yoluymuş gibi tanıtmaya çalıştılar.

Sonuç olarak sosyal Darwinizm 19. ve 20. yüzyılda ırkçılığın, sömürgeciliğin, haksız ve acımasız rekabetin, güçlünün güçsüzü ezmesinin ve on milyonlarca insanın öldüğü savaşların arka planındaki kışkırtıcı güç oldu. Sosyal Darwinizm'le birlikte yüzyıllardır süregelen birçok kötülük sözde bilimsellik kisvesine büründü. Nitekim evrimci paleontolog Stephen Jay Gould'un, The Mismeasure of Man (İnsanın Yanlış Ölçümü) adlı kitabında, Darwin'in Türlerin Kökeni kitabı için yaptığı aşağıdaki yorum da bu gerçeği bir kez daha gözler önüne sermektedir:

1859 yılında Türlerin Kökeni'nin yayınlanmasından sonra esaret, kolonileşme, ırk farklılıkları, sınıfsal yapılar ve cinsel roller hakkındaki tartışmalar bilim bayrağı altında yürütülmeye başlandı.

Sosyal Darwinizmin yaşama yansımaları:

Kapitalist toplumlarda ayakta kalmayı güçlü olmaya, atılgan olmaya, yırtıcı olmaya zorlayan bu bakış açısı beraberinde bencil bir yaşam sürdürmeyi, kolektif bakış açısı yerine ezme, üste çıkma ve bunun için ise "Her yol mübahtır" şiarı ile hareket etmeyi ilke edinmiştir. Bireyde böyle yansırken toplumsal olarak ise şöyle yansımıştır:

Bir nüfus bilimci olan Robert Malthus nüfus ve yaşam koşulları sorununa Sosyal Darwinizm açısından şöyle bakar: "Çalışmasına göre uygun şartlarda herhangi bir popülasyon, besin maddelerinin artışından daha hızlı bir oranda artar ve böylece zamanla kişi başına düşen besin miktarı azalır. Bu fikrinin temeli şudur: uygun şartlarda herhangi bir kısıtlayıcı faktör (salgın vb.) yoksa popülasyon geometrik dizi biçiminde artar (2, 4, 8, 16, 32, 64, …), oysa besin maddeleri aritmetik dizi biçiminde artar (1, 2, 3, 4, 5, 6, …). Doğada aradaki bu fark, popülasyonda bazı bireylerin ölümlerine neden olur ve bir denge sağlanır."

Bu düşünceleri nedeniyle Malthus geç evlenmek, az sayıda çocuk sahibi olmak vb. hareketlerin teşvik edilmesi gerektiğini düşünüyordu. Yine Malthus'a göre toplumsal sefaletin en büyük nedeni alt sınıflardı ve bu yüzden bu tür bir nüfus planlaması üst sınıflardan ziyade alt sınıflara uygulanmalıydı. Fakir halk kesimlerine yapılan (özellikle kamusal) yardım programlarına karşı çıkmıştır. Veyahut dönem dönem savaşların çıkması gerektiğine böylelikle bir nüfus kıyımına ihtiyacımız olduğuna dair önermelerde bulunurlar.

Sosyal Darwinizm yanılgısı: Evrim ve ilkel komünal toplumlar:

Evrimin kendisi, işleyiş biçimi ya da türlerin kendi veya başka türler arasındaki etkileşime baktığımızda dahi gördüğümüz şey bütünlük, karşılıklı bağımlılık ve birliktelik ve aynı zamanda mücadeledir de (hayatta kalma mücadelesi).

Türlerin kendi içindeki ortaklaşmaya, farklı türlerin birbiri üzerindeki bağımlılıklarına bakacak olursak eğer oluşan tablo hiç de büyük "bencil" rekabetler olmadığını görürüz. Örneğin birlikte yaşayan türlere baktığımızda en popüler örnek olarak karşımıza çıkan likenlerdir, örneğin alg ile mantarın birlikteliğidir. Algler fotosentez yaparak besin sağlarken mantar ise bulunduğu yerden su ve madensel tuzları alır, alg'e verir. Ya da birbiri olmadan da yaşamlarını idame ettirebilen bazı türler yine de böyle birliktelikler oluşturabilir. Örneğin timsahlar ile kuşlar. Timsahlar ağızlarını açarak kuşların dişlerinde kalan artıkları yemelerini sağlarlar. Bu karşılıklı yararlılık ikisi için de kolaylık sağlamak amaçlıdır. Verdiğimiz birkaç örnek türler arasında ki ortaklaşmaya, birlikteliğe karşılıklı yarar sağlamaya dayalıdır. Bir de türün kendi bireyleri arasındaki ortaklaşmaya örnek verelim. Karidesler daha büyük düşmanlara karşı tek bir vücut gibi görünürler birlikte yaşayarak veya birlikte oluşları av olma ihtimalini düşürür. Topluluğa bir saldırı düzenlendiğinde çoğu kez başarısızlıkla sonuçlanır ve sonunda ise topluluk çok az üyesini kaybetmiş olur. Karşılıklı bağımlılık, birlikte yaşam gibi ortaklıklar canlı doğanın hemen her yerinde görülebilir hayvanlardan bitkilere kadar. Koparılan "güçlünün" ayakta kalma yaygarası aslen evrimin belli başlı mekanizmalarını ortaya atan C. Darwin'in dahi teorisinde yoktur aslına bakarsak.

Evrimin parametrelerine bu açıdan baktığımızda, canlı ve cansız yaşamın birbiri içine geçirgen, birbirine muhtaç, birbiri arasında ki kopmaz bağlar ve birlikteliklerinden kaynaklı daha "üst" seviyelere ulaştığını görürüz. Her şeyin ama her şeyin birbiri arasındaki zorunlu bağımlılıkları ve "gönüllü" birliktelikleri doğanın bir bütün olduğunu gösterir. Bu bütünlük içindeki doğanın biri olmadan diğerinin olmadığını, olamayacağını gösterir. Evrimin kendisi bile bu teoriyi yanlışlarken bencilliğin evrimsel süreç olduğunu iddia edenler, evrimin ana gövdesinin "güçlünün" ayakta kalışına bağlayanlar nereye varmak istiyorlar? Kapitalizmde çoğunluğu oluşturan işçi sınıfı ve emekçilerin yaşam alanlarına bir kez de böyle darbeler indirmek elbette. Kuşkusuz bu burjuva politikacılara ve burjuva sosyologlarına uygun bir bakış açısıdır. Kurulan bu eşitsiz siyasi ve sosyal düzeni "bilimsel" yönden meşru hale getiren bu teoriyle kapitalist-emperyalist devletler bunu sahiplenmekten ve savunuculuğunu yapmaktan şeref duydular !

İlkel komünal toplumlar

İlkel komünal toplumlarda insanın tutumu, yaşam biçimine baktığımız da bugünden toplumsal ortaklaşmada ne kadar ileri olduğunu görmemek için kör olmak gerekir. Tarihte böyle bir kesit varken nasıl olur da "sosyal Darwinizm" adı altında bireylerin muhakkak bir seçilim içinde zayıfların yok olmasını öngörmek saçmalığına kapı açılabilir?

İlkel komünal toplumların yapısına baktığımızda; özel mülkiyetin olmayışı ve üretim araçlarında ortaklık, ortak üretimi getirerek ortak paylaşım ve tüketimi mecburi kılmıştır. Tüm gıda ihtiyacını beraber giderip beraber paylaşma, tekelleşmenin olmadığı, kullanılan araçlarda ve gıdalarda toplumun daha kaliteli hale geldiğini de görüyoruz. Tarih öncesine bakarak bile sosyal Darwinizmin bir palavra olduğunu, Darwin'in evrim teorisi ile yakından uzaktan alakası olmadığı açık ve nettir.

Toplumsal dayanışmayı, üretimi, paylaşımı sağlarken bu yakınlık aynı zamanda bilincin, toplumsal bilincin oluşmasını sağlayarak ilerledi. Yeni aletler, aletlerin kullanımı, kullanım alanları çeşitlenerek ilerledi. Böylece daha komplike yaşam alanları oluştu, dayanışma mecburiyetten gönüllü birlikteliğe evrildi.

Doğa ve toplumlardaki çatışma sosyal Darwinizmi meşru kılar mı peki ?

Doğada olan "çatışma" toplumlarda da görünür elbette. Bir tarafta hayatta kalma mücadelesi verilirken diğer tarafta kar hırsının getirdiği biriktirmeden, tekelleşmeden kaynaklı bir eşitsizlik var. Sosyal darwinistler buraları baz alıyor ama unuttukları şey bizim doğayı ve toplumları değiştirme ve insana en uygun insana en layık yaşamı getirme gücüne sahip olmamız! Bizler ilkel toplumların dahi başardığı sınıfsız, sınırsız, ortak üretime ve tüketime sahip olan bir yaşam şekline doğru bu kapitalist kokuşmuş sistemi komünist "sisteme" dönüştürecek güce sahibiz ! Hem de kapitalist ve sosyal Darwinistlerin söylediği o yok olması gereken bireylerle yani işçi sınıfıyla ve kent yoksulları sayesinde !

Sosyal Darwinistler toplumların gelişimini yukarıda saydığımız nedenlere bağlarlar. Bizler ise insanlık tarihinin en gerisinden bugüne kadar gelen sosyal dayanışmanın, birlikte üretimin ve paylaşımdan geldiğini biliriz. Tarihin bize gösterdiği sosyal sınıf ayrımlarına neden olan özel mülkiyetin ilk anından bugüne kadar gelen değişimlerin bu değişimlere ise sınıf bilincinin gelişimiyle ayak direyen, mücadele veren, sosyal alanda sıçramalara neden olan, devrimler gerçekleştiren ve nihayetinde ise komünist yaşama kapı açan bir evreye getirmiş bulunmaktadır artık!

HOLİSTİK BİR TARİHSEL BAKIŞLA DARWINİZM NEDİR?

YADA KAPİTALİZMİN DOĞASI ÜZERİNE..

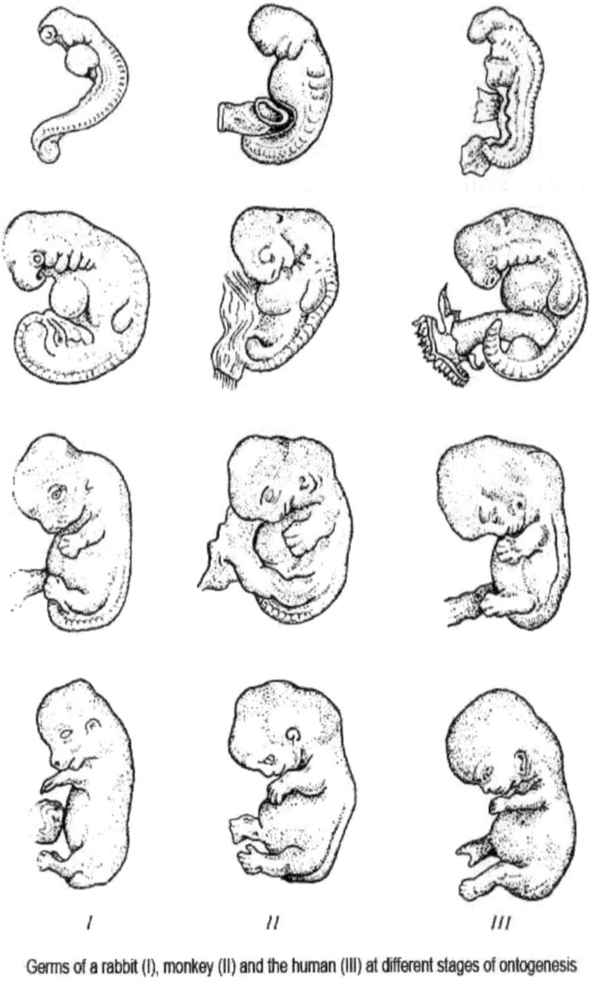

Germs of a rabbit (I), monkey (II) and the human (III) at different stages of ontogenesis

Totoloji, *bir bileşik önermenin kendini oluşturan önermelerin her değili için daima doğru sonuç*

vermesi durumu. Bir şeyi kendi kapsamıyla tanımlayan tanımlardır. Bu tür tanımlar yeni bir bilgi vermez. Örneğin, 'Ev evdir.', 'adam gibi adam', 'totoloji gibi totoloji' gibi tanımlar kendi başlarına yeni bilgi vermez.

Makalenin ismi Darwin'i anlamak olabilirdi. Makalenin içeriği çok geniş olduğundan mümkün mertebe kısa ve okuyucuyu bilgilendirici olması için disiplinler arası bütüncül (holistik) bir bakış gerekliydi. Darwin kadar günümüz bilimsel düşüncesini, sosyal yapısını etkilemiş az insan vardır. Onun çığır açan düşünceleri ve bu düşüncelerin etkilerini incelemek için onu kısaca tanımak,yaşadığı dönemi bilmek ve teorisini bu bilgiler ışığında ele almak gerekir. Bunun dışındaki tüm çabalar ya ideolojik olur ya da psikolojik

Roy Weintraub'un, bilimsel teoriler ile ilgili söylediği şu söz makalenin çerçevesini oluşturmaktadır: "tüm teoriler birer otobiyografidir."

Darwin kendi evrim teorisini kurgularken, tüm bilim insanları gibi, ilk olarak içerisinde bulunduğu sosyal süreci gözlemleyerek teorisini kurgulamaya başlamıştı. Bu nedenle, Darwin'nin fikirlerini incelemeden önce onun zihnine şekil veren zamanı ve sosyal koşulları incelemek, onu anlamak için yapılması gereken ilk adım olmalıdır. Çünkü her deha zamanının eseridir ve esiridir.

Bu konuda ülkemizde belki en yetkin kişi, o dönem edebiyatını ve toplumunu hayatı boyunca inceleyen *Mina Urgan* hanımefendidir. Mina Urgan'ın belirttiği gibi (Urgan, M. (2003). İngiliz edebiyatı tarihi. İstanbul: YKY) kavramsal olarak çelişki ve çatışmalarla dolu olan Viktorya dönemini yine çelişki ve çatışmalarla dolu anahtar kelimeler aracılığıyla vermektedir ki bunları aşağıdaki gibi özetlemek mümkündür:

1. Ailevi değerlerle saygıdeğer olma merakı ve bunun getirdiği ikiyüzlülük,

2. Toplumsal durumlardan ve bireysel koşullardan aptalcasına memnunluk,

3. Cinsel konularda yapay çekingenlik ve sevgisiz evliliklerin kutsal bulunması,

4. Dar kafalılık ve dinsel yobazlığa karşın, Hristiyanlığın dibini oyan bilimsel araştırma ve gelişmeler,

5. Para ve madde severlik ve alt sınıfların ve parasızların saygın bulunmaması,

6. Plansız gelişen sanayileşme ve haksızlıklarla dolu çalışma şartları ve adaletsiz ekonomik düzen,

7. Sanata duyulan düşmanlık ve edebiyatın salt eğlence aracı olarak algılanması.

Bu maddeler arasında konumuzla yakından alakalı olanlar: 4. , 5. ve 6. maddelerdir. Darwin devrinin insanı olarak, özellikle babası ve eşi ile ilgili özel yaşamında bu maddelerin tümünden az ya da çok etkilenmiştir. Bu başka bir makale konusu olabilir. Biz ilgili maddelere değinelim.

4.Madde Viktorya dönemini özetleyen bir maddedir. Gerçekten de ikiyüzlü bir taassubun toplumun her katmanını sarması, bunun sosyal dokuya olan etkilerini devrin yazarlarının eserlerinde (*Charles Dickens*vb.) görebiliyoruz. Bu gergin sosyal dokunun asıl sebebi, sanayi devrimi ile gelen toplumsal değişim hızının daha önce hiç tecrübe edilmemiş kadar hızlı ve sarsıcı olması olduğunu düşünüyorum. Bu aşırı değişimin bir tür toplumsal gelişim ve refah olarak sunulması ve rasyonelleştirilmesi çok zordu. Bu değişim hızı, İngiltere gibi kast benzeri geleneklere sahip toplumların üzerine inşa edildiği sosyal dokuyu oldukça zorluyordu. Bunun sonucunda, geleneklere sıkı sıkıya tutunan ama bir yandan da değişime perde arkasından ayak uydurmaya çalışan bir toplumsal hayat vardı.

5. Madde de ise fay hattında oluşan en derin felsefi kırılmanın ilk izlerini görebiliriz. Binlerce yıldır hüküm süren Stoik felsefenin inşa ettiği kültürel yapı, Sanayi Devrimi ile gelen üretim (pek tabi tüketim) çılgınlığıyla yerini Epükürcü Hedonizme bırakıyordu. *Edmund Burke, Bernard Mandeville, Herbert Spencer, David Ricardo* gibi düşünürler, Viktorya döneminin bu değişim değirmenini rasyonelleştirmek için oldukça büyük çaba harcamışlardır.

6. Madde Sanayi Devriminin en acımasız yüzü olan kırsalın şehre taşınması ve burada köleleştirilmesini konu edinir. Tarlalarda Lordlar için çalışma devrinden, Fabrika sahibi kodamanların (seçkinlerin-seçilmişlerin-kayrılmış-ların) fabrikalarında çalışmak, madenlerde çürümek devrine geçiştir. Çoğunluğu köylü, kadın ve çocuklardan oluşan bu iş gücü Londra, Manchester gibi şehirlerde küçük gettolarda altyapısız ve sağlıksız yaşam koşullarına yaşam savaşında ölerek (elenmek) görevlerini yerine getirmektedir. Diğer yanda ise sermayesine bu insanların

emeği, kanı ve hayatlarıyla sermaye katan lordların ve seçilmiş asillerin şatafatlı hayatına tanık olunur.

Darwin, bu toplumsal yapıda mavi kanlılar olarak adlandırılan seçkinler zümresine ait bir ailenin oğluydu. (Tarlada ya da açık alanda çalışmadıkları ve güneş görmedikleri için solgun beyaz tenli olmaları ve ince tenlerinin altındaki damarların oldukça mavi gözükmesi sebebiyle bu adı alırlar.) Dedesi Erasmus oldukça meraklı, entelektüel birikim sahip biriydi. Torunu onu da geçecekti. Geriye kalan Beagle öyküsünü zaten herkes biliyor. Burada değinilmesi gereken nokta, bu yolculuktan önceki Darwin'in zihinsel taslağıdır. Bunu oluşturan ilk ve en önemli şey olan sosyal dokuyu kısaca yukarıda aktardık. Diğer etkili etmenler sırasıyla ait olduğu sınıfsal topluluk ve okuduğu kitaplardı. Bu kitaplardan en önemlileri *Thomas Robert Malthus*'un tek kayda değer çalışması olan *Nüfus Artışı Hakkında Araştırma* ve *Charles Lyell'inJeolojin'in Prensipleri* adlı eserleridir.

İlki olan *Nüfus Artışı Hakkında Araştırma* kısaca şundan bahsediyordu; Çalışmasına göre uygun şartlarda herhangi bir popülasyon, besin maddelerinin artışından daha hızlı bir oranda artar ve böylece zamanla kişi başına düşen besin miktarı azalır. Bu fikrinin temeli şudur: uygun şartlarda herhangi bir kısıtlayıcı faktör (salgın vb.) yoksa popülasyon geometrik dizi biçiminde artar (2, 4, 8, 16, 32, 64, ...), oysa besin maddeleri aritmetik dizi biçiminde artar (1, 2, 3, 4, 5, 6, ...). Doğada aradaki bu fark, popülasyonda bazı bireylerin ölümlerine neden olur ve bir denge sağlanır.

Bu düşünceleri nedeniyle Malthus geç evlenmek, az sayıda çocuk sahibi olmak vb. hareketlerin teşvik edilmesi gerektiğini düşünüyordu. Yine Malthus'a göre toplumsal sefaletin en büyük nedeni alt sınıflardı ve bu yüzden bu tür bir nüfus planlaması üst sınıflardan ziyade alt sınıflara uygulanmalıydı. Fakir halk kesimlerine yapılan (özellikle kamusal) yardım programlarına karşı çıkmıştır. Her türlü toplumsal müdahaleye ve yardıma muhalif olmuştur.

Diğer önemli eser *Jeolojinin Prensipleri* ise Darwin-'e kısaca *bugün geçmişin anahtarıdır* olarak özetlenebilecek düşünceyi verdi. Bir avukat olan Lyell, bu eseriyle bugün etkili olan yeryüzü güçlerinin geçmişte de etkili olduklarını ve bunların dünyayı şekillendiren esas güçler olduklarını ortaya koydu. Bunun en önemli katkısı Dünya'nın yaşının skolastiklerce sanıldığı gibi 5000 yıl değil 5 milyar yıl olduğunu ortaya çıkarak süreci başlatmasıydı. Bilim dünyasını zihinsel olarak bu denli etkilemiş az eser verilmiştir.

Darwin, bu iki eseri halihazırdaki toplumsal süreç ve yolculuğundaki gözlemler ile harmanladı. Darwin'in dehası ise bu noktada devreye girdi. Lyell'ın prensibinde geçmiş geleceğin anahtarıydı. Darwin, bu jeolojik süreçler nasıl Dünya'ya şekil veriyorsa, bu süreçlere tabi olan canlılara da niçin benzer süreçler şekil vermiş olmasın? sorusunu sormuştu. Buraya kadar oldukça başarılı olan temellendirme, bu çıkarımı sosyal dokuda o an gözlemlenen durumu nedenselleştirmek için kullanılınca, birden başka bir şeye dönüştü. Rasyonelleşitmeyi yaparken yapığı en kritik hata insan aklının, bu dokunun inşa edilişindeki rolünü ortadan kaldırmak ve onu ormanda gözlemlediği yaşam mücadelesindeki edilgen bir konuma koymaktı. Oluşturduğu evrim teorisinde de canlılar edilgen konumdaydılar. İnsanın sahip olduğu akıl ise tamamen rastlantının kutlu bir sonucuydu. Böylece bu teorik edilgenlik, Viktorya döneminde yaşanan para ve madde severlik ve alt sınıfların saygın bulunmaması, plansız gelişen sanayileşme ve haksızlıklarla dolu çalışma şartları ve adaletsiz ekonomik düzenin doğada da gözlemlenen bir durum olduğunu iddia ediyordu. Doğanın rastlantısal çevre koşullarınca kayrılmış doğanlar seçkinleri, diğerleri ise köle ve köylüleri oluşturuyordu. Şans size önceden yaşam çizgisi belirlenmiş bir yol sunuyordu. Bunu kabul etmekten başka çareniz yoktu. Bu doğal bir sonuçtu.

Darwin'in evrimsel süreçlerinde çevre şartlarına uyum göstermekte zayıf olanlar doğal olarak elenir, ancak çevreye uyum sağlamada şansın kutlu doğasıyla avantajlı olanlar hayatta kalır ve neslini sürdürebilir, bir sonraki nesle rastlantısal kazanımlarını aktarabilirdi. Çevreye uyum sağlama gücü olanlar hayatta kalıyordu. Bu gücün kaynağı da şanstı. Seçilmiş olmak için gerekli değişiklikleri sağlamak genetik varyasyon diye bilinen mutasyonların sağladığı farklılıklardan kaynaklanıyordu. ***Doğal Seçilim***, uzun devirler sonucunda tedrici bir şekilde ***birikerek*** (kapitalizme gönderme) bazı canlıları diğerlerine göre bu farklılıklar yoluyla kayırmış, onları bulundukları ortama göre seçkin kılmıştı. Bu kuram, devrin yeni ruhu olan kapitalizmle ve onun en önemli ilkesi ***Görünmez El*** ile neredeyse birebir uyumluydu. Nasıl ve neden belirli ırklarda bu birikim toplanmıştı? Niçin piyango sürekli bu gruplar da toplanmıştı? Bunun sosyolojisindeki karşılığı elit kavramı değil miydi?

Görünmez El, toplumdaki tüm bozuklukları, ahlaksızlıkları, haksızlıkları (metafiziksel,etiksel mutasyonları) sonunda bir şekilde toplumun yüksek menfaati olan *hayatta kalma* adına faydalı olacak şekilde düzenliyordu. Bireysel günahlarımız toplumun gelişimindeki itici güç haline gelmişti. Darwin'in Doğal Seçilimi de, gizemli bir şekilde popülasyon içinde o an için var olan şansız, güçsüz bireylerin doğanın acımasız koşullarında şansız mutasyonlar geçirmelerinden ötürü elenmesidir. Bu elenme aslında genetik kusurlar olan mutasyonların (günahların) çevre tarafından seçilip seçilmemesine bağlıydı. Çevre yada doğa burada piyasa gibi yararlı olanları seçiyordu. Bir başka deyişle daha iyi uyum sağlamış, bu uyum sağlama sayesinde avantaj elde etmiş bireylerin de hayatta kalmasını sağlayan doğada içkin bir neden vardı nedense. Hayatta kalanlar ise, böylelikle *seçilmiş* bireyler olarak yola devam ediyordu. Darwin, *Bulldog'u* olarak adlandırılan *Thomas Huxley*'in de yardımıyla çığır açan kitabı "***Doğal Seçilim Yoluyla Türlerin Kökeni ya da Hayat Kavgasında Avantajlı Irkların Korunumu Üzerine***" 6. Baskısına kadar dönemin ruhunu koruyan ama aynı zamanda Epikürcüleri felsefi olarak destekleyen düzenlemeler yaptı.

Bunlardan en önemlisi Jean-Baptiste Lamarck *'ın* 'varlık merdivenleri*'nde ilerleme (evrim) olduğunu söyleyen fikirlerini dışlamasıydı. Bu yeni* *bir şey değildi. Lamarck'ın çağdaşı* Cuvier *canlılar dünyasında* 'hiyerarşik bir skala' *olmadığını, canlılar dünyasının en aşağıdan en yukarıya dizilmeye uygun olmayacak kadar çok çeşitli olduğunu söyledi. Lamarck,* canlılara içkin olan ve onları kompleksliğe götüren bir eğilim olduğunu ve bunun, Yaratıcı'nın canlılara bahşettiği bir unsur olduğunu söyledi. *Görüldüğü gibi, sistematik bir şekilde Evrim Teorisi'ni ilk ortaya koyan kişi olarak gösterilen Lamarck,* Tanrı'nın varlığını da kabul eden bir evrim görüşü savunmuştur. *Bu da Evrim Teorisi'nin mutlak olarak ateist bir görüş olduğu iddiasının yanlışlığını gösteren önemli bir durumdur. Lamarck'a göre, en basit canlılar* 'kendiliğinden oluş' *yoluyla oluşuyordu ve daha sonra en kompleks canlılar baştaki bu* 'kendiliğinden türeyen' *canlılardan evrimleşiyordu. İnsan en yüksek mükemmelliği temsil ettiği için, canlılar insana yaklaştıkları ölçüde mükemmeldi. İnsan evrimin en son ürünüydü ve maymunumsu canlılardan evrimleşmişti. Böylelikle Lamarck, Darwin'den önce maymunumsu canlılardan insanın evrimleştiğini açıkça söyledi. Fakat Lamarck, devrin Epikürcü-materyalist bilim dünyasına hitap etmiyordu.*

Darwin, *evrim bir ilerlemedir* deseydi yeni birşey söylememiş olacaktı. İlerlemiş demekle bir gelişimi, ilerlemeyi kabul etmek, kendisini de derinden etkileyen diğer bir yazar olan *William Paley*'i ve dönemin hakim bilimsel paradigması olan doğal teologların *tasarım teorisini* kabul etmek olurdu. Rakibi *Alfred Russel Wallace* dolaylı olarak bunu yaptığı için, yani *teleolojik evrime* kapı açtığı için,

Kraliyet Akademisi'ndeki Epikürcülerce dışlanmıştır.

Çek ekonomist Tomáš Sedláček Sosyal Darwinizm'in mantıksal durumunu şöyle ortaya koyar;

Darwin'in Doğal Seçilim olgusu devrin ekonomik karakterine şekil veren Hedonist *faydacılık olgusuna benzer şekilde problemliydi. Her ikisi de insan davranışının sosyal ve doğal gelişiminin nedenini açıkladıkları iddiasındaydılar. Bir başka deyişle, eğer* **piyasa (doğa)** *en iyi uyum sağlayanı seçmediğinde, durum neye benzeyecekti? Gerçekten de bu biraz totoloji demekti. Hayatta kalanlar daima en iyi uyum sağlayanlardır. Fakat en iyi uyum sağlayanı nasıl anlatabilirdik? Evet, hayatta kalanlar... Bu nihai değerlendirmeyle bilebileceğimiz şey sadece daha sonradan sonuca göre şekillenecek olandır. Öyleyse, bu ünlü sözü biraz farklı bir şekilde aktarırsak, ancak şunu söyleyebilecektik:*

Hayatta kalanlar hayatta kalmaya en yetkin olanlardır. Diğer bir deyişle, hayatta kalanlar hayatta kalanlardır. *(uyum sağlayan kelimesi yerine) Ve öyleyse bu, en iyi uyum sağlamış olarak ilan edilen herkes için geçerlidir. İşte tamda bu yüzden bu teori ile hemfikir olmak zorunludur. Çünkü ona mantıksal olarak karşı çıkamazsınız. Böylelikle, Sosyal Darwincilik herkesçe kabul edilmiş bir önermedir. Sosyal Darwinizm bir totolojidir.*

Tümevarım hakimiyetini sarsan kişi olan Karl Popper'ın yanlışlanabilirlik ilkesine göre Darwin'in Evrimi bilimsel açıdan da çıkmazlara sahiptir. Popper 'ın bu ilkesi:

Bütün sistemleri zorlu bir sınamadan geçirerek, sonunda nispeten elverişli sistemi seçmek amacıyla, her kuramı yanlışlamaya tabi tutmaya dayanır. Çünkü Popper'e göre, tümevarım ilkesinin geçersizliği nedeniyle, kuramlar hiçbir zaman deneysel olarak doğrulanamaz. Ama yanlışlanabilir. O halde, bir teorinin bilimsel olabilmesi için yanlışlanabilir olması gereklidir.

Darwin'in Evrim teorisinin en önemli ilkesi Doğal Seçilim'dir. Bu kavramın kendisi yanlışlanabilirlik açısından yukarıdaki önermelerden de anlaşılacağı üzere başlı başına sorunludur. Popper'in kuramına göre bilimsel yöntem şudur: bilimsel bilgi olarak adlandırdığımız şey, doğası gereği *geçici niteliktedir*. Bir bilim insanı deney yapacak ve gözlemlerine dayalı ampirik genellemelerde bulunacaktır, ardından bu genellemeler bir *kuram/teori* biçiminde ortaya koyulur. Eğer kuram açık ve tam olarak değil kavramsal olarak ortaya konmuşsa, Popper için bu *metafiziksel bir araştırma* programıdır.

Darwin'in Evrim teorisi, belki de felsefi olarak Spinoza'dan beri Aydınlanmacıların, nedenleri *evrenin kendisine ve kendisinden olana* bağlama isteğinin tezahürüydü. Popper, bilimsel bilginin yaşanabilirlik ilkesine uygunluğunu sorgulayarak bilim dünyasının teorilere olan imanının da bir metafiziksel arayış olduğunu ortaya koymuştur. Bunun en açık tezahürünü Darwin'in evrim teorisinde görmek mümkündür.

Scott Adams, bizlere bilimsel bilginin ilk basamağı gözlem ve nedenler hakkında basit bir durumu hatırlatıyor:

Evrim aslında nedenleri açıklamaz. Evrim bir gözlemdir. *Şeyleri kategorize etmek için kullandığımız bir yoldur. Evrim '***nedenler***' hakkında bize bir şey söylemez, söyleyemez.*

Darwin'in Evrimi yoluyla *nedenler* hakkında görüş ortaya koymanın sonu totolojidir. Bu tıpkı çevre yolunda zevk olsun diye başlangıç noktası ile bitiş noktasının aynı yer olduğu bir yolculuğu yapmaya benzer. Darwin'i sosyal olarak inşa eden düşünceler bugün Sosyal Darwinizm'de bir çatı olarak birleştirilmiştir. Darwin'in böyle bir düşünce yapısı yoktu diyenler, hem Viktorya dönemi İngiltere'sini hemde Darwin'in evrim teorisini bilmemektedirler. Darwin, kapitalizmin doğduğu bir çağda, çağının gerekliliklerine uyarak yani yaşadığı dönemin toplumsal dinamiklerini doğaya uygulayarak, *Sanayi Devriminin* getirdiği maddi ve manevi yıkımları rasyonelleştirmeye çalışmış gözükmektedir. Bunu yaparken, belkide farkında olmadan Kilise otoritesi ile mücadele eden bilime *Epikürcü* bir kapı aralamıştır. Hayatının büyük çoğunluğunu agnostik olarak geçiren bir kişinin, *Viktorya dönemi kapitalizmini bilimsel metot ile onaylamaya çalışması*, ait olduğu sınıfın çıkarları-na *uyumlu* ve o çevrede kabul görüp *seçilmiş bir kişi olmak* istemesinin bir sonucu olabilir mi? Kraliyet Akademisi Darwin'i tüm gücüyle destekleyerek bilime mi yoksa yeryüzünün gördüğü en büyük koloni imparatorluğuna sahip Kraliçe'ye mi hizmet etmişti?

Devrin tüm ideolojilerinin yegane isteği bilimsel bir sağlama ile topluma seslenmekti. O devrin aydınlanmacı kapitalistlerinin isteği belki de *Mandeville*'in bahsettiği kovandaki düzenin sürmesi yada kraliçe ve tebaasına hizmet eden termitlerin (İngiliz işçi ve köylüleri) koloniler şeklinde yaşam mücadelesine devam etmesiydi. Zamanın ruhunun getirdiği ağır koşullardan dolayı ölenler hayat mücadelesine uyum sağlayamayanlardı. Darwin'nin dünyasında doğa "içkin bir nedensellikle" onları kayırmıyordu...

DÖRDÜNCÜ BÖLÜM:

DARWIN'İN KİTABI, "TÜRLERİN KÖKENİ NEDİR?"

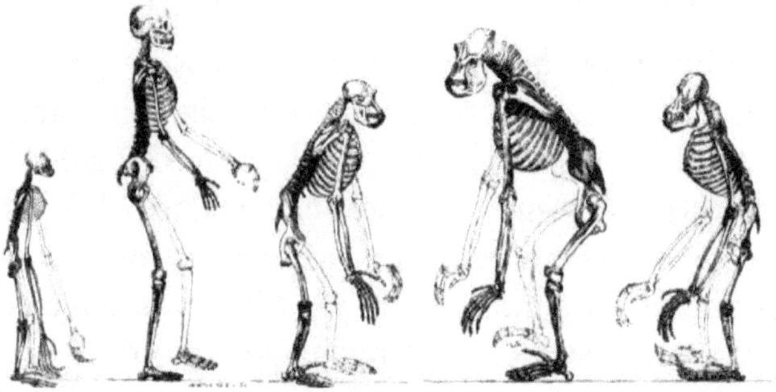

TÜRLERİN KÖKENİNE YOLCULUK

Binyılın en büyük bilimsel gelişmesi hangisidir" sorusuna, olasılıkla farklı yanıtlar gelecektir: Bir ihtimalle Büyük Patlama, izafiyet, belki de kuvantum kuramı. Ancak, herkes Darwin'in "evrim kuramı"nı bilir... Charles Darwin, getirdiği yeni bilimsel yaklaşımlar nedeniyle, evrim biliminin babası olarak nitelendiriliyor. Hatta, evrim sözcüğü çoğunlukla Darwin'le eşanlamlı kullanılıyor ve bu yüzden de darwincilik diye anılıyor. Darwin ve ona ait terimler, "Türlerin Köke"ni" adlı kitabının yayımından bugüne geçen 140 yılı aşkın bir süreden beri, dünyanın en uzun bilimsel tartışmasını oluşturuyor.

Charles Robert Darwin, 12 Şubat 1809'da, İngiltere'nin Shrewsburg kentinde dünyaya geldi. Çocukluk yıllarında, zamanının büyük bölümünü böcek, bitki, kuş yumurtası ve çakıltaşı toplamakla geçirdi. Bilime meraklıydı, babası doktor olmasını istediğinden, onu Edinburg Üniversitesi'ne gönderdi. Ancak, doktorluk Darwin'e göre bir meslek değildi. Bu sefer de, teoloji öğrenimi yapması için Cambridge Üniversitesi'ne yollandı. Okulu yeterli bir dereceyle tamamladı.

İlginç bir biçimde, Darwin'i "Türlerin Kökeni" adlı kitabı yazmaya yönlendiren kişi bir papazdı. Cambridge Üniversitesi botanik profesörü John Stevens Henslow'un bilimsel çalışmaları, Darwin'in zooloji ve botaniğe merak salmasına öncülük etti. Zamanının çoğunu, Henslow'la birlikte araziye çıkıp kınkanatlı böcekleri toplamakla geçiriyordu.

Bu arada, İngiliz gemisi HMS Beagle, bilimsel araştırmalar yapmak üzere, Güney Amerika'yı yakından tanıyan kaptan Robert Fitzroy'un yönetiminde, dünya turu yapmak için sefere hazırlanıyordu. Başta, yolculuğun iki yıl süreceği düşünülüyordu; ama, beş yılda tamamlandı. Kaptan, yanında jeolojik yapıyı gözlemesi için iyi yetişmiş bir doğabilimcisini de götürmek istiyordu. Darwin, babasının itirazına karşın, Henslow'un çabalarıyla bu geziye çıkmayı kabul etti. 27 Aralık 1831'de, 22 yaşındaki Darwin, Devenport limanından denize açıldı.

Yanına pek çok kitap almıştı. Bunlardan biri de, Henslow'un salık verdiği, İskoç bilim adamı Charles Lyell'in yazdığı "Jeolojinin İlkeleri" (Principles of Geology) başlıklı kitabın birinci cildiydi. Kitapta, dünya yüzünün devamlı değişme fikri işleniyordu ve Darwin bundan büyük ölçüde etkilendi. Lyell'in kitabı ona, gününün dünyası ile geçmiş arasında ilişki kurulabileceğini gösterdi. Dahası, dünyanın geçmişi çok eskilere uzanıyordu. İşte bu kavramlar, Darwin'in evrim kuramının kaynağını oluşturdu.

Güney Amerika'daki yolculuğu, bilim adamına birtakım anahtar göstergeler de sundu. Kıyılarda yol alırken, türlerin çevre etkisiyle nasıl değişikliğe uğradığını saptadı. Patagonya'da, Arjantin pampalarındaki büyük devekuşlarının, yerini daha küçük olanlara bıraktığına tanık oldu. O zaman, bu kuşların ortak bir atadan geldiğini ve coğrafi ayrılmalara bağlı olarak birbirinden farklılaştığını varsaydı. Galapagos Adaları'na ulaştığında, ilk bakışta çok ıssız görünen bu adalarda, evrimsel uyuma çok iyi bir örnek oluşturan birçok canlı buldu. Bu hayvanlar, Güney Amerikadakilere benziyordu, ancak onlardan belirli derecelerde farklılaşmışlardı.

Her adada, diğer adalara uçarak ulaşamayan, bir çeşit ispinoz kuşu yaşıyordu. Her kuş, bulunduğu adaya uyum sağlamıştı. Bu, "uyumsal açılım" adı verilen evrimsel kurala en iyi örneklerden biri. Yine dev kaplumbağaları, iguanaları inceleyerek, her türün birinden diğerine evrimle farklılaştığını kaleme aldı.

1836 yılında İngiltere'ye döndüğünde, elindeki malzemeler bir kitap yazmak için yeterli değildi. Ancak yine de, türlerin standart görünümlerine ilişkin birtakım soruları sormaya başladı. Güvercin yetiştiricilerini ziyaret ederek, onların ayıklanma (seçilim) yoluyla nasıl yeni özellikler elde ettiklerini öğrendi. Örneğin, yapay ayıklanma yöntemiyle birkaç döl sonra büyük kuyruklu güvercinler elde ediliyordu.

Darwin, evrimle ilgili açıklayamadığı bir işleyişi, Thomas Malthus'un 1798 yılında yazdığı "Nüfusun Kuralları Üzerine bir Deneme" (An Essay on the Principles of Population) adlı makalesini okurken çözdü. Makale, türlerin sayısını sabit tutacak düzeyden çok, daha fazla üreyebilme yeteneğini savunuyordu ve kavramı insana uygulamıştı. Darwin, bundan hareketle türlerin gerekenden fazla ürediklerini, aralarında başarılı olan varyasyonların uyum sağlayarak ayakta kaldıklarını açıkladı. Bunlar, gelecek için seçeneklerin doğmasını sağlıyordu.

1858'de, doğabilimci Alfred Russel Wallace'tan bir yayın taslağı aldı. Bu kısa makalede de, Darwin'in uzun yıllar sonra ulaştığı sonuç, yani canlıların yavaş yavaş değişme kavramı açıklanıyordu. Sonraları çok sıkı dost olan iki bilim adamı, araştırmalarını yayımlatmaya karar verdiler. 24 Kasım 1859'da, "Doğal Ayıklanma ile Türlerin Kökeni" ya da kısa adıyla "Türlerin Kökeni" (Origin of Species) adlı kitap 1.250 adet basıldı. Bu kitapta, tüm organizmaların gereğinden fazla yavru meydana getirme yeteneğine sahip olduğunu; ancak, elenenlerle nüfusta denge sağlandığını belirtti. İkinci olarak, bir türün içerisindeki bireylerin, kalıtsal özellikler bakımından farklı olduğu gerçeğini anlattı. Bu gerçeklerden hareketle, yavruların hayatta kalması için yaşam kavgası vermek zorunda olduğunu, çevreye uyum sağlayan türlerin yaşamına devam ettiğini, veremeyenlerinse ortadan kalktığını, istenen özelliklerin de kalıtsal olarak gelecek döllere aktarıldığını ve türlerin özelliklerinin seçiminin her bölge ve koşulda farklı olması gerektiğini varsaydı.

Bilimsel çevrelerde büyük yankı uyandıran kitap, saldırılarla da karşılaştı. Aslında kitabında Tanrısal bir yaratılış fikrini benimsediğini belirtmişti. Ona göre, tanrı tarafından ruh verilmiş bir ya da pek az basit formdan, dünyada var olan fiziki güçlerle çeşitlenmeler ortaya çıkmış ve çok sayıda mükemmel, güzel yaratıklar oluşmuştu.

Darwin, tüm tepkilere rağmen araştırmalarını sürdürdü ve insan evrimi konusundaki görüşlerini saklamanın gereksiz olduğuna karar vererek, 1867de, "İnsan Soyunun Türemesi ve Cinsiyetine Bağlı Ayıklanma" (The Descent of Man and Selection in Relation to Sex) kitabını yayımladı. Burada, insanın diğer memelilerden morfolojik, fizyolojik ve psikolojik bakımdan farklı olmadığını savunuyordu. Çünkü insan da evrim yasalarına bağlıydı. Bu kitapta aynı zamanda eşeysel ayıklanma kavramı da açıklanıyordu.

Biyolojideki yeni gelişmeler, genetik bilimi, özellikle kalıtım konusundaki bilgi birikimi, Darwin'in varsayımını özü itibariyle destekliyor. 19 Nisan 1882'de hayata gözlerini yuman Darwin'in "Türlerin Kökeni" adlı eseri, bilim tarihinin en önemli eserlerinden. Darwin'in mezarı, tarihe adını yazdırmış kişilerin gömüldüğü Westminister Manastırı'nda bulunuyor.

Evrim kuramı, son zamanlarda ciddi eleştirilere hedef oluyor. Hatta bazılarına göre, binyılın en önemli yapıtlarından biri olan "Türlerin Kökeni" çökmek üzere. Bu saldırılara geçmeden önce, ilk basımı 1859 tarihinde yapılan bu bilimsel eserin ana tezlerini bir kez daha hızlı bir biçimde anımsayalım.

Bu eserinde, Darwin'in en büyük fikri, "doğal ayıklanma" kavramıydı. Evrim kuramında "doğal ayıklanma", türlerin değişimini yönlendiren tek değilse bile, temel etkendi. Darwin, bu görüşe bir çıkarsamadan ve bir gözlemden yola çıkarak ulaşmıştı.

Çıkarsamasının temelinde, dönemin havası egemendi. 19. yüzyıl başlarında insanlık "ilerleme" hareketinin peşine düşmüştü. İşte Darwin, pozitivistlerin öncüsü olduğu bu "ilerleme" kavramını, toplumsal ve ekonomik boyuttan alıp doğaya taşımıştı. Ona göre türler, içinde yaşadıkları ortamdan her zaman daha iyi bir ortama uyum sağlama eğilimi içindeydiler.

Darwin'in gözlemi ise, doğadaki olağanüstü çeşitlilikti. O, bunu Beagle adlı tekneyle yaptığı dünya turunda, özellikle de Galapagos Adaları'ndaki ispinoz kuşları üstündeki çalışmalarında edinmişti. Nitekim bu kuşlar, günümüzde Darwin ispinozları olarak adlandırılıyor. Darwin'in dikkatini, bu kuşlardaki beslenme ihtiyacından kaynaklanan çok farklı gaga yapıları çekmişti. Bu arada, çeşitli ihtiyaçlar için yetiştiricilerin geliştirdiği "yapay ayıklanma" ürünü güvercin türlerini de gözlemleyen Darwin, onlardan farklı olarak "doğal ayıklanma" hipotezini geliştirdi: Bu ayıklanma, yetiştiricilerin fantezilerinden değil, ortama uyum sağlama gereksinmesinden kaynaklanıyordu.

Peki bu mekanizma nasıl çalışıyordu? Türler arasındaki mücadele ve fizik koşullar, uygun değişikliklerin korunmasını, ötekilerin de yok olmasını getiriyordu. Başka bir deyişle, ortama en iyi uyum gösteren ayakta kalıyordu. Tabii bu noktada hemen şu sorular gündeme geliyordu: Doğal ayıklanmanın gerçekleştiği değişimlerin doğası neydi? Bunlar nasıl ortaya çıkıyordu ve nasıl aktarılıyordu? Darwin, bu konuda çağdaşları gibi çok açık fikirlere sahip değildi. Hemen hatırlatalım ki, Mendel ünlü yasalarını, "Türlerin Kökeni"nin yayımlanmasından 6 yıl sonra formülleştirmiş; ama çalışmaları, ne yazık ki 1900 yılına kadar tamamen göz ardı edilmişti. Darwin, bu değişimlerin esas olarak kendiliğinden ve rastlantısal olduğunu düşünüyordu. Ama bu arada, çevrenin kendisinin de yeni uyumları gerektiren değişimleri zorlayabileceğini ve bunların, kullanım ilkesine bağlı olduğunu da kabul ediyordu. Ona göre bir organ, eğer gerekliyse, artan derecede güçlenip gelişecek, ama bir şeye yaramadığı zaman da yok oluncaya kadar da gerileyecekti. Bu konuda, Fransız doğabilimci Lamarck'ın "zürafanın boynu" örneğini esas alıyordu. Bu hayvanın boynu, akasya ağacının yüksek dallarındaki yaprakları yemek için evrim geçirerek bugünkü uzun konumunu almıştı. Her kuşakta kazanılan değişimler, bir sonraki kuşağa iletiliyordu. Bu mekanizmaya Lamarck "kazanılan karakterlerin kalıtımı" adı vermişti. Kalıtım kuramında Darwin, kesin bir biçimde Lamarck'ı izliyordu.

Ne var ki, Darwinin çağdaş izleyicileri yenidarwinciler (Neo-Darwinistler), Lamarckın "kazanılmış karakterlerin kalıtımı" kuramını kabul etmiyorlar. Onlara göre, Darwin'de değişiklikler kendiliğinden ya da rastlantısaldı; ama, bunların ayıklanmasında ana belirleyici "doğal ayıklanma" kavramıydı. Ancak 80'li yıllarda yapılan bazı deneyler, tamamen olumsuz bir ortamın, çevrenin etkisiyle, normalin üstünde, daha yüksek bir oranda mutasyonlara yol açabileceğini gösterdi. Bunun en somut kanıtı, "Escherichia coli" adlı bakteriydi. Normalde enerji kaynağı olarak süt şekerini (laktoz) kullanamayan bu bakteri, sadece laktoz sağlayan bir ortamda büyümeyi ve çoğalmayı başarabiliyordu. Yine bazı genlerin, anne ve babadan miras kaldığından farklı olduğunu, bugün bilim kanıtlamış durumda. Yani doğada, Lamarck'ın iddia ettiği gibi bir "kazanılmış karakterlerin kalıtımı" söz konusu. Aslında, yenidarwinciler, bu kavrama tümden karşı çıkmıyorlar; ama olayın yalnız kültürel kalıtımla sınırlı olduğunu söylüyorlar. Ve bunun, sadece "ileri" primatlarda ve insanda görüldüğünü vurguluyorlar.

Son yıllarda Darwin'e yöneltilen eleştirilerden biri de "evrimin ritmi" konusunda. Bu akımın başını, 1972 yılında bir dizi omurgasız fosilini inceleyen ve "amaca yönelik dengeler" (ponctual denge) kuramını geliştiren, iki Amerikalı bilim adamı, Niles Eldredge ile Stephen Jay Gould çekiyor. Darwin'e göre, türlerin dönüşümü aşamalı bir biçimde, küçük dönüşümlerin birikimiyle gerçekleşiyordu. Bu mantıktan hareket edince, belli bir zaman aralığının ayırdığı aynı fosil çizgisindeki iki tür arasında, kaçınılmaz olarak ara serilerin varlığı gerekiyordu. Aktarımın devamlılığı için bu şarttı. Yine Darwincilere göre, eğer bugün bu ara türlerin fosilleri yoksa, nedeni ya fosilleşmemiş olmaları ya da henüz keşfedilmemeleriydi. Yani, zincirin halkalarında boşluklar vardı. Kuşkusuz bu halkalardaki boşlukların en önemlisi, büyük maymunlarla insan arasında kalan türlere ilişkin örneklerdi.

Amerikalı Eldregde ve Gould'a göre "halka boşlukları" diye bir şey söz konusu değil... Onlar için, evrim sürecinde açık bir biçimde var olan bu boşluklar, aslında çok uzun denge dönemlerinden başka bir şey değil. Bu uzun denge dönemlerinde, söz konusu olan bir grup tür, anlamlı değişiklikler göstermiyor ve yeni türlerin oluşumuna yol açmıyor. Bu uzun denge dönemleri içinde, amaca yönelik, yoğun türleşme dönemleri bulunuyor. Yoğun türleşme döneminin uzunluğu, 5 ile 50 bin yıl arasında değişirken, uzun denge dönemleri birkaç milyon yıla yayılıyor.

Amaca yönelik dengeler kuramı, darwinciliğe "yok oluş kuramı" alanında da bir darbe indiriyor. Eldredge ve Gould'a göre, yok oluş dönemleri de tıpkı türleşme dönemleri gibi ani, hızlı ve yoğun bir özellik gösteriyor. Tıpkı dinozorların yok olması gibi... Yeni darwincilere göre ise, yok oluşu belirleyen, türler arasındaki rekabet... En zor uyum gösteren elenirken, iyi uyum sağlayan varlı-ğını koruyor. Chicago Üniversitesi öğretim üyelerinden David Raup, yok oluş ile "doğal ayıklanma" arasında hiçbir ilişki bulunmadığını savunuyor. Ona göre, bazı türler yanlış zamanda yanlış yerde oldukları için, o güne kadar çevrelerine mükemmel bir uyum gösterseler de yok oluyorlar. Ne var ki, bu konuda Darwin'i aşırı eleştirmemek gerekiyor. Çünkü, bir asteroit düşmesinin ya da yanardağ patlamasının Darwin'in kuramıyla tamamen çatıştığı söylenemez. Çünkü, bu olaylar son kertede çevrenin fizik kurallarını etkiliyor ve yeni oluşan koşullar, türlerin bazıları için duruma uyumu olanaksız kılıyor.

Dengeci ponktüalistlerin eleştirisi, bugüne kadar Darwin'e yapılan saldırıların en sert olanı. Onlara göre, "Türlerin Kökeni", sadece, ama sadece türlerin çevrelerine uyumunu açıklayan bir eser. Yeni türlerin yaratılışı ve yok oluşu konusunda kesinlikle yetersiz. Amerika'daki Santa Fe Enstitüsü'nden kuramsal biyoloji profesörü Stuart Kaufmann ise, eleştiriyi bir başka noktaya taşıyor ve Darwin'in, "doğal ayıklanma, türlerin çevreye uyumunun sürekli bir biçimde ileri gitmesini garanti eder" çıkarmasının doğru olmadığını ileri sürüyor. Özellikle enformatik modeller, günümüzde durumun her zaman böyle gerçekleşmediğini gösteriyor. "İnsan maymundan geliyor"...

Darwin'in bu sözleri, o yıllarda büyük bir skandal yaratmıştı. Bugün, çok az sayıda insan bunun tersini düşünüyor. Ancak mesele bütünüyle açıklığa kavuşmuş değil. Özellikle bir soru hâlâ yanıtını arıyor: Maymundan insana geçiş nasıl gerçekleşti? Bu soruyu şöyle de sorabiliriz: İnsanın evrimi aşamalı bir biçimde mi, yoksa bir anda, aniden mi gerçekleşti? Ya da insan sürekli bir biçimde, çevresindeki değişikliklerin etkisiyle aşamalı bir biçimde mi ayağa kalktı, yoksa bir tramplenden atlar gibi, embriyon gelişimini etkileyen çok ani dönüşümlerin sonucu her şey bir anda mı gerçekleşti?

Gelişme aşamalarıyla (fazlarıyla) ilgili uzunluk ve hız değişmelerinin, yeni türlerin doğmasında çok önemli bir etken olduğu tezi, 70'li yıllarda Harvard Üniversitesi paleontologlarından Stephen Jay Gould tarafından yeniden gündeme getirilmişti. Son günlerde bir başka araştırmacı, Paris'teki Doğal Tarih Ulusal Müzesi paleontologlarından Anne Dambricourt Malasse, insan evriminin mekaniğinin geometrik bir modelini oluşturarak, bu kurama yeni bir soluk kazandırdı. Bazı uzmanlar, Malasse'ın çalışmalarının Yaratılış Kuramına temel oluşturduğunu ileri sürerken, bir başka grup, tamamen bilimsel bir özelliği olduğunu savunuyorlar. Malasse çalışmalarını, çocuklardaki yüz ve altçene büyüme anormallikleri inceleyen ünlü ağızbilimci (stomatolog) Marie Josephe Deshayes'ın araştırma sonuçlarına dayandırıyor. Yüz ve ağız ortopedisi uzmanları, bu bölgelerin gelişiminde sık sık anormallikler saptıyorlar. Boynu yüze bağlayan altkafatasındaki büyüme sorunlarından kaynaklanan bu anormallikler iki büyük kategoriye ayrılıyor: Altçene gerilediği için, omuriliğin içinden geçtiği artkafa boşluğu yukarıda kalıyor ya da altçene çok öne çıktığı için, boyun ve boğaz çok fazla ön tarafta bir konum alıyor. Birincisinde, yüzün dikey ve yatay büyümesinde yetersizlik söz konusuyken, ikincisinde yüz, çok dikey bir biçimde büyüyor.

Peki ama, embriyon ya da çocuk büyümesiyle insan evrimi arasındaki ilişki ne? Geçen yüzyılda geliştirilen bir ilkeye göre, ontojeni (bireyoluş; embriyonun ve çocuğun yetişkinlik dönemine kadar olan gelişimi) ile filojeni (soyoluş; türler arasındaki akrabalık ilişkileri) arasında bir paralellik var. İşte bu ilkeden hareket eden Malasse, çocuklar üstünde gerçekleştirilen gözlemleri, 1952'de paleontolog Robert Gudin tarafından geliştirilen geometri öğelerini kullanarak, primatlardaki kafatası temelinin evrimine uyarladı. Gudin, profilden görülen kafatası örneğinde, kafatasının tabanıyla yanlarını birer çizgiyle birbirine bağlamıştı. Böylece "pantograf" adı verilen bir geometrik şekil elde etmişti. Embriyonun gelişimi boyunca bu pantograf, kafatası ve yüz kemiklerinin kasılıp açılması sonucu dönüşüme uğruyor ve sonunda, Homo sapiens türüne özgü bir denge durumuna geliyordu. Bu denge durumu, gerçek anlamda bir ontojenik bellekti ve insan, insan olduğundan, yani tam 120.000 yıldan beri bütün insanlarda tekrarlanıyordu. Evrimimiz boyunca sıralanan her tür, kendi karakteristik denge durumuna (pantografına) sahipti. Malassea göre, çocuklardaki güncel dengesizlikler, söz konusu dengenin şimdiye kadar gözlenen korelasyonlarının kopma noktasına geldiğini gösteriyor. Öte yandan diş ve çene ortopedisi, normal bir gelişimin, dengesizliğe girip farklı bir yönde evrim gösterebileceği dönemlerin varlığını kabul ediyor. Malasse bunlara "dinamik pencereler" (dynamic windows) adını veriyor ve evrimimiz sırasında da böyle "dinamik pencereler"in var olabileceğini söylüyor. Sonuçlar, kafatası ve yüz kemiklerindeki 5 kasılıp açılmanın, bizi ilk primatlardan ayırdığını gösteriyor. Kafatası gelişimindeki değişikliklerden her biri, bütün embriyojenezi tamamen yeniden yapılandırabiliyor. Örneğin, bipedi rahatsızlığı, bu kasılmaların bir sonucu olarak ortaya çıkıyor. Oysa bu kasılmalar, kesinlikle yeni bir çevreye uyumun ürünü değil.

İnsan çizgisinin çeşitli türleri arasındaki zincir o denli fazla alt üst olmuş değil. Homo habilis, ergaster, rudolfensis, erectus; hatta neardertaller, aynı pantografa ve denge durumuna sahipler. Bütün bunlar, aslında bir grup oluşturuyor ve Malasse, bunlara "ilkel insanlar" adını veriyor. Sadece modern insan, "sapiens" türünün sahip olduğu pantografın aynısına sahip. İşte bu nedenle, insanın var oluşunu sapiens türü ile özdeşleştiriyor.
Peki bütün bu açıklamalarda Darwin nerede? Malasse, "Kesinlikle uyum mantığı üzerine kurulu bir kuramı kabul edemeyiz" diyor. Ona göre tesadüf ve doğal ayıklanma, kuşkusuz bir rol oynuyor; ama, kesinlikle bir maymunu Homo australopithecus yapmıyor. Hemen şu soruyu ekliyor: "Her türün kendisine özgü olan embriyon belleği nereye kayıtlı? DNA'ya mı, hücrelere mi, yoksa hücreler arasındaki interaktif ilişkilere mi?" Bunun yanıtını henüz bilmediğimizi söylüyor. Ama ona göre bir tek şey kesin: Günümüzde evrim mekanizmalarına ilişkin söy-

lenenlerin hemen tümü büyük bir dönüşüm sürecinde...

Eğer yukarıdaki sorunun yanıtı bulunursa, darwinciliğin günleri sayılı demektir. arwin kuramı, 1859 yılında yayımlandığı tarihten hemen sonra, bir anda birbirine tamamen zıt ideolojilerin çekim merkezi haline dönüştü. Aslında buna o kadar da şaşmamak gerekir. Toplumsal ve ekonomik eylemin temeli olarak mücadele, o günlerde çok yaygındı. Nitekim Karl Marx ve Friderich Engels, "Türlerin Kökeni" eserinin satır aralarında, toplumların tarihsel değişiminin ipuçlarını yakaladıklarını düşünüyorlardı. Onlar, sadece doğadaki var olma mücadelesini sınıf mücadelesine dönüştürmekle yetindiler. Darwin'in düşünceleri, marksizmden tamamen uzak bir başka ideoloji için de çok elverişli zemin hazırlamıştı. Üstün ırk hayali peşinde koşanların elinde, artık ciddi bir silah vardı. Bu konuda ilk adımı, Darwin'in kuzeni İngiliz antropolog Francis Galton (1822-1911) attı. Darwin'in eserinde yakaladığı İngilizce "eugenics" kelimesinden hareket ederek, öjenizm (soyarıtımcılık) akımını başlattı. Ona göre, öjenizm iki ana biyolojik kuram çevresinde biçimleniyordu: Evrim ve kalıtım kuramları... Evrim konusunda Darwin'in "doğal ayıklanma" kavramını benimsemişlerdi. Bireyler ve topluluklar arasındaki rekabet, ayakta kalacak olanı belirleyecekti. Ne var ki, evrim kuramının yorumunda "soyarıtımcılar" ikiye ayrılmışlardı. İngiliz doğabilimci ve sosyalist Alfred Wallace ile Alman biyoloji uzmanı Ernst Haeckel "pasif" bir ırkçılığın sözcülüğünü yapıyorlardı. Onlara göre, "doğal ayıklanma" insanı, özellikle de beyinsel ve etik yeteneklerini etkiliyordu. Bu duruma kesinlikle müdahale etmeye gerek yoktu.

İlerlemeye olan genel eğilim ve toplumların yetkinleşmesi, kaçınılmaz biçimde "ilkel" olanları eleyecek, "ileri" unsurların varlığını koruyacaktı. Bu süreç, yine kaçınılmaz olarak "beyaz ırkın" üstünlüğüyle sonuçlanacaktı.

Bu pasif ırkçılığı önerenlere, Francis Galton ve gazeteci William Greg "aktif ırkçılık" ile karşılık veriyorlardı. Onlara göre, "doğal ayıklanma"nın toplumlardaki en "ilkel" unsurları eleyip, "ileri" unsurları korumasını beklemek yeterli değildi. Bu anlamda, "evrim kuramı"na, gelişmiş toplumlarda fazla güvenilemezdi. Çünkü gelişmiş toplumlar, özellikle tıp bilimindeki kazanımlar ve insanlarda artan iyilik yapma duygusu nedeniyle yozlaşma içindeydiler. 1868 yılında İngiliz gazeteci William Greg, gelişmiş İngiliz toplumunda soyluların yozlaştığını, fakirleşip yoksullaştığını, buna karşın, daha üretken ve daha ileri bir güç olan orta sınıfın çok az çocuk yaptığını yazıyordu. Bu durumda, "doğal ayıklanma" sürecine dışarıdan müdahale gerekiyordu. Tabii "ilkel" olanları bir biçimde safdışı ederek...

Öjenizmin bir ayağını Darwin kuramı, ikincisini ise Mendel'in genetik kuramı oluşturuyordu. Mendel'e göre genetik miras, kuşaktan kuşağa sadece cinsel hücreler aracılığıyla aktarılıyordu. Kazanılmış karakterlerin mirasını reddeden bu köktenci yaklaşım, ırkçılığın elinde hastalıkları, özellikle de beyinsel hastalıkları, toplumsal handikapları ve suçluluğu açıklayan bir araca dönüşmüştü.

Peki ama bütün bu suçlamalar karşısında Darwin kendisini nasıl savundu? Önceleri yapacağı bir şey yoktu. Çünkü, "Türlerin Kökeni" eserinde Darwin insandan hiç söz etmemişti. Ancak 1871 yılında yayımladığı "İnsan Soyunun Türemesi" başlıklı yapıtında, öjenizme bilimsel ve ahlaki açıdan karşı olduğunu açık bir biçimde ifade etti. Yoksul sınıfların hızla artan nüfusunun bir tehlike oluşturmadığını söyledi. Çünkü, bu sınıf içinde ölüm oranı da yüksekti. Bu noktadan yola çıkan Darwin, herhangi bir biçimde doğumların kontrolünü öngören toplumsal programlara da karşı çıktı. Ve son olarak sempati ve merhamet gibi kavramların "doğal ayıklanma"nın sonuçları olduğunu, toplumsallaşmanın temelini oluşturdukları için de gerekli olduğunu söyledi. Kuşkusuz bütün bunlar, öjenizmin temellerini Darwin kuramının üstüne inşa ettiği gerçeğini değiştirmedi. jenizm, süreç içinde çok değişik biçimler kazandı. Alfred Wallace, yaşamının sonlarına doğru, "cinsel ayıklanma" tezini geliştirdi. Aslında bu kavram Darwin'de de vardı. Eserinde "doğal ayıklanma" ile uyuşmayan bazı karakteristiklerin "cinsel ayıklanma"dan kaynaklandığını belirtmişti. Wallace ise, "cinsel ayıklanma" sürecinde, insan topluluklarının kalıtımsal özelliklerini iyileştirici bir nitelik görüyordu. Bu noktadan hareketle şu tezi ileri sürüyordu: "Eşitlikçi bir toplumda, kadınlar bundan böyle kocalarını paraları için değil, fizik, entelektüel ve moral nitelikleri için seçeceklerdi." İşte bu düşünce, daha sonra doğmakta olan feminizm hareketi tarafından açık bir biçimde benimsendi. Öyle ki, feministler "cinsel ayıklanma"yı, öjenizmin kabul edilebilir tek biçimi olarak aldılar.

Öjenizmin, tam bir asır önce "Türlerin Kökeni" eserinde dile getirilen kuramlarla uzaktan yakından ilgisi yok. Günümüzde, artık sadece "bireysel öjenizm" söz konusu. Yani, ailelerin normal çocuklar doğurma kaygısını ifade ediyor. Bu konu da

Darwin'i hiç ilgilendirmeyen, bambaşka bir sorun.. "Darwin'in, temel ilkeler olarak kabul edilen hiçbir bulgusu, bugüne kadar aşındırılmış ya da tersi kanıtlanmış değildir. Örneğin, Darwin'in kurmuş olduğu 'Doğal Ayıklanma Yasası', kesinlikle güncelliğini ve bilimselliğini yitirmedi. Darwin'in ayrıca bir söylediği de şuydu, 'Fakir toplumlar istedikleri kadar çocuk yapsınlar, bunun çok büyük zararı olmaz; çünkü burada zaten ölüm oranı çok yüksek olacaktır ve ayıklanma fazladır.' Bence doğru da söylemiştir. Ama Darwin antibiyotiğin bulunacağını bilemezdi. Yani, bu kadar ilacın ve tıbbi gelişmenin, insan soyuna yapılacak müdahalelerin geleceğini bilemezdi. Dolayısıyla, bugün fazla çocuk yapan ailelerin çocukları da yaşamış oluyor. Böylece denge bozulmuş ve doğal ayıklanma önlenmiş oluyor. Tabii bir sürü hastalıklı, rahatsız ve zayıf olan birey, kalıtsal materyallerini gen havuzuna sokmuş oluyor. Darwin'in bu anlamdaki sözleri doğrudur ve sonradan yapay yollardan yapılan müdahaleler, ilke olarak doğaya terstir. Darwin doğal olayları işlemiştir; doğal olmayan olayları herhangi bir şekilde göz önüne almamıştır. Örneğin bir meteorun dünyaya çarpması, dünyada önemli bir deprem olayının gerçekleşmesi, yanardağların patlaması ya da insanın ürettiği doğadışı verilerle Darwin arasında ilişki kurulmaya çalışılması, Darwinizm'e körü körüne saldırıdan başka bir sonuç doğurmaz.

Darwin'in en çok tartışılan sözlerinden biri de, gelişmemiş ırkların, eninde sonunda gelişmiş ırkların egemenliğine gireceğidir. Bu çok doğrudur ve bugün de geçerlidir. Nitekim Türkiye'nin, şu anda kendisinin koymadığı, zorlama bir sürü kuralı kabul etmesi, herkesin cebinde dolarların bulunması ve dolarla konuşmamız bile, uygarlık bakımından bizden ileride olan ülkelerin, Darwin anlamında egemenliğine girdiğimizin kanıtıdır.

Darwin hatalar yapmış olabilir. Çünkü, dinler tarihine baktığımızda bile bir dolu yanlış ve eksiklikler görebiliyoruz. Bunların hepsi bilgi eksikliğinden kaynaklanıyor ve bu Darwin için de geçerlidir.

Ancak bu eksiklikler kuramın doğru ve geçerliliğini etkilemez. Yukarıda söylediklerimizin dışında, Darwin'in yaşadığı dönemde kıtaların kayması bilinmiyordu, mutasyonlar bilinmiyordu, kromozomlar bilinmiyordu, mayoz bölünme bilinmiyordu, sperm bilinmiyordu, yumurta bilinmiyordu, eşeysel üremenin kuralları bilinmiyordu, neredeyse hiçbir şey bilinmiyordu. Yalnız Darwin, doğayı gözlediği zaman, üstün olan ve uyum yapan bireylerin ayıklanmış olacağını gözledi. Biyolojide bu hiç değişmedi. Darwin'in belki açıklama tarzında bir eksiklik bulunabilir; ama, bu da dediğimiz gibi, bilgi eksikliğinden kaynaklanıyordu. Bugün biz bu kuramın ayrıntısına girdiğimizde şunu anlıyoruz; gerçekten de bireyler, olması gerektiğinden fazla sayıda yavru ya da kombinasyon meydana getiriyor. Örneğin bir insan, kuramsal olarak, yaşamı boyunca 70 trilyon çocuk meydana getirme şansına sahip. Üstelik bir kadınla bir erkek, hiçbir baz ya da nükleotik değişiklik ve mutasyon olmazsa, ancak 70 trilyon çocuk meydana getirdiğinde birbirinin aynısı olabiliyor.

Bu sayı, aşağı organizasyonlu canlılarda çok daha fazla ve nedeni de, kuşkusuz 70 trilyon yaşasın diye değil. Bunlar arasında, gelecek kombinasyonlardan hangisi yeni ortama uyum sağlarsa, o ayıklansın diye... Canlıların ayakta kalmasının nedeni bu.

Darwin bunu bilmeden, gözlem ve sezinleme yoluyla ortaya koymuştu. Modern biyoloji de Darwin'in bütün söylediklerini moleküler düzeyde kanıtlıyor.

Biyolojinin dışında Darwin'in kuramı, toplumsal olaylarda da geçerli. Bugünkü bilgilerimize göre, dünya tarihinde kaybolmuş yüzlerce toplum ve kültürün bir zamanlar var olduğunu biliyoruz. Bunların temel çöküş nedeni, sosyal evrimlerini oluşturamamalarında yatıyor. Bilimsel atılımını yapmış olan, doğanın mekaniğini değiştirmeye kalkan toplumlar, giderek daha bir güçlenip ayakta kaldı ve diğerlerine egemen oldular.

1950'den sonra DNA üzerinde yapılan çalışmalar, 2000 yılına geldiğimizde evrimi adım adım kanıtlamış durumda... Çünkü biz DNA'yı, yani temel harfleri bulduğumuzda, artık sorunu daha rahat olarak çö-zebiliyoruz. Örneğin, DNA'nın üzerindeki çeşitlenmelerin neden meydana geldiğini sorduğumuzda, Darwin'in Doğal Ayıklanma Yasası ile karşı karşıya gelmiş oluyoruz. Bir başka deyişle, DNA üzerinde çeşitlilik, Doğal Ayıklanma'ya tam ve gerçek bir temel oluşturuyor. Örneğin, siz herhangi bir solunum enzimini aldığınızda, aynı toplumda çok çeşitli farklılıkların olduğunu görüyorsunuz. İşte bu farklılığın olması, temelde evrimsel sürece bir taban hazırlıyor. Bunu doğanın bilinçli olarak getirmesi de mümkün değil. Çünkü bilinçli olsa, fazladan malzeme oluşturmasına gerek yok. Doğa 70 trilyon örneğinde olduğu gibi, niçin çok sayıda işe yaramayan bireyler üretsin?

Gerçekte ise, doğanın mekaniğinde, tamamen rasgele ve yeni durumlara uyum yapabilecek çeşitli varyasyonlar meydana geliyor. Yani, önceden gideceği yeri öngörmüyor; daha temel bir anlatımla amaçlı değil. Ancak onların içerisinde hangisi yeterliyse, hangisi uyumluysa, hangisi başarılıysa, o doğal olarak ayıklanıyor. Bu nedenle, bir alabalık her defasında 1 milyon yumurta yapıyor, ancak bunların arasından 10 tanesi uyum yapmayı başarıp yaşayabiliyor. Bu geri kalan büyük miktarın varlığı, temelde doğa için bir savurganlık gibi görünüyor. Yani, siz bu işleyişi planlayan bir doğaüstü güce inanırsanız, düşünün ki, ancak binde birinin kullanıldığı bir düzenin kurulmuş olduğuna inanmanız gerekiyor. Böyle bir mekanizma kolayca anlaşılacağı gibi verimli değil, ama doğanın mekanizması, yani Darwinizm açısından son derece düzgün bir mekanizma. Çünkü zayıf çoğunluk elenecek, uyum sağlayabilen hayatta kalacak. İşte temel çelişki burada yatmaktadır. Biyolojinin kendi içerisinde, düşünebilen bir mantığı yoktur, ama işle-yebilir bir mantığı vardır. Dolayısıyla, bizim geri kafalı dediğimiz tutucu kesim, biyolojik işleyişe bir doğaüstü mantık ve akılcı bir amaç sokmaya çalışır, ama öyle değildir. Mekanizmanın kendi içerisinde bir işleyiş mantığı vardır ve bu da düzensizlikler içerisinde kurulu bir düzen şeklinde işlemektedir. Kuşkusuz biyolojinin temeli de budur.

2000 yılı bizim için çok önemli bir yıl. Bugüne kadar doğal evrime bıraktığımız canlı soyunu, bundan böyle insan soyu giderek yapay bir evrimle yönlendirmeye çalışacak. Bunun sakıncalı tarafları da var, verimli olacağı yanları da olacaktır. Üzerinde düşünülmesi gerekiyor... Şimdi yediğimiz domateslerden sebzelerden tutunuz da, adı yeni yeni duyulan meyvelere kadar, bunların hepsi yapay evrim ya da müdahalelerle ortaya çıkmış ırklar, türler ya da alttürlerdir. Bugün sadece yabani lahanadan, ayrı ayrı yenilebilir ve tür düzeyinde, 8 çeşit yeni ve görünüşleri farklı bitkiyi yapay yollarla oluşturabilmişiz. Bunların doğada ayrı yabani formları yok ve hepsi insanın bizzat ürettiği sebzeler. Örneğin brokkoli, marul, kara lahana, lahana gibi... Bunların doğal yollardan oluşması da mümkün, ama doğada bunlar uzun sürede meydana gelebilirler. Oysa, insan evrime müdahale edince, yeni ortaya çıkışlar kısa sürede, ama doğrudan insanın etkisiyle gerçekleşiyor.

Biz artık yaşamımızı doğanın inisiyatifine ve uzun süren etkileşimine bırakamıyoruz. Bunun nedeni, eğer geçmişte insan soyu diğer canlıların bağlı olduğu kurallara uysaydı, yani 10 çocuk meydana getirip de, biri yaşasaydı, yapay evrime yönlenmemiş olacaktık. Ama doğanın işleyişine karşı çıkan bir sosyal yapıyı gerçekleştirdik.

Bunun ortaya çıkmasıyla da, ister istemez çevremizi de aynı biçimde yapay olarak yönlendirmeye başladık. Bunun getireceği kazanımların yanında bir dolu sorunlar da olacaktır. Ancak bir kez başlamışız ve bırakabilmemiz mümkün değil. Önümüzdeki yıllarda insan soyunun bugüne kadar tahmin edemeyeceği son derece ilginç bir yol izlenecektir ve biyolojide yeni yeni canlı türleri ve yapay sistemler ortaya çıkacaktır. Bu kaçınılmazdır ve eğer insanlar gerçekten doğal yaşamak istiyorlarsa, en azından ilaç kullanmamaları gerekiyor. Örneğin hastalıklarda ilaç kullanmak, doğaya doğrudan doğruya bir müdahaledir. Çünkü doğanın kendisinde olmayan bir nesneyi sisteme sokmuş oluyorsunuz. Sonuçta gerçekçi olmak zorundayız ve Darwinizm'i eğer iyi öğretirsek, okullarımızda iyi kavratırsak, 2000 yılından sonra olabilecekleri de insanlara çok iyi kavratmış olacağız. Yoksa, diğer gelişmiş toplumların zorunlu olarak gerisinde kalacağız. Darwinizm'e karşı olmak, gericilik, tutuculuk, Osmanlı Devleti örneğindeki gibi tarihte elenmiş bir sürü toplumun başına gelen yok oluşun, sizin başınıza da gelmesi anlamındadır. Nitekim ABD'deki Yüksek Mahkeme'nin orta eğitimde mecburen evrim öğretisinin verilmesi kararının arkasında, 1957 yılından itibaren Amerika'nın bilimsel olarak gerilemesinin etkisi çok büyüktür. Anlaşılmıştır ki, Amerika'da Darwinizm okutulmadığı için, bilimsel gelişim kendini sürdüremiyor. Dolayısıyla, Darwinizm'in içeriğinden küçük küçük parçalar alıp da, Darwin'in o çağda henüz bilmediği konulardan ona hücum edip, öğretiyi sözüm ona yıkma gibi bir saflığa düşmemek gerekiyor. Aksine onun mantığını kavrayıp, onu bütün sosyal gelişmelere de uygulamak gerekiyor.."

BEŞİNCİ BÖLÜM:

DARWIN VE "EVRİM KURAMI"

DARWİN VE EVRİM EVRİM KURAMI ÜZERİNE

Charles Darwin türlerin kökeni (The Origin of Species) adlı yapıtını 1859'da yayınladı. Newton'un fizikte yaptığı devrimi, Darwin bu yapıtıyla biyolojide yaptı. Darwin'in düşünceleri özgündü ve yeniydi; çünkü o, türlerin değişmez olmadığını, ayrı yaradılışlar olmadığını, çevremizde gözlemlediğimiz yaşam biçimlerinin doğal ayıklama süreciyle evrim geçirdiğini, biyoloji evrimin ve jeolojik değişmenin milyarlarca yıllık bir süre içerisinde yavaş yavaş oluştuğunu, insanın doğanın tarihinde basit nesnelerden fazla bir şey olmadığını ve doğanın araştırılmasında mucizelerin ya da kutsal bir planın yeri olmadığını ileri sürmüştür.

Bu, tüm insanlığın o zamana dek kabul edip inandığı yaradılış kuramıyla çelişiyordu; çünkü yaradılış kuramına göre tüm varlıklar yaratıldıklarında ne idiyseler, şimdi de aynıdırlar ve ilerde de değişmeyeceklerdir.

Darwin'in kuramına kilise, bazı bilim adamları (John Ray, Thomas Burnet, William Paley, Willian Thomson, Lord Kelvin) çeşitli nedenlerle karşı çıkmışlardır. Thomson ve Kelvin evrimin çok uzun zaman gerektirdiği için, olamayacağını ileri sürmüşlerdir. William Paley'in tasarımın bir tasarımcı gerektirdiği tezini, Doğa Teolojisi ya da Tanrı'nın Varlığı ve Öznitelikleri Hakkında Doğa Görünümlerinden Elde Edilen Kanıtlar (Natural Theology, or Evidences of The Existence and Attributes of the Deity Collected from the Appearances Of Nature) adlı kitabında savunmuştur. Önceleri genç Darwin de bu görüşü benimsemiştir. Sözgelişi bir cep saati, bir saat yapıcısının varlığını dolaylı olarak gösterdiği gibi, sonsuz derecede karmaşık ve amaçlı bir böcek ya da kelebek de bir yaratıcının varlığını gösterir.

Onsekizinci yüzyılda İsveçli botanikçi Carl Von Linne (1707-78), bitki ve hayvanları Tanrı'nın planı olarak düşünür, değişmediklerini savunur. Onları "iki terimli" (cins ve tür) bir sistem içinde sınıflandırır. Linne, yaşamının son dönemlerinde türler ve türler içindeki çeşitler arasındaki farklılıkları merak etmeye başlar ve bunların her ikisinin de kendi sözleriyle, "zamanın kızları" olabileceğini belirsiz bir şekilde ima eder (McClellan III ve Dorn, 2006).

Fransız natüralist ve Paris'teki kraliyet bahçelerinin yöneticisi Count de Buffon (1707-88) türlerin evrim geçirdiğini savunuyordu. Buffon, ilerleyen bir evrimi değil de bugün çevremizde gözlemlediğimiz bitki ve hayvanların daha eski çağlarda var olan daha sağlam atalardan bozularak geldiğine inanıyordu.

Başka bir Fransız natüralist Jean Baptiste Lamarck (1744-1829) daha da ileri gitmişti: Lamarck, evrimin oluşturabilecek özelliklerin devralınması olarak bilinen bir süreç olduğunu varsaymıştır. İşin özü olarak Lamarck çevresine uymaya çabalayan bir organizmanın kendisinde küçük değişiklikler yaptığını ileri sürmüştür. Ayrıca değişimlerin zaman zaman yeni türler ortaya çıkaran bir soy çizgisi oluşturacak şekilde organizmanın dölleri tarafından da devralındığı varsaymıştı. Darwin, türler içindeki çeşitliliğin kaynağını bu görüşle açıklamıştır. Çevresel etkinin sonucu oluşan özellikleri bir sonraki kuşak devralır. Bu görüş 20. yüzyıla dek sürmüştür (McClellan III ve Dorn, 2006).

Lamarck'ın düşüncelerini formüle ettiği zamanlarda Charles Darwin'in büyükbabası Erasmus Darwin (1731-1802) bazı bilimsel şiirlerinde benzer düşünceler belirtmişti. Büyük Darwin, yararlı özelliklerin biyolojik miras yoluyla aktarıldığına ve bunların yavaş yavaş birikmesinin farklı formlarla sonuçlandığına inanıyordu. Ona göre süreci başlatan yaşam, cansız maddeden ortaya çıkmıştı:

Diğer yandan, fosil kayıtları ve jeolojik katmanlardan elde edilen birikmiş kanıtlar dünyanın yaşı hakkındaki geleneksel inançlarla tutarlılık göstermemiştir. Aşırı ölçüde yaşlı görünen kayalar üzerinde bazı fosil izlerine rastlanmıştı. Bazıları ise şaşırtıcı katmanlarda bulunmuştur. Örneğin, herhangi bir suyun uzağındaki yüksek yerlerde deniz yaşamıyla ilgili fosillerin bulunması, açıkça uzun zaman dönemleri içinde dünyanın yüzeyinde büyük yerkabuğu kabarmalarını akla getirmekteydi. Fosiller, geleneksel olarak organik varlıkların gerçek fosilleşmiş kalıntıları olarak değil, jeolojik kazalar ya da "doğanın oyunları" şeklinde düşünülüyordu. Dinsel ve natüralist görüşleri, Parit'teki Doğa Tarihi Müzesinde Buffon'un yerine geçen ünlü Fransız natüralist Baron Georges Cuvier (1769-1832) birleştirmiştir. Cuvier, görünüşteki büyük değişikliklerin oldukça kısa bir geçmişte oluşan az sayıda afet (seller, yangınlar, yanardağ patlamaları) nedeniyle olduğu sonucuna varmıştır.

Fosiller, balıklardan sonra sürüngenlerin, onlardan sonra da kuşların ve memelilerin geldiğini gösteriyor. Bu durumda insanın da bundan sonra geldiğini ima ediyordu. Fosil kayıtları ve Cuvier, James Hutton (1726-1797 Yer Kuramı: Theory of the Eart), Charles Lyell (Jeolojinin İlkeleri: Principles of Geology) (1797-1875) gibi jeologların buluşları, canlıların yavaş yavaş değiştiğini, bunun da uzun yıllar aldığı, İncil'de söylenenler gibi evrenin ve canlıların İsa'dan önce 4004 yılında oluşmadığını gösteriyordu. Bazı canlıların soylarının tükendiğini, dünyanın pek çok felaket (katastrof) geçirdiğini (sel, deprem, yanardağ vb.) ileri sürüyorlardı.

Darwin, annesini sekiz yaşında kaybetmiş, ablaları tarafından büyütülmüştür. Çocukken köpekleri ve avcılığı çok seven, böcekleri inceleyen biridir. Babası köy doktorudur. Onun doktor olmasını istemiştir. Edinburg Üniversitesinden doktorluk eğitimi sırasında kana dayanamamış ve o eğitimi bırakmıştır. Sonra Cambridge Üniversitesinde papazlık eğitimi almış ve mezun olmuştur. Papazlık yapmamış, jeologlarla dostluk kurmuş; bunun sonucu haritacılığa ilgi göstermiştir.

Güney Amerika kıyılarının haritasını çizmek için beş yıllık gezide natüralist olarak Beagle adlı gemide çalışmıştır. Pek çok adada ve özellikle de Galapagos Adalarında bitki ve hayvanlarla ilgili gözlemleri sonucu düşünceleri berraklaşmış ve evrimi savunur halde İngiltere'ye dönmüştür; fakat bunu bir kuram haline getirmemiştir. Darwin, bu görüşünü ispinozların gagalarındaki değişmeyi göstererek kanıtlamaya çalışmıştır (McClellan III ve Dorn 2006).

Papaz Thomas Robert Malthus, Nüfus İlkesi Üzerine Bir Deneme (Essey on the Principle of Population, 1978-1803) adlı çalışmasında nüfusun geometrik, buna karşılık geçim kaynaklarının aritmetik olarak arttığını ileri sürmüştür. Bunun sonucu geçim kaynakları bulmak zorlaşır. Güçlü, kurnaz, daha dayanıklı olanların yaşama ve üreme şansı artar. Ötekiler ölür. Darwin ise, bu ilkeyi bitki ve hayvanlara uygulamıştır. Farklılıkları ise, yalnızca ortak atalardan gelişle açıklamıştı.

Alfred Russel Wallace (1823-1913) Darwin'den habersiz fakat onun görüşünü destekleyen doğal ayıklama ilkesini ileri sürmüştür. Bu ilkeye Amazon

Havzasında yaptığı araştırmalar sonucu ulaşmıştır. Bu görüş, doğal ayıklanma süreci yoluyla en donanımlı bireylerin daha yüksek bir hızla üreyeceği ve böylece atalarından uzaklaşacağı ve uzun dönemde bir değişimine yol açacağı ilkelerini kapsamaktaydı.

Darwin, İnsan Soyu ve Cinsiyete Bağlı Ayıklanma (The Descent of Man and Selection in Relation to Sex, 1871) adlı kitabında insanın maymun benzeri bir atayla bağlantısından söz etmiş ve hatta evrimin insanın yalnızca fiziksel özelliklerinde değil içgüdü, davranış, akıl, duygu ve ahlakının gelişmesinde de rol oynadığında ısrar etmiştir. Daha sonraki bilimsel veriler ve bazı bilim adamları Darwin'in kuramını desteklemiştir. Bunlardan biri T.H. Huxley'dir. Bu yüzden takma adı "Darwin Buldoğu" olmuştur.

Avusturyalı bir keşiş olan Gregor Mendel (1822-84), kalıtımın bir karışım süreci olmadığını ve özelliklerin ayrı birimler olarak korunduğunu, bitki melezleşmesi deneyleriyle kanıtlanmıştır. Genler, kuşaktan kuşağa aktarılmakta ve hiçbir zaman karışmadıkları için yararlı özelliği koruyabilmekte ve en sonunda bu özelliği döl havuzuna geçirebilmektedir. Bu ilkeler, Darwin'in görüşünü desteklemektedir.

Evrim süreci için çok uzun zaman gerekiyordu. Lord Kelvin bu sürenin olamayacağını ileri sürmüştü. Einstein, 1905'te madde ve enerji denklemiyle bu sorunu çözdü. Böylece dünyanın ve güneşin yaşı önce milyon yıllara, daha sonra milyar yıllara çıktı (McCellan III ve Dorn 2006).

Hugo de Vries 1900 yılında, mutasyon kuramını ileri sürerek, evrimi bir bakıma desteklenmiştir Augus Weismann kromozomları bulmuş ve bunların kalıtım birimlerini içerdiğini kanıtlamıştır. Thomas Hunt Morgan ve arkadaşları meyve sineği (Drosophila melanogaster) üzerindeki çalışmalarıyla Mendel'i desteklemişlerdir. Erns Mayr'ın Türlerin Sistematiği ve Kökeni (Systematics and tha Origin of Species, 1942) adlı çalışması Darwin'in kuramını desteklemiştir.

Ancak, kalıtımın maddesel ve biyokimyasal temeli, bilim adamları için hala bir sorun oluşturuyordu. 1940'larda, organik bir asit temel çekirdeksel bileşen olarak görünüyordu: Karbon, hidrojen, azot, oksijen ve fosfordan oluşuyordu. Daha sonra Watson ve Crick DNA'yı bularak (adenin, guanin, sitozin ve timin), canlı yaşamın cansızlardan oluştuğunu göstermiş ve dede Erasmus Darwin'i haklı çıkarmıştır.

EVRİM TEORİSİ NEDİR NE DEĞİLDİR..

Evrim; canlılar dünyasının, tarihini ve başlangıcını açıkladığını iddia eden teorinin, ana konusudur. Bu teori, bilim tarihinde, belki de en çok tartışılan teoridir. Tartışmanın kökleri ve nedenleri çok derindir. Ortalama bir insanın dahi haberdar olduğu bu teorinin reklamı, bilimselliğine dayanmıyor. Kendisine, bilim dünyasında oldukça korunumlu bir yer tutmuş olan evrim teorisi; insanların kulaklarına, bilim dışı bir şeyler fısıldamaktadır.

Bu teorinin fikir babası olan Charles Darwin, 19. yy.da İngiltere'de yaşamıştır. Endüstri devrimiyle çağdaş olan teorinin doğuşu, aslında daha eskilere dayanmaktadır. Ancak bilim sahnesine çıkışı, Darwin sayesinde olmuştur. Modern biyolojideki gelişmelerle, Darwin'in teorisinde oluşan boşluk ve hataları onarmaya çalışanlara da, günümüzde yeni Darwinciler denmektedir.

Baskın bilimsel bir çevre tarafından, büyük ölçüde kabul gören evrim teorisi; ulusal ve uluslararası pek çok kurum tarafından özel olarak korunmaktadır. Evrim teorisi, birçok itiraza rağmen; Avrupa Birliği tarafından, alınmış bir kararla dayatılmaktadır. Öyle ki, birçok ülkede bu teori, şimdiden dokunulmazlık zırhına bürünmüştür. Bu teoriye karşı olan görüşlerin öne çıkması, yasalarla engellenmiştir. Bu anlaşılması güç uygulama, evrim teorisinin, bilimsel bir teoriolarak ele alınmasını engellemektedir.

Bilim adına yapılan bu taraflılık, akla başka soruları getirmektedir. Bu yasakçı yaklaşım, insanlık tarihi kadar eski olan "yaratıcı ve yaratılış fikirleri"ni; kökten yok saymaya yönelmiş gözükmektedir. Şayet öyleyse, bu çaba, bir kesimin bilimin arkasına saklanarak, kendi dünya görüşlerini sunma gayretinden başkası değildir.

Bilim dünyasında, 150 yıldan beri bir teori olmaktan öteye gidememiş bir hipotez, niçin bu kadar gürültü çıkarmaktadır? Bunu anlamak için, önce evrim teorisini ana hatlarıyla tanımamız, bu teoriyle ilgili görüşlere göz atmamız; bu konudaki tez veanalizlerimizi, ortaya koymamız gerekmektedir.

EVRİM VE EVRİM TEORİSİ

Evrim; en basit anlamıyla, zaman boyutuna bağlı değişim demektir. Biyolojide evrim ise, canlı türlerinin, nesilden nesile değişime uğrayarak; ilk durumundan farklı aşama ve özellikler kazanmasıdır. Teknik bir ifadeyle, biyolojik evrim, bir canlı topluluğunun genetik bileşenlerinin, zamanla değişime uğramasıdır.

Evrim teorisindeki evrim tanımı ise, yukarıdaki tanımdan önemli ölçüde farklıdır. Teoride, değişim kavramı altında savunulan şudur: Bütün canlılar, çok uzak bir geçmişte yaşamış, tek bir ortak atanın, tesadüfi değişim süreci geçirmiş nesilleridir. Darwinist teoriyi oluşturan iki bileşen; mutasyonlar ve doğanın etken olduğu seçilimdir. Başka bir deyişle, evrim teorisinin en temel iki mekanizması, mutasyon ve doğal seçilimdir.

DARWİNİZİM: DOĞAL SEÇİLİM

Evrim teorisine göre, canlılığın devamlılığı ve türlerdeki çeşitlilik; doğal seçilim ve mutasyonlarla sağlanır. Doğal seçilim; canlının doğadaki koşullara adaptasyonunu ve hayatta kalmasını sağlayan, en uygun genetik karakterlerin ayıklanmasıdır. Darwin teorisine göre doğal seçilim, canlıların varlığını ve çeşitliliğini açıklayan yegane teoridir.

Doğal seleksiyon(seçilim) denen bu mekanizmayı, düşüncesiz ve tamamen tesadüfi, doğal güçler yönetir. Kontrol yoktur. Hiçbir amacıyoktur. Bu yüzden, canlılardaki değişim ve gelişim, anlık yararlara göre gerçekleşir. Doğal seçilim sayesinde canlılar, kendiliğinden ve çevresel faktörlerin etkisiyle, avantajlı değişimler geçirirler. Böylece, çevreye uyum sağlayan, başarılı bireyler ayakta kalır. Çevreye uyum sağlayamayanlar ise, elenir. Değişimi sağlayan anamekanizma ise, bir sonraki bölümde inceleyeceğimiz mutasyonlardır.

Bir bakıma Darwin, bu mekanizmaya, Tanrısal bir anlam yüklemiştir. Darwin'in düşüncelerinde, asla bir Yaratıcıya yer yoktur. Bu sebeple evrim teorisi, Tanrı'yı reddetmek zorundadır. Darwin, doğal seçilimden, kusurları ayıklayan vesürekli mükemmelliği sağlayan bir mekanizma olarak bahseder. Bugünkü Darwinciler ise, daha fazlasına inanırlar.

Yeni Darwinistler, bu seçilim mekanizmasını, canlılığı sürdüren ve canlılara hayat veren bir mekanizma olarak görürler. Evrimcilerin, doğal seçilime yükledikleri anlamlar, abartılı ve tutarsızdır. Adeta bu doğal seçilim, tümcanlı hayatı ve çeşitliliği yaratır ve yönetir. Adım adım ve deneme yanılma yöntemiyle işleyen doğal seçilim, hercanlının ihtiyacı olan yapıyı, bilinçsiz değişimlerle, o canlıya kazandırır. Bu kör seçilim, gerek hücre, gerekseorganizma düzeyinde ortaya çıkan, tüm akıllı ve karmaşık düzenin, tek sorumlusudur. Tüm canlı hayatta, yaratıcı bir yasa olarak görülen doğal seçilimin yardımcısı ise, işleyişi tamamen belirsiz olan mutasyonlardır. Jeremy Rifkin, doğal seçilim konusunda bakın ne diyor:

TEORİ "ABARTILDI": "ELEŞTİRİLMEDİ"

"Doğal seçilim teorisi, yüzyılı aşkın bir süredir, biyolog meslektaşlarımız ve genelde tüm dünya tarafından, yeryüzünde hayatın gelişimini açıklayan bir teoriolarak, hiç eleştirilmeden kabul gördü. Bilim adamları, teoriyi olduğu gibi kabul edince; onun temelini oluşturan varsayımları pek dikkatli incelemediler. Eğer, bu varsayımlara dikkatli bakmış olsalardı, teoriyi desteklemek için ortaya konulanaldatıcı delilleri gördükçe, kendilerinden utanırlardı. Ancak bugün, ilk defa olmak üzere, bilim adamları, doğal seçilim görüşüne, eleştirel bakmaya başlamışlardır. Onların bulguları, hem teoriyi, hem de bizzat bilimin kendisini sarsmaktadır."

Nitekim Gertrude Himmelfarb, bu konuda şu soruyu sorar:

"Eğer doğal seçilim, en basitten en karmaşığa; en aşağıda olandan, en üst seviyedekine kadar; tüm türlerin gelişimini açıklamak istiyorsa; o zaman, basit ve aşağı seviyede olan türlerin varlıklarını nasıl açıklayabilir? Daha üstün veya daha yüksek formda bulunan türler, niçin daha bayağı veya dahaaşağı türleri alt etmemiş ve onların yerini almamışlardır?"

Gerçekten de doğa, bu modası geçmiş alt türlere müsaade etmekle, "evrim teorisinin tutarsızlığı"nı ortaya koymaktadır. Örneğin; yabanarıları, kuzenleri olan balarılarından, çok daha az yetenekli olmalarına rağmen; gelişip çoğalmaya devam etmişlerdir. Balarılarından daha az mükemmel fizyolojileri ile; elimine olmadan, ekolojik zincirdeki yerlerini korumaktadırlar.

SADECE "GÜÇ" DEĞİL: "ŞEFKAT" MÜCADELESİ DE

Tabiatta bir yarışın olduğu doğrudur. Ancak bu, onun tek ve en baskın özelliği değildir. Hayvan etkileşimlerinin, bir asırdır dikkatli bir şekilde incelenmesiyle; birçok farklı davranış biçimleri gözlenmiştir. John Arthur Thompson ve Patrick G. Geddes, "Hayat: Genel Biyoloji'nin Ana Hatları" isimli kitapta; tabiatta bu derece bir yaşam mücadelesi olmadığına işaret etmektedirler:

Tabiatla ilgili olarak konuşulanlar, gerçeğin bir kısmının abartılarakkarikatürize edilmesidir. Vahşi tabiat, şiddetli bir elemenin yaşandığı; yavruların ve körpelerin öldüğü, dişlerin ve pençelerin kandan arınmadığı bir ortam... Hatta, bundan daha fazlası doğrudur. Kısıtlı imkânlar ve zorluklar karşısında birorganizma yarışı, yoğunlaştırırken; bir diğeri, yavrularını korumayı artırır; birisi silahlarını sürekli yenilerken; bir diğeri müşterek yardımlaşmayı tercih eder. Gerçek şu ki; var olma mücadelesi, rekabete dayalı olmak zorunda değildir. Bumücadele, sadece kendini zorla kabul ettirmekle değil, yavruların, arkadaşların, akrabaların korunmasıyla da gösterilebilir.

"Dünya, sadece güçlünün değil, şefkatlinin de mekânıdır. Neden bütün canlı türlerinin, kendi içinde güçlü olanları, zayıf olanlarını yok etmiyor? Cevap oldukça basittir. Şayet böyle olsaydı, kısa bir sürede soyları tükenirdi, hatta canlılık biterdi. Bunu engelleyen nedir? Demek ki, burada başka yasalar geçerlidir. Doğal seçilimin açıklayamayacağı yasalar."

Aslında doğal seçilim, yansız bir bakışla, son derece basit ve doğal bir durumdur. Hayat, yeryüzünde başladığından beri; doğma, büyüme, gelişme ve ölüm kadar, doğal seçilimde işlemekte olan bir yaşam kanunudur. Bu yaşam kanunu, türlerin sağlıklı gelişimini ve ayakta kalmasını sağlar. Doğal seçilim, canlılara direnç kazandıran bir süreçolup; popülasyonları daha güçlü kılar. Bu da, onların daha çok döl bırakması anlamına gelmektedir.

DOĞAL SEÇİLİM: "BASİT BİR GERÇEKTİR"

20. yy.ın en önemli biyologlarından, C. H. Waddington, doğal seçilimin, kutsal bir teori değil; basit bir hayat kuralıolduğunu hatırlatıyor:

"Bir hayvanın, (üremeye) en yetenekli veya en uygun olması; onun mutlaka en güçlü veya en sağlıklı olduğu anlamına gelmez. Esasen, onun en çok yavru bırakan varlık olmasından öte bir anlam ifade etmez. Aslında, doğal seçilimin genel prensibi; en çok yavru bırakanların, en çok yavru bırakanlar olduğu anlamına gelmektedir."

Nobel ödülü sahibi genetikçi T. H. Morgan, yeni Darwinciler tarafından ortaya konan doğal seçilim konusunda, evrimci çevreleri şaşırtan şu nitelemeyi yapıyor:

"Hayata en uygun olanların, hayatta kalma şanslarının, uygun olmayanlardan daha fazla olduğu tezi; söz edilmeye gerek bile olmayan ve herkesin bildiği basit bir gerçektir."

Gertrud Himmelfarb ise, teoriyi alaya alan şu sözleri söylüyor:

Hayatta kalanların, hayatta kaldıkları görüldükten sonra, bunların hayatta kalmaya en uygun olanlar olduğu kararına varılmıştır."

Bu açıklamalarla, kış uykusundan uyanmaya başlayan bilim dünyası, artık kendisine şu soruyu soruyordu: "Bu basit gerçek için, neden Darwin'in teorisine ihtiyaç duyalım?"

Bilim adamlarının, görüşlerine başvurmadan önce, çağdaş yeni Darwincilerin, "doğal seçilim tezi"ne bir göz atalım.

"DARWİNCİ DOĞAL SEÇİLİM" NEDİR?

Darwinci doğal seçilimin, çağdaş yorumcusu ve kör takipçisi Dawkins, doğal seçilim modelini, "birikimli seçilimteorisi"ne dayanarak; "Kör Saatçi" kitabında bakın nasıl izah ediyor?

"Doğal seçilim; Darwin'in keşfettiği, tüm yaşam biçimlerinin bir amacı varmış gibi görünmesini açıklayan, kör bir süreçtir. Artık bildiğimiz, kendiliğinden oluşan ve bilinçsiz doğal seçilimin, hiçbir amacı yoktur. Doğal seçilimin, aklı ve düş gücü yoktur. Doğal seçilim, geleceği planlamaz, geleceği görme yetisi yoktur, öngörüsü yoktur."

Hem Darwin hem de Dawkins'e göre doğal seçilim; küçük küçük değişimlerin birbirine eklenmesiyle ilerleyen, birikimli bir süreçtir. Bu değişimler, tamamen gelişigüzel mutasyonlar tarafından gerçekleştirilir. Evrimciler, bumutasyonların, canlının adaptasyonunu bozmaması için, mikro düzeyde gerçekleştiğini iddia ederler. Onlara göre bu süreci yöneten; hayatta kalabilme çabasıdır. Yani doğal seçilim, bu denli karmaşık yapıdaki canlıların, gerekli organve parçalarını; yavaş yavaş, bilinçsiz, amaçsız ve nereden geleceği belli olmayan mutasyonlarla oluşturur.

BİRİKİMLİ SEÇİLİM MODELİ

Mesela gözü ele alalım. Birikimli seçilime göre insan gözü, başlangıçtaki gözle hiçbir alakası olmayan, basit bir hücrenin; n tane ardışık dizisel mutasyon geçirmesiyle ortaya çıkar. Yani mini mini mutasyonlarla; inanılmaz uzun zamanlarda, bu değişim miktarları birikerek, insan gözü oluşur. Bu ardışık ve mini değişimlerle değişen ve gelişen bugöz hücresi formlarını; sırayla üslü X lerle gösterelim. İnsan gözünün en gelişmiş son haline de, X diyelim. Bu durumda; insan gözü; X, X1 den; X1, X2 den; X2, X3 den oluşur. Böylece zamanda geriye n adım attığınızda; nihayetXn basit hücre formuna ulaşırsınız. Yani, başlangıç Xn basit hücre durumundan; en gelişmiş X insan gözü yapısınaevrimleşmeyi, kısaca şöyle bir ardışık diziyle gösterebiliriz: Xn....X3, X2, X1, X.

Yukarıda bir diziyle gösterilen, birikimli seçilim modeli görüşüyle ilgili, Dawkins'in ortaya koyduğu, bir bilgisayar simülasyonundan başka kanıt göremiyoruz. Bu bilgisayar simülasyonunun da nasıl bir kanıt teşkil ettiğini, ileridegöreceğiz. Ancak bundan önce, göze, bir göz atmamız gerekmektedir.

GÖZ KARŞISINDA: DARWİN'İN ŞAŞKINLIĞI

Nitekim, gözün mükemmel yapısı, Darwin'i rahatsız etmiştir. Bir kaç kez bunu itiraf eden Darwin; 1860'da, Asa Gray'e, bu konuda şunu söyleyecektir:

"Göz, bugüne kadar bana hep soğuk bir ürperti vermiştir."

Evrimcilerin bu birikimli seçilimi, nasılsa hep ileriye doğru vehep olumlu bir birikim sürecidir. Yani hep, yapıcı-onarıcı vegelişmecidir nedense. Sayısız deneme, hep başarılıdır ve hepmükemmel göze ulaşmak için çabalar durur. Ancak bu değişim, aynı zamanda bilinçsiz, amaçsız, iradesiz ve de kördür.

Kısacası, gerçekleşen her bir küçük mutasyonun, bazı yararlı özellikleri, seçilimle ortaya çıkardığına; rasgele şanslarla ve her nasılsa ince bir hassasiyet kazanarak; mükemmel işleyen bir göz organıyla sonuçlandığına inanmamız beklenmektedir. Basitten karmaşığa doğru ilerleyen bu birikimli evrimin, hiçbir ön planı, programı ve nihai amacının olmadığını da, unutmayacaksınız elbette. Acaba Darwin'in kendisi, gözün bu evrimine ne kadar inanıyor? İşte Darwin'in ifadeleri:

"Farklı mesafelere odaklanabilir. Farklı miktarda ışık alabilir. Farklı şekil ve renk tonlarını düzeltme kabiliyetindedir. İşte o eşsiz düzeneğini dikkate aldığınızda; gözün, doğal seçilimle oluşmuş olabileceğini düşünmek, itiraf etmeliyim ki, tamamen imkansız görünmektedir."

Her şeyden önce göz, nasıl bir başlangıç yapabilmiştir? Işığa duyarlı ilk sinir hücresi nasıl oluşmuştur? Zira çoğubiyolojik yapı, ışığa duyarlı değildir. Bakın bu konuda Darwin, işin içinden nasıl sıyrılıp çıkıyor:

"Bir sinirin, ışığa karşı nasıl duyarlı olduğu, yaşamın nasıl ortaya çıktığı konusundan daha fazla ilgilendirmiyor bizleri."

Bugün bilim, Darwin'in çok ilerisinde ve moleküler düzeyde canlılları incelemektedir. Darwin'in, anlamakta doğal olarak zorlandığı ve göz ardı ettiği bu meseleyi, biraz daha yakından inceleyebiliriz. New York'taki Wethersfield Enstitüsü'nün düzenlediği konferansta, biyoloji bilimleri profesörü Michael J. Behe, bir sinirin ışığa karşı duyarlı olmasının, ne denli imkansız bir olay olduğunu şöyle açıklar:

ALTINCI BÖLÜM:

MODERN BİLİM VE "EVRİM KURAMI"

MODERN BİLİMİN: DARWİN'E CEVABI

"Işığa duyarlı bir noktayı yapmak için, neye gerek vardır? Bir ışık fotonu, retinaya çarptığında ne olur? Bir fotonretinaya çarptığında; 11 cis-retinal diye adlandırılan, küçük bir organik molekülle etkileşime geçer. Retinalin şekli, hayli büklümlüdür. Ancak fotonla etkileşime geçtiğinde düzleşir, trans-retinal şeklini alır. Bu, görme ile sonuçlanan ve tüm olaylar dizisini başlatan bir sinyaldir. Retinal şeklini değiştirdiğinde, ona bağlı olan rhodopsin protein de şeklini değiştirir. Rhodopsinin şeklindeki değişiklik, transducin proteininin ona yapışmasını sağlayan, bir bağlanma yeri açar. Artık, transducin kompleksinin bir parçası ayrılır ve fosfodiesteraz diye adlandırılan bir proteinle etkileşime geçer. Bu gerçekleştiğinde fosfodi-esteraz, döngüsel GMP diye adlandırılan, küçük organik bir molekülü kesmek ve 5-GMP'ye dönüştürmek için, kimyasal bir yetenek kazanır.

"Hücrede bol miktarda döngüsel GMP vardır ve onların bir kısmı, iyon kanalı diye adlandırılan başka bir proteine yapışır. Normalde iyon kanalı, sodyum iyonlarının, hücreye girmesine izin verir. Öte yandan, fosfodiesterazın faaliyeti sonucunda; döngüsel GMP miktarı azalır. Bu da kanalın kapanmasına yol açan bir şekil değişimini doğurur. Sonuçta sodyum iyonları, artık hücreye giremez, hücredeki sodyum miktarı azalır ve hücre zarındaki voltaj değişir. Bu da sonuçta, optik sinirden beyne ulaşan bir elektriksel kutuplaşma dalgasına yol açar. Bu dalga, beyintarafından yorumlandığında, görme gerçekleşmiş olur. Hasılı Darwin'in, 'ışığa karşı duyarlı basit noktasının, nasıl işlev gördüğü' sorusuna karşı, bugün modern bilimin keşfettikleri bunlardır.

Her ne kadar birçoğumuz, görme mekanizmasının, yukarıdaki izahını karmaşıkbulsak da; gerçekte bu açıklama, işleyen bir görme sisteminin; yani görmenin kimyasının gerek duyduğu bir dizi şeyi göz ardı eden, küçük ve kaba taslak bir anlatımdan ibarettir.

"Söz gelimi ben, sistemin yeniden nasıl ortaya çıktığından; sistemin, sıradakifotonun gelmesine hazırlık olarak, başlangıç noktasına nasıl tekrar geri döndüğünden söz etmedim. Yine de yukarıdaki izahın, Darwin ve çağdaşlarının, basit bir başlangıç noktası olarak gördükleri şeyin; devasa karmaşıklıkta bir şey olduğunu anlamaya yeteceğini düşünüyorum. Darwin'in tasavvur ettiğinden çok ama çok karmaşık."

"EKSİK OLAN GÖZ: GÖREV YAPAMAZ"

Aslında evrimin, en önemli problemlerinden biri olan hayatın kökeni bir yana, bir bireyin, basitten karmaşık yapıya doğru, doğal seçilimle evrilmesi, hala büyük biraçmazdır. Bu açmazı, net şekilde ortaya koyan organ, elbette gözdür. Gertrude Himmelfarb, bu konuda çok temel bir noktaya temas eder:

"Göz, son halini almadan önce, hiçbir işe yaramayacağına; evriminin ilk safhalarının, yani gözdeki ilk değişimlerin, hayatı devam ettirmeye hiçbir katkısı olmayacağına göre; o ilk evrelerde, doğal seçilim acaba nasıl işlemiştir? Tek bir değişim, hatta tek bir uzuv, onun tamamlayıcısı olan diğer parçalar olmadan, işe yaramayacaktır. Doğal seçilimin veya organın amacının olmadığı iddiası dikkate alınırsa; evrimin ilk safhalarında, bu uzvun işe yaramayacağı açıktır."

BİRİKİMLİ "MÜKEMMEL GÖZ": İMKANSIZDIR

Göz, fevkalade karmaşık bir sisteme sahiptir. Göz parçaları arasında, mükemmel bir eşzamanlılık vardır. R. L. Wysong, gözü bakın nasıl tasvir ediyor:

"Göz küresini barındırmak için önce mutasyonla iki adet kemik çukuru oluşmalı. Gözü beslemek için uygun mutasyon geçirmiş damar ve sinirleri kapsayabilmek için kemiğin uygun oyukları olmalı. Göz küresinin çeşitli katmanları; lifli kapak, gözakı, ışığa duyarlı retina tabakası ile birlikte bir düzen içinde oluşturulmalı. İnce dallar ve koni biçiminde özel nöronlar, iki kutuplu nöronlar, uzun nöronlardan oluşan retina ve göz sinirine uygun bir şekilde bağlanmalı. Bu göz siniri de, yine uygun bir şekilde, mutasyon geçirmiş olan beyindeki görme merkezine bağlanmalı. Bu görme merkezi de, yine uygun şekilde, beynin merkezindeki gri bir madde olan, beyin sapına ve belkemiği kordonuna bağlanmalıdır ki; duyu hissi ve hayat kurtaran refleks kabiliyeti oluşabilsin.

"DNA'da gerçekleşen rasgele yeni düzenlemeler, aynı zamanda göz merceğini, cam gibi ve sulu bir yapıyı, saydamlığı, renkleri, kirpiksi yapıyı, aşıcı kas bağlarını, bezeleri, buruna açılan kanalları, göz hareketi için gerekli düz ve eğri kasları, göz kapaklarını, kaşları ve kirpikleri oluşturmalı. Bütün bu yeni mutasyonlu yapılar, mükemmel bir şekilde, tüm diğer sistemlerle bütünleştirilip, dengelenmeli ve sonra da görme işi gerçekleştirilmeli."

BİRİKİMLİ SEÇİLİMİN: OLABİLİRLİĞİ NEDİR?

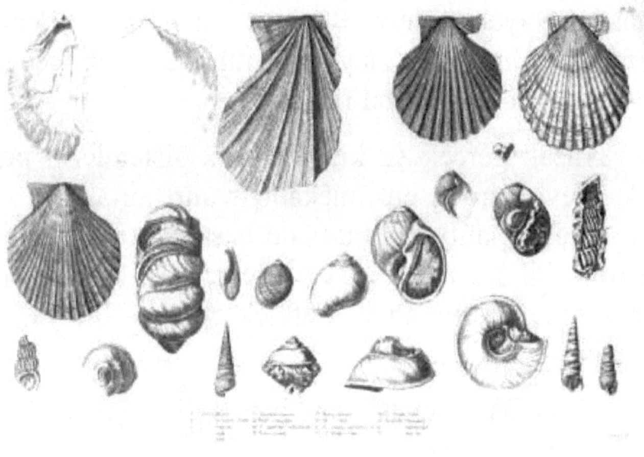

Birikimli seçilim, bir adamın lotoyu, atlamadan arka arkaya n(sayısız) kere kazanıp; sonunda tüm dünyaya sahip olmasına benzetilebilir. Yeni Darwinci Dawkins'in birikimli seçiliminde; canlılar, deneme-yanılma yöntemiyle, ancak her nasılsa, her defasında arka arkaya sayısız kere hayatta kalmayı sağlayacak seçimi, doğru bir biçimde yaparak; değişimleri biriktirir. Bu uzun zaman içindeki ardışık, sayısız ve başarılı mini birikimler, son derece karmaşık biyolojik yapıları ortaya çıkarır.

Bu birikimler, her nedense yıkıcı değil hep yapıcıdır. Yani en mükemmel organ olma amacına doğru sürekli çabalar. Ancak aynı zamanda amaçsızdır da. Aynen loto oyunu gibi sayısız ardışık, başarılı deneme vardır. Aynı zamanda bu denemeler, tesadüfi (rasgele)dir. Bu bilinçsiz, tesadüfi ve kör, sayısız ardışık başarılı deneme sonucunda, bilinçli, planlı ve adeta sofistike bir canlı yapısı ortaya çıkar. İşte birikimli seçilim böyle bir şeydir. Bütün sır, zamanparametresinde saklıdır. Olma olasılığı sıfıra yakın "olaylar"ın, gerçekleşmesini istiyorsanız; bu "olayı"(denemeyi),çok çok uzun bir zamana, hatta sonsuza yayabilirsiniz. Böylece sonsuza yakın denemelerle, imkansız olayların, mümkün olabileceğine kendinizi inandırabilirsiniz!

Ancak gerçek şu ki; biyolojik sistemlerin pek çok işlevi, birden çok mekanizmanın, ortaklaşa ve son derece planlı çalışması ile başarılır. Eğer doğal seçilim, bir karmaşık sistem üretecekse, bu sistemi, bir kerede ve bir anda üretmek zorundadır, ya da üretemeyecektir.

Şayet Darvinci evrimin, birikimli doğal seçilimi geçerli olsaydı; bir canlının evrimleşme sürecinde, pek çok ara formveya ucube form ortaya çıkmalıydı. Nitekim tüm çabalara rağmen, fosil kayıtlarında böyle formlar bulunamamıştır. Oysa evrimcilerin doğal seçilimi işleseydi; organları tamamlanmamış milyonlarca ara form ortaya çıkacaktı. Ancak evrimcilerin ellerinde, bu konuda bir kanıt yok. Darvinizm, bu konuda bize, delil olarak kendi hayallerinden fazlasını sunmuyor.

Bir kısım evrimciler, birikimli seçilimle; küçük küçük birikimlerin, canlılara boyut atlattığını; ilk hücredenmaymuna, oradanda insana, uzun bir sürede evrildiğini söylerken; bir kısım evrimciler, bu geçişin ani sıçramalarla olduğunu savunuyor. Yani teori, kendi içide tutarsız ve çelişkili. Dawkins'in birikimli seçilimine karşı, sıçramalı evrim tezi..Tarihin şahitliğinde söylüyoruz ki; bilimsel çalışmalar ilerledikçe; bu örümcek evi kadar dayanaksız teori, buharlaşacaktır.

BİRİKİMLİ DEĞİL, HİLELİ SEÇİLİM

Birikimli seçilimci Dawkins'in önemli saydığı kanıtı ise, 80'li yıllarda kendisinin yazdığı bir bilgisayar programı! Evet üzerinde duracağımızı söylediğimiz; bu Dawkins simulasyonuna bir göz atalım:

Bu programla Dawkins, şansa dayalı olarak işleyen birikimli bir ayıklama sürecinin, karmaşık bir canlı yapısıyla sonuçlanacağını, ispata çalışıyor. Önce hedef olarak, Shakspeare'in eserlerinden anlamlı bir cümle dizisi belirliyor. Bu cümleyi oluşturacak elemanlar kümesini; 27 harf ve noktalama işaretlerinden oluşturuyor. Salt şansa bağlı (tesadüfi) olarak Dawkins'in, hedef dizisi(cümlesi)ni oluşturma olasılığı, son derece düşüktür.

Bu hedef cümlesinin, tesadüfi(rastlantısal) olarak ortaya çıkma olasılığı; oldukça düşüktür, hatta sıfıra yakındır:1/1040. Böyle bir sonucu elde etmenin, imkansıza yakın olduğunu anlayan Dawkins, programı yeniden yapılandırır. Birincisine tek basamaklı seçilim der. Doğada, bu tek basamaklı seçilimin, karmaşık yapıları oluşturamayacağını söyler.

Evrimin asıl yaratıcı mekanizmasının ise, birikimli seçilim olduğunu iddia ederek; bunu ispat etmek için programında, olasılığı artıracak bir değişiklik yapar. Hileli Algoritmasını şöyle düzenler:

DAWKİNS'İN: EVRİMCİ ALGORİTMASI

1-) İlk dizideki tüm harfleri rasgele değiştir.

2-) Hedef dizi(cümle)deki mukabil harfe karşılık gelen bir değişiklik (mutasyon) olduğunda onu koru.

3-) Yerini bulmuş(ortaya çıkmış) harfi öylece koru ve hedef dizi(cümle)den ortaya çıkmayan harfleri, rasgele değiştir.

Bu algoritmadan kolayca anlaşılabileceği gibi, Dawkins'in yaptığı en büyük varsayımlardan birisi; doğanın her zaman ve her seferinde denemeksizin en doğru seçimi yapabildiğidir. Yani bir nesilde bile, ebeveynden iyi olan genlerin saklanıp, kötü olanların yeniden belirlendiği varsayımı. Zira, programında; hedef dizi(cümle)nin ortaya çıkan doğru harflerini koruyor ve sadece yanlış harfleri yeniden seçmeye tabi tutuyor. Doğa, adeta ortaya çıkan iyi genleri biliyor ve onu değiştirmeyerek tutuyor yahut seçiyor. Hedef dizinin (gen dizisinin) tutmayan harfini (genini) ise tutturuncaya kadar değiştiriyor(deniyor). Yani, doğa bilinçli hareket ediyor. Geni adeta inceleyip, iyisini seçiyor ve nesillere aktarıyor. Kötüsünü ise iyisini bulana kadar değiştiriyor, yani eliyor.

Dawkins'in, modellediği doğa, kör değil; bilinçli, amaçlı ve seçici bir doğa. Buseçilimin doğallığı, rastlantısallığı (tesadüfiliği) ve körlüğü neresinde?

Dawkins, bir taraftan, birikimli doğal seçilimin; plansız, tesadüfi, bilinçsiz ve de köroldduğunu söylerken; diğer taraftan planlı, amaçlı, kuralları kendisi tarafından belirlenmiş ve üstelikte hileli bir modelle, teorisini ispatlamaya çalışıyor. Dawkins, ya kendisini ateizm tutkusuna kaptırmış ya da kendisinde fark edemediği bir körlük var!

Algoritmayı istediği gibi düzenleyen evrimci Dawkins, böylece hedef dizisini (cümlesini), 43. denemede elde ettiğini söylüyor.

DAWKİNS'İN: "BİYOMORF OYUNU"

Dawkins'in ikinci bilgisayar programı ise, biyomorf(canlı şekil) dediği bir programdır. Bu ikinci algoritmada Dawkins, ağaç dallanması geometrisini kullanarak; ortaya çıkan şekilleri, bazı hayvanlara benzetir. Tanımladığı algoritma, tekrarlayan, dallanan ağaç modeli olarak çalışır. Yalnız her denemede Dawkins, dallanmayı çeşitlendirecek; yani mutasyon oluşturacak şekilde; sadece farklı gen kullanır. Aslında bu genler; dalların açısı, uzunluğu ve aralarındakimesafe gibi bir takım ölçüleri değiştirerek; farklı şekiller oluşmasını sağlayacak faktörlerdir. Böylece bilgisayarda, ortaya bir sürü şekil (biyomorf) çıkar.

Bu bilgisayar oyunu demekten kendimizi alamadığımız sözde simülasyon, nasıl oluyor da; amaçsız, kör, geleceği planlayamayan ve de akılsız doğal seçilimi ispat edebiliyor. Sonuçta; akıl sahibi bir insan tarafından dizayn edilmiş bilgisayar; bilgisayarda zeki bir failin, ortaya koyduğu amaca ulaşmak içindüzenlenen, kuralları belli bir program ve işletilen bu programdan elde edilen canlı benzeri şekiller.

Evrimci bilimcimiz, ortaya çıkan bu şekillerden; çiçeğe, böceğe benzettiklerini seçip ayırır. Seçtiklerinden yeniden şekil üretmeye devam eder. Böylece bilgisayarda, bizzat yazdığı bir şekil üretme algoritmasıyla, elde ettiği vecanlılara benzettiği şekillerden hareketle; birikimli doğal seçilimi ispat ettiğine inanır. Bu kadarla da kalmaz. Buluşuyla Yaratıcı ihtimalini de ortadan kaldırdığı zehabına kapılarak; yemeden içmeden kesilir ve hatta sevinçten uyuyamaz.

Ne trajikomiktir ki; Dawkins, kendi kazdığı kuyuya kendi düşmüştür. Tanrı'yı örtmeye çabalarken, kendisi Tanrı rolüne soyunmuştur. Aslında Dawkins, birikimli doğal seçilim tezini, bu iki program örneği ile ispatlamak yerineçürütmüştür. Bu örnekler, "Yaratılış Tezi"ni ispat etmektedir. Dawkins'in, bu bilinçsiz(kör); kendi kalesine gol atan futbolcu şaşkınlığını anlamakta zorlanmaktayız. Yoksa Yaratılışı savunan bilim cephesinin gizli ajanı mıdır? Sanmıyoruz. Ancak bu, "gaflet ve körlük hastalığı"nın bir sonucu olsa gerek..

MUTASYON: NASIL SİMULE EDİLİR?

Dawkins bununla da yetinmemiş, genleri, her nesilde bir çok değişime uğrayabilecek şekilde ayarlamıştır. Genler, Dawkins'in deyimiyle; çılgın bir pire gibi sürekli değişmektedir. Öyle ki, örneklerde, bir sonraki nesilde iyi olanlar hariç, diğer tüm genler, değişebilmekte ve habire mutasyonlar olmaktadır. Acaba o bahsettiği sayıda gen mutasyonunun gerçekleşmesi, ne kadar zaman alacaktır? Kendi kurguladığı, bilgisayar modeli ile gerçek hayat arasındaki uyumsuzluk açıktır. Nitekim kitabında, bu farklılığı, şöyle itiraf etmektedir:

"Buradaki mutasyon oranı, bilgisayar programımızın kesinlikle biyolojik olmayan bir özelliğidir. Gerçek hayatta, birgenin, mutasyon geçirme olasılığı, milyonda birden daha azdır. Modelimde, yüksek bir mutasyon oranıoluşturmamın bir nedeni var. Bilgisayar ekranındaki performans, insanın iyiliğini gözetiyor. İnsanların bir mutasyona uğraması için, bir milyon yıl beklemeye sabrı yoktur."

Bir taraftan bilgisayar deneyini, nasıl amacına uygun bir şekilde düzenlediğini(yarattığını) itiraf ederken; diğer taraftan sonsuza yakın bir zamanı göreve çağrıyor. Bir mutasyonu, 1 milyon yıl beklersek; tüm canlılardaki çeşitlilik için gerekli mutasyonu, kaç milyon kere milyon yıl beklemeliyiz acaba?

ŞEKİL ÜRETME: GEOMETRİK BİR OYUN

Şu Dawkins'in, biyoformlar konusuna gelince; bu tamamen bir geometri oyunudur. Fraktaller denen yeni geometride, doğadaki bir çok şeklin, basit kuralların tekrarlanmasıyla elde edilebileceği gösterilmiştir. Bin bir zahmetle hazırladığıprogramda, kendisi dallanma yöntemine, mutasyon adı altında çeşit çeşit biçim vermeyi denemiş. Ortaya çıkan uçakdahil her şekli de, anlamlı bulmuştur. Belki Dawkins'e göre uçaklar da, insan yapımı olmayıp; evrimle kendiliğinden ortaya çıkmıştır.

Dawkins'in origamisi (kağıt katlama sanatı), aslında kendisinin sıklıkla bahsettiği bulutları, bir şeylere benzetmekten farksızdır. Gen adı altında çizgiler çizerek, farklı şişkinlik, uzunluk ve açılarla, çizgileri dallandırarak, sonra da onların içinden istediklerini seçerek; sonunda anlamlı şekillere ulaşmasına taaccüb etmiş. Aslına bakarsanız, şayet buncauğraşa ve hileye rağmen; anlamlı şekillere ulaşamasaydı, bir bilim insanı olarak kendisine ayıp ederdi.

DOĞAL SEÇİLİMDE: "MUTASYONLAR"

Doğal seçilimin daha iyi anlaşılabilmesi için mutasyonları irdelemeliyiz. Evrimcilere göre, birbirini izleyen nesillerde; yavru gelişirken, ufak farklılıklar olduğu için evrim gerçekleşir. Bu farklılıkların nedeni ise, gelişimi denetleyengenlerdeki değişiklikler; yani mutasyonlardır. Ve bu mutasyonlar, evrimcilere göre, her nasılsa, hep evrimleşme-gelişme-karmaşık hale gelme; yani pozitif yönde ilerler.

Mutasyonlar, DNA'nın kodlanmasında meydana gelen değişikliklerdir. Genetik karakterlerin, olumlu ya da olumsuz değişmesine neden olurlar. Ortaya nasıl, ne zaman çıkacakları bilinemiyor. Oluşumları gelişigüzeldir. Mutasyonlar, evrim teorisinin ayrılmaz parçasıdır. Çünkü evrime göre; tek hücreli bir canlıdan, insana uzanan süreçte; insanı bu tek hücreli canlıdan ayıran tüm yapı ve sistemler(göz, beyin, uzuvlar); süper şanslı, birbirini tamamlayıcı ve arka arkaya gelen, ancak yine de hiçbir bilincin rol oynamadığı sayısız mutasyonların eseridir.

Ancak mutasyonlar, çok nadiren meydana gelirler ve genelde de zararlıdırlar. Öyle ki, bir hücrede, mutasyonun meydana gelme olasılığı, milyonda birdir:(1/106). Ancak hücrede, çok karmaşık kontrol mekanizmaları vardır. Bu kontrol mekanizmaları sayesinde, DNA üzerinde meydana gelen herhangi bir hatalı nükleotid dizisi, süratle tamir edilir. Hücredeki olağanüstü denetim enzimleri, göz önünde bulundurulduğunda; mutasyonların meydana gelme olasılığı, trilyonda bire düşer:(1/1012). Fiziksel, kimyasal veyahut biyolojik etkiler sonucunda, yine de bir mutasyon meydana gelirse; bu mutasyonun, DNA üzerindeki nükleotid dizilerinin, hangisi üzerinde meydana geldiğini kestirmekolanaksızdır. Yani, mutasyonların, nükleotidler üzerindeki etkisi, bilime göre tesadüfidir. Yeni genetik bilgi üretemezler.

YAŞAMA İÇGÜDÜSÜ VE MUTASYONLAR

Oysa evrime göre mutasyonlar sayesinde; bakterilerden, insanlara uzanan yolda, DNA'nın, sayısız, arka arkaya, süper şanslı genetik bilgiler edinmesi gerekir. Mutasyona uğrayan canlılar, ürerlerken, deneme yanılma yöntemiyle; ancak her nasılsa hayatta kalmayı sağlayacak seçimi yaparak, bir sürü elemeden geçerler. Evrimcilere göre, hayatta kalma içgüdüsü, mutasyonlara yön veren ve doğal seçilimi tesadüfi olmaktan çıkaran amaçtır.

Peki bu yaşama ve daha başka canlılarla ilgili içgüdüleri, evrim teorisi nasıl açıklıyor? Canlılar neden intihar etmez ve böyle bir içgüdü yasası yoktur? Evrimde doğal seçilimin tüm amacı, canlıları hayatta bırakmak ise, av ve avcıilişkisi nasıl açıklanabilir? Madem her şey, yaşamak için dönüşüpdeğişiyor; bütün avlar, neden yaşamak için bugüne kadar evrimleşemediler ve av olmaktan kurtulamadılar? Ayrıca bir hayvan türünün, birden çok düşmanından, bazılarına galip gelirken, bazılarına mağlup olmasını evrim nasıl açıklıyor? Düşmanlarından hangisine karşı silahlanacağını, evrim mi seçiyor? Mesela düşmanlarından korunmak için, ağaç, yaprak, taş ve benzeri objeleri taklit eden hayvanlarda, bu benzerliği mükemmel yapan nedir? Ancak avlayıcı hayvanlara da, bu taklitçileri fark ettirenderin yapı, hangi mutasyonlar tarafından düşünülmüştür?

TEORİNİN ÇIKMAZI: EVRİMLEŞMEYEN TÜRLER VE DNA

Doğal seçilimi sarsan, mutasyon mekanizmasının da açıklayamadığı; çözümü pek de mümkün gözükmeyen problemler vardır. Bunlardan birisi de, 100 milyonlarca yıl varlığını aynen koruyan türlerdir. Bu türlerin, fosil bulguları, günümüzde apaçık ortadadır. Peki neden bu türler, mutasyona uğramamışlardır? ÖrneğinLatimeria isimli balığı ele alalım. Bu balıkla ilgili fosil bulguları bizi, 400 milyon yıl geriye götürmektedir. Bu balıkların, dinozorlarla aynı zamanda tükendiği düşünülüyordu. Ancak 1938'de, Güney Afrika kıyıları açığında avlanan tuhaf bir balık, bilim adamlarını şoke etti. Çünkü bu yaşayan fosil, Latimeria balığıydı. Milyonlarca yıl önce yaşayan atalarıyla kıyaslandığında, neredeyse hiç değişmemişti.

Evrimi tanımayan bir diğer örnek de; histon H4 genleridir. Bu genlerin, en az iki milyar yıl korunması çok etkileyicidir. Bakteriler, evrimcilere göre, sürekli evrimleşip sonunda insana dönüşürken(!); neredeyse her canlıda bulunan H4 geni, nasılsa mutasyondan kurtulmuştur?

Doğal seçilimin ikinci bir problemi ise hayatın bilgisi; DNA'dır. DNA gibi inanılmaz bir moleküler makinanın, evrimsel bir süreçle, kendiliğinden ve rastlantısal (tesadüfi) adımlar sonucu ortaya çıkma ihtimali, akla uygun düşmüyor. DNA gibi makro moleküllerin işleyişi, bazı ateist bilim adamlarını da zorlamaktadır. Bakınız, Prof. Daniel C. Denett, şaşkınlığını nasıl dile getiriyor:

"Araştırmamızın bu düzeyinde, keşfettiğimiz bilinçli failliğe benzer, bize yabancı ve hafif itici gelen bir şey var. Ortadaamaca yönelik telaşlı bir koşuşturmaca olmasına rağmen, evde kimse yok. Mükemmel bir şekilde tasarlandıkları ve yaptıkları şeyden hiç haberdar olmadıkları anlaşılan moleküler makineler, şaşırtıcı marifetler sergiliyor."

Bay Denett'a itici gelen şey ne? Bu moleküllere her baktığında, mükemmel bir Tasarımcıyı çağrıştırması mı? Nitekim

Sir Francis Crick'de aynı hastalıktan muzdarip görünüyor ve meslektaşlarını şöyle ikaz ediyor:

"Biyologlar, gördükleri şeylerin tasarımlanmadığını, aksine evrim geçirdiğini, hiç akıllarından çıkarmamalıdırlar."

Demek ki Nobel ödülü, bilimin namusunu korumaya yetmiyor. Allah'ı yok sayma uğruna, nice çamlar devriliyor; bilimin en temel prensibi ayaklar altına alınıyor. Halbuki, Avrupa ortaçağ karanlığında engizisyon mahkemeleri kurarken; İslam Medeniyeti'nde; "bilimin ilk şartı şüphedir" prensibi dalgalanıyordu.

Dawkins'de, yaşamın temelini oluşturan "genetik bilgi" konusunda çaresizdir. DNA'nın adım adım evrim sonucu ortaya çıkamayacağını, acz içinde şöyle dile getiriyor: "DNA'nın, adım adım ilerleyen bir süreçte oluştuğunu hayal edebilmek çok zor."

EVRİM KURAMI: KANITSIZ!

Canlılığın bu en temel molekülünün ortaya çıkışı konusunda suskun olan Dawkins, tüm yaşamın ve yaşamdaki çeşitliliğin, kör seçilimle oluştuğunu; yaratmanın söz konusu olmadığını, körü-körüne savunuyor. Amacını ve ön yargılarını bakınız nasıl sıralıyor:

"En eskisi hariç, doğal seçilim kuramının, tüm sözde seçenekleriyle baş ettik. Eneski kuramsa, yaşamın bilinçli bir tasarımcı tarafından yaratıldığı ve de evrimin yönetildiği kuramı. Böylesi inançlar için söyleyebileceğimiz birinci şey, gereksizoldukları; ikinci şey de, bizim açıklamak istediğimiz örgütlü karmaşıklığı zaten varsaydıklarıdır. Kanıtlar evrim kuramı lehine olmasa bile, elimizdeki en iyi kuram hala bu. Yaşamın karmaşık tasarımı üzerine öne sürülmüş tek işe yarayan açıklama, yavaş yavaş ve kerte kerte gelişen birikimli seçilimdir. "Kör Saatçi"deki temel düşünce, yaşamı veya evrendeki herhangi bir şeyi anlamak için, bir tasarımcının varlığını kabullenmek zorunda olmadığımızdır."

BİRİKİMLİ SEÇİLİMCİ: "KÖR DAWKİNS"

"Kör Saatçi" nitelemesini doğrudan Allah için kullanıyor ve bununla şunu söylemek istiyor: Evrenin Yaratıcısı yok, şayet var diyorsanız, o zaman bu saati(evreni-canlıları) yaratan, kördür. Çünkü evrende canlılar, bilinçsiz-iradesiz(kör) bir birikimli seçilimle evrimleşmiştir. Kendi körlüğü, her paragrafında; hatta her cümlesinde ortaya çıkan bu kimse, bizce bilim insanı değil; bağnaz-dindar bir evrimci bilimcidir. Yukarıdaki Dawkins'in ifadelerine bakarsanız, bu iddiamızın doğruluğunu kolayca görebilirsiniz. İşte kör bir mantığın çelişkileri:

"Yaratıcı ve yaratma gereksiz. Yaratmayı esas alan kuram, eski ve böyle inançlar gereksiz. Kanıtlar evrim kuramı lehine değilse de, en iyi kuram evrim. (Benim temel düşüncem) evrendeki herhangi bir şeyi anlamak için Tasarımcının varlığına gerek yok."

Bu kendi içinde tutarsız, ilmin objektif penceresinden mahrum ve adeta ne olursa olsun evrim diyen bir kafa yapısı. Bizce evrim teorisi bir din haline getirilerek; ateizme dayanak yapılmaktadır. Böylece, hiç duymak istemedikleri "Yaratıcı ve yaratma fikri"nden, "bilimselliğin(!) evrim teorisi kılıcı"yla bir vuruşta kurtulmuş olacaklarını zannediyorlar.

Özetle "evrim teorisi"nin değirmenine su taşıyan tüm evren bilimci ve evrim bilimciler diyor ki: Evrende sadececanlılar değil; her şey(canlı-cansız), kendiliğinden, tesadüfen ve bir Yaratıcı olmadan ortaya çıkmıştır. Kanıt ne?Kanıt olmasa da bu böyle!..

TEK HÜCREDEN İNSANA EVRİM(!)

Evrim teorisine göre, kendiliğinden(!) türeyen basit bir canlı, ya da canlılar; aşağıdan, yukarıya doğru, doğal seçilim mekanizmalarıyla evrimleşerek; insan dahil tüm canlıları oluşturmuştur. Teori, alt türlerin evrimleşip; bir üst türe(boyuta) dönüştüğünü söyler. Kısacası, tüm canlılar, ortak bir atadan gelmektedir. Her nasılsa evrimleşen alt tür, hem bir üst türü oluşturuyor, hem de yerinde duruyor. Yani, maymun, insan olurken; her nasılsa, maymun olmaya da devam ediyor. Bir başka açıdan da, hem evrimleşiyor ve hem de evrimleşmiyor. Tek hücrelilerden, varlıkların en mükemmeli olan insana doğru "evrimleşme süreci", bir kanıt ortaya koyamadığı gibi, yüzlerce soruyu da cevapsızbırakmaktadır.

Darwin, türlerdeki değişimleri, gözlemledi. Arkasından bu değişimin; bir türden diğer bir türe geçişi doğuracağı sonucuna vardı. Ancak fosil bulguları ve modern üretim teknikleri, hem Darwin'in, hem de onun bugünkütakipçilerinin, yanıldıklarını ortaya koymaktadır.

KUR'AN: "BİR SİNEK YARATAMAZLAR" (HACC(22)/73)

A New World adlı kitabında, Jeremy Rifkin, türlerin dönüşümükonusunda, şunları yazmıştır:

"Türlerin, kendi özlerine bu kadar inanılmaz bir şekilde sarıldıkları konusunda hâlâ şüphesi olanlar, o küçücük meyve sineği üzerinde yapılan deneylere baksınlar. Bu deneyler, birçok saygın bilim adamını, dönüşümün değil, dengenin (kararlılığın) bir genel tabiat kanunuolduğuna, ikna eden veriler ortaya koymaktadır. Meyve sineği, gebelik süresi çok kısa

(12 gün) olduğu için, uzun yıllardır mutasyon deneylerinin gözde deneği olmuştur. Bu deneylerde; sineğin mutasyon oranını 15.000 kez artırmak için röntgen kullanılmıştır. Bilim adamları, her şeyi hesaba katarak; meyve sineğinin, evrim sürecini kolaylaştırmışlar ve onun normal şartlarda, milyonlarca yılda gerçekleştirebileceği mutasyon veevrime eşdeğer bir ortam oluşturmuşlardır."

"Mutasyonun bu kadar hızlandırılmasına rağmen; bilim adamları yine meyve sineğinden başka bir şey elde edememişlerdir. Daha önemlisi, meyve sineği, bunca mutasyon deneylerine rağmen, belli sınırların ötesinde bir değişim göstermemiştir. Mesela Ernst Mayr, meyve sineği üzerinde 1948'de gerçekleştirilen iki deneyle ilgili şu bilgileri aktarmaktadır: Birinci deneyde, sineğin kıllarının azaltılması, ikinci deneyde ise artırılması hedeflenmişti. Ortalama 36 olan kıl sayısını, 30 kuşak sonra 25'e kadar düşürmek mümkün oldu. Ama daha sonra kısırlık meydana geldi. O seriden elde edilen sinekler, nesiller üretemez oldular. İkinci deneyde ise ortalama kıl sayısı 36'dan 56'ya çıkarıldı. Bu defa yine ilk deneyde olduğu gibi kısırlık baş gösterdi. Mayr, bunun üzerine şu sonuca vardı:

"Belli ki, seçilimle geçekleştirilen zorlayıcı ıslahlar, genetik çeşitliliğin kökünü kurutmaktadır. Tek taraflı seçilim, genel çevreye uyumda, bir düşüşe neden olmaktadır. Bu da, neredeyse her üretim deneyinin baş belasıdır."

Bakteriler, bizlere, türlerin, radikal bir değişim göstermediğinin ayrı bir kanıtıdır. Bakteriler, en çabuk üreyen hayat formudur. Tüm hayat formlarının, % 75'ini oluşturmaktadırlar. İddiaya göre, yaklaşık üç milyar yıllık bir ömre sahiptirler. Kontrol altında tutulmadıkları takdirde; 36 saat içinde tüm dünyayı neredeyse diz boyu kaplayabilirler. Hayatın tüm diğer formlarından daha fazladırlar.

ORTAK ATA" İDDİASINA: FOSİLLERİN CEVABI

Aslına bakarsanız, türlerin hiyerarşik olarak değişimine, Darwin'de inanmış gözükmüyor. 1863'de yazdığı bir mektupta, bu gerçeği, şu sözlerle dile getiriyor:

"Detaya indiğimiz zaman, hiçbir türün değişmediğini kanıtlayabiliriz. Yani herhangi bir türün, değiştiğini ispat edemeyiz. Ayrıca teorinin temelini oluşturduğunu varsaydığımız değişimlerin, yararlı değişimler olduklarını kanıtlayamayız."

Gerek fosiller, gerekse üretim deneyleri, açık bir şekilde, bir tür içindekideğişimlerin, dönüşümü değil; aksine türün, istikrarını koruduğu kanıtlanmıştır.

Evrim, hayatın başlangıcından bugüne kadar devam eden bir süreçse; bu sürecin şahitleri de kayalardır. Yeryüzündeki hayatın, en eski kanıtları, kaya şeklinde gömülmüş fosillerdir. Fosiller olmadan, yaşamın nasıl geliştiğine dair; bir kanıt, gözlem, ya da bilimsel bir araştırmadan söz edilemez.

"Ateist evrimciler" bile, kuşların, böceklerin ve memelilerin uçma özelliğini, "ortak bir ata"dan elde ettiklerini söyleyemiyorlar. Bu da, uçma özelliğinin, "ortak bir ata"dan mirasla gelemeyeceğini göstermekle kalmayıp; canlılarda bu durumun defalarca oluşacağının bir kanıtıdır. Sadece bu bile, evrim teorisinin, sayısız sorunlarından birisidir.

Dr. Grasse, fosillerin önemini, meslektaşlarına şu sözlerle hatırlatır:

"Evrim süreci, yalnızca fosil yöntemiyle ortaya çıkar. Bu nedenle, paleontoloji bilgisi, olmazsa olmaz şartların başında gelir. Evrimin kanıtını, sadece kayabilim sağlayabilir ve onun seyrini veya mekanizmalarını, sadece bu bilim açığa çıkarabilir."

Dr. Grasse, Dünya'nın saygın biyologlarındandır. Fransa'da, Darwin teorisini eleştiren bir kitap yayınladı. Evolution ofLiving Organisms(Canlı Organizmaların Evrimi) isimli bu kitap; daha çok kaynağın güvenilirliği üzerine yoğunlaştı. Onun bu kitabına, Darwin teorisinin sadık savunucusu ve aşırı tutucu olarak bilinen Dobzhansky Theodosius, bir tanıtım yazdı. Ve büyük bir araştırma tecrübesi bulunan Grasse'in gözlemlerinin, göz ardı edilemeyeceğini, itiraf etmek zorunda kaldı. Grasse, 28 ciltlik Traite Zoologie isimli ansiklopedinin editörü ve Fransız Bilimler Akademisi'nin eski başkanıdır.

FOSİL KAYITLARI: DARWİNCİ EVRİMİ YALANLIYOR

Ancak fosil bilimi, Evrim teorisi için hiçbir zaman kanıt sunmamıştır. Richard Dawkins, evrimcilerin, adeta kutsal kitabı sayılan "Kör Saatçi" kitabında, aşağıdaki cümleleri ağzından kaçırır:

"Fosil kayıtlarında görülen boşluklar, Darwincileri hep kaygılandırmış vemükemmel olmayan kanıtlara bahaneler uydurmaya zorlamıştı. Darwin bile bunu itiraf eder: Jeolojik kayıtlar, mükemmel olmadığı için, tüm soyu tükenmiş ve şimdi yaşamakta olan canlıları birbirine bağlayan, sonsuz sayıda çeşitlilikteki ara formlar, bulunamamıştır. Jeolojik kayıtların doğasına ilişkin bu görüşümü kabul etmeyenler, kuramının da tümünü reddetmekte haklı olurlar."

Darwin, ara formların zamanla ve teknolojinin ilerlemesiyle keşfedileceğini ve böylece kendi tezinin doğrulanacağını sanıyordu. Darwin'den bu yana geçen 100 yılı aşkın sürede, milyonlarca fosil bulunup incelendi. Ancak Darwin'in beklentisini haklı çıkaracak fosil kayıtları bulunamadı.

Dünya'daki bilinen fosil türlerinin, % 20'sinin örneklerini "Chicago'daki Field Museum" barındırmaktadır. Müze müdürü David Raup'a göre; bulgular, Darwin'in ve Dawkins'in iddialarına destek vermiyor. Ara formları içeren ve adım adım evrimi destekleyen veriler yok ortada. Evrimcilerin kesin inançlılığı ve propagandası o derece fazladır ki; çoğu kimse fosillerin, Darwinci yorumları desteklediğini zanneder. Darwin'den bu yana 120 yıl geçti ve fosil verilerimizfevkalade genişledi, ancak Darwinci evrimin kanıtları ortada yok.

DARWİN TEORİSİ: "GERÇEK HAYATA UYMUYOR"

"A New World" kitabında, Jeremy Rifkin, şunları söylemektedir:

"Jeolojik bulgularda yapılacak bir gezinti, evrimsel değişimin, 'yavaş yavaş gerçekleştiği saçmalığı'na insanları bile ikna etmelidir. Teori ile gerçeğin birbirleriyle uyuşmadığının ilk işareti, fosillerin ortaya çıkarıldığı yerlerdeki kaya formlarında bulunmuştur."

Denizanası, yumuşakçalar, süngerler, eklembacaklı kabuklular ve diğer omurgasızların tümü, kayabilimcilerin, Paleozoik Devir ismini verdikleri dönemde, hep beraber bulunmuşlardır. İşte gizem bu noktada başlamaktadır. Paleozoik-öncesi kaya oluşumlarında, yaygın şekilde fosil atalarının bulunması gerekir. Oysa, California Üniversitesi'nden, Paleobotanist Daniel Axelrod'un açıkça ifade ettiği gibi; burada çok önemli bir problem vardır:

"Jeoloji ve evrimin çözülmeyen temel problemlerinden birisi; aşağı paleozoik kayalarda fosilleşmiş çok hücreli deniz omurgasızlarının, tüm kıtalarda bulunmasına rağmen; daha eski devirlerin kayalarında olmamasıdır. Her nasılsa, builk paleozoik fosillerin, atalarını bulmak için paleozoik-öncesi kayaları incelediğimizde, bunların hiçbir yerde bulunmadığını görmekteyiz."

YEDİNCİ BÖLÜM:

YARATILIŞ VE "EVRİM KURAMI"

PALEOZOİK DEVRİ: "YARATILIŞIN KANITI"

Paleozoik kayalarda yaygın halde bulunan çok hücreli omurgasızların ataları, nasıl olur da paleozoik-öncesikayalarda bulunmaz? Ata fosillerin, bir önceki dönemin kayalarında bulunması gerekmez miydi? Evrimcilerin, bu konuda ileri sürdükleri yegane bahaneleri; bu ata fosillerin, çoğunun vücudunda, yalnızca yumuşak bölümler olduğu iddiasıdır. Yani onlara göre, fosilleşecek kabuklar ve kemikler yoktur. Ancak 3 milyar yıllık bakteri fosilleri bulunurken; sözü edilen canlıların bulunmaması, bu evrimci iddialarını boşa çıkarmaktadır.

Ayrıca, 400 milyon yıllık fosili bulunan Latimeria gibi balıkların, günümüzde dehiç değişmeden yaşaması, asıl evrim teorisini, eskimiş teori yapmaktadır. Fosil kayıtlarındaki bu büyük boşlukların, evrim teorisini yalanladığının farkında olan Dawkins, bakın nasıl hayıflanıyor ve arkasından gerçeği nasıl inkar ediyor:

"600 milyon yıl önce oluşan kambriyen (palezoik) kayaç katmanları, ana omurgasız gruplarının çoğunu bulduğumuz en eski kayaçlardır. Bu fosillerin çoğunu, ilk ortaya çıkışlarında, ileri bir evrim düzeyinde buluyoruz. Sanki hiçevrimsel tarihleri yokmuş ve ortaya bırakılmışlar gibi. Söylemeye gerek yok; bu ani ortaya çıkış, yaratılışçıları çok mutlu ediyor. Evrimciler, kambriyen devrinde, bu denli çok sayıda, karmaşık hayvan çeşidinin aniden ortaya çıkışının, tek alternatif açıklamasının; Tanrısal Yaratılış olduğunu kabul eder ve bu alternatifi reddeder."

İşte evrim teorisine iman edenlerin, körlüğü. Bay Dawkins'in kitabına verdiği isim, kendisine çok yakışıyor. Dawkins gibi evrim teorisine iman edenlere, hiç bir kanıt kar etmez. Gözleriyle görseler; mucizelere boğulsalar, yine de bir şey ifade etmez. Zira, böylelerinin kalp gözleri kördür.

"EVRİM TEORİSİ"NE: BAZI SORULAR

Darwinci doğal seçilimin, bir teori olarak bilimsellik sınırlarında kalabilmesi için, bazı sorulara cevap vermesi gerekmektedir:

1) Doğal seçilim yasası, neden vardır? Bu yasa, canlılar alemindeki birçok yasadan birisidir. Bu yasayı, ortaya koyanve yöneten güç nedir, ya da kimdir?

2) İlk olarak doğal seçilim mekanizması ve canlılara ait diğer yasalar, nasıl ortaya çıktı? Bu yasaları, canlı organizmaya başlangıçta emreden nedir, hatta kimdir?

3) Neden bu yasa, gerileme değil de, ilerleme yönünde çalışıyor?

4) Madem ki doğal seçilim, gelişme ve ilerleme yönünde; basitten, karmaşığa doğru planlı bir yapı oluşturuyor. Bu, bir amacı ve anlamlılığı ortaya koymaz mı?

Amaçlı ve anlamlı bir işleyiş; bir iradeyi, bilinçli bir amaçlayanı davet etmez mi? Bu durumda, tesadüfilik, akılsız işleyiş, amaçsızlık ve körlükten nasıl söz edebiliriz?

5) İçinde akıl, bilgi, plan, düzen ve kontrolden başka bir şey göremediğimiz canlılar alemi, her geçen gün yeni teknolojilerin ışığında, bilim adamlarını şaşırtmaya devam ederken; biz "zeki fail" olarak "Doğa"yı mı göreceğiz?

Bu sorulara, evrim teorisinin verdiği bilimsel ve tutarlı cevapları bilmiyoruz.

GERÇEK OLAN: "SINIRLI VE KONTROLLÜ BİR EVRİM"

Ortak atadan gelen bir türün; içinde çeşitlenmesi, zamana-çevreye bağlı olarak; tür içi değişim süreçleri ve nesilden nesile devam eden kalıtsal değişimler, elbette bir evrimdir. Tüm canlılar aleminde, bu anlamda "sınırlı ve kontrollü birevrim" vardır. Her türün kendi içinde çeşitlendiği, değişime uğradığı; aynı türde(boyutta) kalmak kaydıyla; zaman ve mücadeleyle, özellikleri farklı topluluklar-populasyonlar oluştuğu açıktır. Bu tür içi evrimleşme sürecinde, sadece yaşama içgüdüsü ve mutasyon değil; neslin devamı, yuvayı koruma, aile-toplum halinde yaşama ve yavruya şefkat gibi yasaların, canlı türlerin, kendi uzayında, evrimleşme parametreleri olduğu bir gerçektir.

Bu "evrim", evrim teorisi(kuramı)ndan tamamen farklıdır. Bu sınırlı anlamda evrim, daha anlaşılabilir, kanıtlanabilir ve bilim adamlarının yaygın kabulüne mazhar bir görüştür.

Bu "sınırlı ve kontrollü evrim"; bir Yaratıcı'yı, yaratmayı ve kontrolü gerekli kılar. Bu nedenledir ki, evrim, sınırlı vekontrollüdür. Ne evrende ne de canlılar aleminde hiçbir şey; tesadüfi, plansız, sahipsiz, bilinçsiz ve amaçsızdeğildir.

Tek hücreden, maymuna, oradan da insana uzanan bir evrimleşmeyi savunan; tüm canlıları tek bir ortak ataya götüren evrim teorisi; kanıtsız, dayanaksız, matematiksel bir modelden mahrum bir teoridir. Bu teorinin temel özelliklerinden birisde, Yaratıcı'yı tamamen reddetmesidir. Bilimsel bir teorinin sağlaması gereken kriterleri, hiçbir zaman sağlayamamıştır ve sağlayacakmış gibi de gözükmemektedir. Evrim teorisi, Yaratıcı'yı tanımayan; kör, tesadüfi, plansız, amaçsız ve sınırsız bir vahşi mücadeleyi ön görür. Bu kör mücadele sonucunda da; muazzam karmaşık, bilinçli, organize, sofistik organizmalar ve canlılar ortaya çıkar. Yani bizden, körlük, rasgelelik, bilinçsizlik ve akılsızlığın; anlamlı, karmaşık ve akıllı sistemleri doğurduğuna inanmamız istenmektedir. Bu birhayalden ibarettir. Canlıların hareketlerinde bir karmaşıklık ve rasgelelik, elbette vardır. Bugün canlılarda, evrende ve maddede karşılaştığımız rastlantısal olaylar ve hızlar, bilim için bir takım belirsizlikler ve sınırlar doğurmuştur. Ancak, Allah için hiçbir engel ve sınır yoktur. Allah'ın kuşatması, görmesi, bilmesi ve yönetmesi sınırsızdır.

SONUÇ

Evrim teorisi, canlı yaşamın yasalarını; iki yasaya indirgemiştir: Birikimli doğal seçilim ve mutasyon. Tüm canlıları ve evrimlerini, kör seçilime ve belirsiz bir mutasyona bağlamak; akıl işi değildir. Yani bu iki parametreye, Tanrı' nın bazı sıfatları atfedilmiş; böylece her şey elinde ve kontrolünde olan Allah örtülmüştür. Canlı yaşamının ayrılmaz bir parçası olan; Allah vergisi diğer yasalar nerede? Tüm canlıların toplu yaşama yasası (içgüdüsü) nerede? Toplum halinde yaşamanın temel alt sistemi; aile yaşamı nerede? Nerede canlı hayattaki zayıfı ve topluluğun üyelerini koruma yasası? Nerede yavruya olan şefkat ve koruma yasası(içgüdüsü)? Nerede Bazı canlı gruplarında, daha açık olarak ortaya çıkanyardımlaşma ve dayanışma yasası? Evrimcibilimciler, neslin devamı ve yaşama mücadelesi yasasını, "birikimli doğal seçilim" yahut "doğal seçilim"adıylakutsamışlar, tüm mucizevi oluşumları ve karmaşık canlı yapıları buna bağlamışlardır.

Gerçekte bu "sihirli doğal seçilim", neyi biriktiriyor? Bunu ölçemiyor, deneyemiyor, bilmiyorsunuz. Mutasyon ne zaman, ne şekilde gerçekleşiyor; zararlı mı, yararlı mı bilmiyorsunuz. Mutasyonun gerçek rolü ve periyodunu nasıl, ne kadar deneyebilirsiniz? Bir meyve sineği üzerinde yapılan bunca mutasyon deneyleri, sineği evrimleştirebildi mi? Mutasyonun, evrim teorisini nasıl yönettiği biliniyor mu? Hayır! DNA'nın evrimini, zaman boyutunda izleyebiliyor musunuz? Evrimin kanıtı fosiller ve ara formlar nerede? İlk canlıyı, canlılığın başlangıcını, teori açıklayabiliyor mu? Hayır!

Türlerin evrimleşip, bir üst türe nasıl, hangi yollardan ve ne şekilde geçtiğini açıklayabiliyor mu? Hayır! Neden bir tür, sözde üst türe dönüşürken; bir kısmı kendilerini değiştirmeyip, aynı türde kalmaya devam ediyorlar? Teori, buna cevap verebiliyor mu? Hayır! Peki teori, gözün evrimini bize anlatabilir mi? Uçan kuşların ve böceklerin nasıl evrimleştiğini ve ortak atasını gösterebilir mi? Hayır! Evrimci teori, Embriyogenezdeki "muteşem planı ve bilgi"yi anlayabiliyor mu? Elbette hayır!

Bu sorular gibi yüzlercesini sorabilirsiniz. Ancak hiç şüpheniz olmasın, bu evrimci teori ve bunun tutkulu savunucuları, size cevap veremeyeceklerdir. O halde böyle bir teori, bırakalım ispatını, bilimsel bir teori olabilir mi? Elbette olamaz! Ancak, Dawkins gibi tutkulu evrimciler, size cevap olarak diyeceklerdir ki:

"Bütün bu kanıtlar olmasa da; fosiller, Yaratılışı desteklese de; siz "Teori"ye inanın, sakın Tanrı'ya inanmayın! Zira, Tanrı yanılgıdır."

Bir bilim adamı olarak; evrim teorisini, ateizme dayanak yapması bir yana; ateizmi, bir "din olarak inşa etme gayreti" ve açtığı "ateizm bayrağı"nın altına, dünya ateistlerini çağırması ilginçtir. Allah'a ve "hesap günü"ne, inanmak kadar örtmek de, Allah'ın insanlara tanıdığı bir haktır. Bugünkü "bozulmuş dinler", bu hakkı tanımasa da; Allah'ın Kitabı Kur'an, insanlara bu hakkı tanımıştır. Ancak şunu da, Dawkins gibi ateistler bilsin ki; insanlık tarihinde, kendileri gibi nice "inkarcılar" gelip geçmiştir!..

TIP VE DARWİN..

Ülkemizdeki durumun tersine Dünyada tıp biliminin Darwin'i ve evrim teorisini büyük bir umutla yeniden keşfetmeye yöneldiği günleri yaşıyoruz.

Darwin'in görüşleri 150 yıl sonra günümüz tıbbını deyim yerindeyse derinden sarsmaktadır.

Tıp bilimcileri geleneksel biyomedikal fenomeni, Darwinci tıp yaklaşımıyla geliştirmekte ve değiştirmektedirler. Hastalık ve sağlık ile ilgili anlayışımız evrimci bakış ile derin bir değişime uğramaktadır.

Tıp bilimi hastalıkları mekanik biyoloji yaklaşımı ile açıklamaya çalışır: Bu hastalık nasıl oluşuyor sorusu temel alınır. Hastalığın fizyopatolojisi açıklandıktan sonra da ona uygun tedaviler geliştirilir. Oysa günümüzde yeni bir anlayışla bazı tıp bilimcileri evrim teorisinden esinlenerek hastalıkları anlamak için niçin sorusuna yönelmiş durumdalar: Bu hastalık niçin oluşuyor?

Bir hastalığın insan organizmasının binlerce yıllık evrimi içinde biyolojik, sosyal, kültürel ve çevresel etkileri de içine alacak biçimde niçin oluştuğunu anlamaya çalıştığımızda nasıl sorusu ile elde ettiğimiz bilgilere başka bir gözle bakma olanağı yakalıyoruz.

Bir örnekle açıklamaya çalışacağım: Yüksek tansiyon hastalığı (hipertansiyon) günümüzde en sık görülen ve ölümcül sonuçlara yol açan ciddi bir halk sağlığı sorunudur. Kalp krizleri ve inme (felç) çoğu kez yüksek tansiyonla ilişkilidir.

Tıp bilimi yüksek tansiyon hastalığına nasıl sorusu ile yaklaşır ve kan dolaşımı ile ilgili hangi mekanizmaların bozularak tansiyonun (kan basıncının) yükseldiğini ortaya koyar. İçinden kanın geçtiği damarların daralması ile basıncın yükseldiği anlaşıldığında bunu gidermek için damarı genişletecek bir ilaç üretilir ve tansiyon hastalarının tedavisinde kullanılır.

Günümüzde yeni bir yaklaşımla Darwinci tıp yaklaşımı ile tüm hastalıklara ve edinilmiş bilgilere yeniden bakılmaktadır. Yüksek tansiyon niçin oluşuyor? İnsanoğlunun tarihinde bu hastalığın ortaya çıkışı uygarlaşma ile ilintili. Özellikle sanayileşme ve şehir yaşamı ile zirve yapmış bir hastalık. Darwinci tıp şu soru ile bu hastalığı temellendirir: Niçin ilk insanlarda yüksek tansiyon hastalığı görülmemiş iken modern toplumlarda böyle bir sağlık sorunu ortaya çıkıyor?

Bilindiği gibi yaşam suda başlamış, ilk canlılar üç yüz milyon yıl önce okyanustan yeryüzüne geçmişlerdir. Sudan karaya çıkmak canlı için büyük bir strese yol açmıştır. Canlılar okyanusta yaşarken organizmaları çok tuzlu bir ortamın içindeydiler. Oysa karaya geçince bundan çok daha düşük tuz içeren bir çevrede yaşamaya başladılar ve organizmaları tuzsuz yaşama uyum sağladı. Bu uyumu gerçekleştirmeseydi okyanusa kıyasla karadaki tuz eksikliği yüzünden yaşama devam etmeleri olanaklı olmayacaktı.

Bundan kırk bin yıl önce ilk insan tuzdan fakir bir çevrede çok az tuz tüketerek yaşıyordu. Yine günümüzden on bin yıl önce ilk defa tarım başladığında insanoğlunun tükettiği tuz daha da azaldı çünkü tarım ürünlerinden beslenmeye başladı. Üretilen ve tüketilen bitkilerin içerdiği tuz miktarı daha da düşüktü. Bu nedenle atalarımızın organizmasında böbrekler, alınan tuzu koruyucu bir görevle uyumlu hale geldiler. Tuzsuz yaşam stresine karşı atalarımızın böbrekleri tuzu koruyan organlara dönüştü.

Günümüze gelindiğinde insanoğlunun tansiyonu (kan basıncı) giderek yükselmiştir. Özellikle gelişmiş ülkelerde pek çok ölümcül sorunun altında yüksek tansiyon yatmaktadır. Günümüzde insanların beslenme alışkanlıkları ve gıda kaynakları değiştiği için modern insan için tuz her yerde bulunabilen bir tatlandırıcı haline dönüşmüştür. Bilimsel çalışmalar günlük tuz tüketimi ile yüksek tansiyon hastalığı arasında ciddi bir ilişki olduğunu ve tuz tüketiminin kısıtlanması ile tansiyon hastalığının tedavi edilebileceğini ortaya koymuştur. Son yıllardaki çok önemli çalışmalarda tuz kısıtlayıcı diyetlerle yüksek tansiyonun kontrol altına alındığı kanıtlandı.

Darwinci tıp, evrim perspektifinde nesiller boyu doğal seleksiyonun atalarımızın kendi çevrelerindeki düşük tuz içeriğine karşı geliştirdikleri uyuma şekil verdiğini söyleyebiliriz. Modern toplumda gündelik yaşamda tuza erişim neredeyse sınırsız. Günümüzün modern insanı günde 4000 mg tuz tüketirken bundan on bin yıl önce ilkel tarım ürünleri ile beslenen atalarımızın günlük tuz tüketimi 690 mg'dı.

Öte yandan bilimsel çalışmalar genetik materyalimizin son on bin yılda çok çok küçük bir oranda (maksimum %0.005) değiştiğini göstermektedir. Başka bir değişle çok tuz tüketen bugünkü insanın genleri ile çok az tuz tüketen atalarımızın genleri neredeyse aynıdır. Tıp bilimi nasıl sorusuyla hipertansiyonun nedenini açıklamaya çalıştığında hastaların % 90-95'inde neden bulamadığını "esansiyel hipertansiyon" olduğunu söylemektedir. Oysa tuz eksikliğine karşı evrime uğrayan organlarımız, bugün yüksek tansiyon hastalığının bu kadar sık görülmesinin asıl nedeni olabilir.

Darwin'in evrim teorisi günümüz tıbbını geçmişe bağlayan bir köprü görevini üstlenmektedir. Hastalıkları Darwin'in evrim teorisi ışığında anlayıp yorumladığımızda tıbbın önünde yepyeni bir kapı açılmaktadır. Taşıdığımız genetik özellikler ve içinde yaşadığımız çevre pek çok hastalığın nedeni olabilir. Hasta olup olmayacağımız ya da bir hastalıkla baş edip edemeyeceğimiz insanoğlunun doğal seleksiyon kanununa gösterdiği uyum ile şekillenmektedir.

Canlılar kendilerini yok etmeye yönelik durumlara karşı genetik yapılarını değiştirerek önlem almakta bunu başaranlar hayatta kalıp çoğalabilmektedir. Çok çok yavaş da olsa daha sonraki jenerasyonlara daha güçlü genomlar aktarılmaktadır. Örneğin bu günkü insana tuzsuz yaşama dayanacak genomlar aktarılmıştır. İnsanoğlu bu sayede karada hayatta kalabilmiştir. Ancak şimdi de tuza kolayca ulaşabilmesi yeni bir risk olarak sağlığını etkilemektedir. Bu yeni risk faktörüne evrimsel yanıt çok yavaş gelişmektedir. Bu beklenemeyeceği için yüksek tansiyonun tedavisinde tuz alımını kısıtlamak çok akılcı bir yaklaşım gibi görünmektedir.

Genetik materyal değişimi bazı canlı türlerinde insanoğluna kıyasla çok daha çabuk olabilmektedir. Bunun en iyi örneği mikroplardır. Hastane enfeksiyonlarına yol açan ve çok zor tedavi edilen Stafilakok mikrobu var olan bütün antibiyotiklere kısa sürede direnç gösteren bir gelişim göstermektedir. Stafilakoklar genetik materyallerini modern tıp biliminin buluşlarından çok daha hızlı değiştirerek bir sonraki Stafilakok jenerasyonuna aktarmaktadır. İnsanoğlu içinse bu genetik değişim çok daha yavaş olmakta ve milyonlarca farklı riske karşı olmaktadır.

Yüksek tansiyon hastalığına tıp bilimi Darwinci tıp perspektifi ile yaklaştığında diyetten tuzu çıkartarak çare bulabilir. Darwin'e olan ihtiyacımız bu kadar yalın bu kadar gündelik yaşamımızla ilintili ve bu kadar her insanı ilgilendiren bir boyutta.

Sonuç olarak modern tıbbın Darwin'e ihtiyaç duyduğu günümüzde ülkemizin popüler bilim dergisinin kapağında bile Darwin'e tahammül edilememesi gerçekten büyük bir çelişkidir. Evrim düşüncesinin modern tıp bilimine uygulandığı şu günlerde Darwin'i daha çok düşünmeye, evrim teorisini daha iyi anlamaya ihtiyaç vardır.

CHARLES DARWİN'İN İTİRAFLARI

Charles Darwin, evrim teorisini 1859 yılında yayınladığı The Origin Of Species By Means Of Natural Selection Or The Preservation Of Favored Races In The Struggle For Life (Türlerin Kökeni, Doğal Seleksiyon veya Yaşam Mücadelesinde Kayırılmış Irkların Korunması Yoluyla) isimli kitabı ile öne sürdü. Darwin "uzun bir argüman" olarak tanımladığı kitabında, canlılığın kökenini evrimsel gelişme ile açıklamaya çalışmıştı.

Kitabın tamamında, konuların ele alınışı son derece acemice ve bilimsel deneylerden veya gözlemlerden uzak, daha çok tahmin ve varsayımlar üzerine kuruludur. Darwin, Descent of Man (İnsanın Türeyişi) isimli kitabında da yine aynı bilimsel seviyede, insanın evrimi ile ilgili teorilerini açıklamıştır. Her iki kitapta da Darwin, teorisinin zayıflıklarını, tutarsızlıklarını itiraf etmiş, böyle bir varsayımın doğruluğu ile ilgili ciddi şüpheleri olduğunu sık sık tekrarlamıştır. Amerikalı fizikçi Lipson, Darwin'in bu korkuları hakkında şu yorumu yapar:

Türlerin Kökeni'ni ilk okuduğumda Darwin'in genelde sunulan tablonun aksine, kendisinden pek de emin olmadığını fark etmiştim. Örneğin "Teorinin Zorlukları" başlıklı bölüm, çok belirgin bir güvensizlik yansıtmaktadır. Bir fizikçi olarak, gözün nasıl ortaya çıkmış olabileceği yönündeki yorumları karşısında şaşkınlığa düştüm.

Ayrıca, Charles Darwin'in oğlu Francis Darwin'in editörlüğünü yaptığı ve Darwin'in mektuplarının derlemesinden oluşan Life and Letters of Charles Darwin (Charles Darwin'in Hayatı ve Mektupları) adlı kitapta yer alan mektuplarda da Darwin birçok benzeri itirafta bulunmuştur. Bu kitapta, Darwin'in pek çok yakın arkadaşına veya dönemindeki bazı bilim adamlarına yazdığı mektuplar derlenmiştir. Bu mektupların birçoğu Darwin'in evrim teorisi ile ilgili itirafları ile doludur. Hatta Darwin, iddia ettiği konulardaki bilgi yetersizliğini sık sık dile getirmekten de çekinmemiştir.

Ne var ki, evrim teorisinin sahibinin bu teorinin doğruluğu ve kendi bilimsel seviyesi ile ilgili şüphelerinin bulunmasına ve büyük bir açık sözlülükle bunları itiraf etmesine rağmen, günümüz evrimcilerinin hem Darwin'den hem de evrim teorisinden bu kadar emin olmaları elbette düşündürücüdür.

Bu bölümde Darwin'in sadece genel olarak evrim teorisi ve kendisi ile ilgili itiraflarına yer verilecektir. Bunların yanı sıra Darwin'in bu iddiayı ortaya atarken içinde bulunduğu ruh hali de itiraflarında yer alacaktır. İşte Darwin'in kendi teorisinin çelişkili, tutarsız ve gerçek dışı bir iddia olduğu yönündeki kuşkuları:

Okur yapıtımın (Türlerin Kökeni) bu bölümüne varmadan önce bir yığın güçlükle karşılaşmış olacaktır. Bunların bazıları bugüne dek üzerlerinde belirli bir ölçüde duraksamadan düşünemediğim kadar çetindir.

Teoriye karşı haklı olarak yöneltilmiş itirazların ve teorinin karşılaştığı güçlüklerin ağırlığı altında yıllarca ve onların ağırlığından kuşkulanamayacak kadar çok ezildim.

Bu çalışmaların (Türlerin Kökeni için kullandığı çalışmaları), bunları yaparken harcadığım zamana değip değmediğinden şüphe ediyorum.

Görüşlerimin, sayısız miktarda zorluklarla dolu olduğunu göremeyecek kadar kör olduğumu sanma...

Harvard'da biyoloji profesörü ve yakın dostu olan Asa Gray'a yazdığı bir mektubundan:

Oldukça iyi biliyorum ki, spekülasyonlarım meşru bilimin sınırlarının oldukça ilerisine uzanmıştır. Editörlüğünü Charles Darwin'in oğlu Francis Darwin'in yaptığı The Life and Letters of Charles

Darwin (Charles Darwin'in Hayatı ve Mektupları) isimli kitabın giriş sayfası. E. Haeckel'e yazdığı mektubundan:

Evrim doktrinini yayarak çok müthiş bir iş yapmış olacaksın. Yararsız yapıların ileriki aşamalarda ortadan kalkmasıyla ilgili problem senin de kafanı karıştırdı mı? Bu problem son zamanlarda benim aklımı oldukça karıştırdı.

Fox'a yazdığı mektubundan:

Doğanın tamamı gerçekten inatçı ve benim istediklerimi yapmıyor ve şu an sadece eski midyelerimden başka yeni hiçbir şey üzerinde çalışmak istemiyorum.

Bazen tamamıyla çöküntüye uğrayacağımdan korkuyorum...

J. D. Hooker'a yazdığı mektubundan:

Bazen, yakında tamamen yenilgiye uğrayacağımdan şüpheleniyorum.

Görüşlerime ters düşen bazı büyük zorlukları ortadan kaldırdığımı düşünüyorum, fakat bunların hepsi bir halüsinasyon olabilir. Tamamen yanlış bir inancın içinde olduğumu düşünmeye başladım. Bana bu konunun on sene içinde tamamen unutulacağını söylediğinde haklıydı.

Bana kitabımı soruyorsun, sana söyleyebileceğim tek şey intihar etmeye hazır olduğum; kitabın çok makul bir şekilde kaleme alındığını düşünüyordum, fakat şimdi tekrar yazılması gerektiğini anladım.

Türlerin Kökeni'nin yayınlanmasının ardından o kadar çok şey yayınlandı ki, bu bilgileri değerlendirip bir bütün haline dönüştürme gücüne ve akıl yeteneğine sahip olduğumdan şüphe ediyorum.

Lyell'e yazdığı mektubundan:

Çeşitli konularla ilgilenen pek çok insanın yıllardır bir illüzyon içinde olduğunu düşünerek oldukça seviniyorum. Sık sık üzerime soğuk bir ürperti geliyor ve kendi kendime bütün hayatımı bir fantaziye adayıp adamadığımı soruyorum.

Robert Downs anlatıyor:

Darwin'in yaşı ilerledikçe din konusundaki görüşleri de değişti. Gençliğinde özel yaratılış fikrini hiç tartışmasız kabul ediyordu. Life and Letters adlı kitabında ise "insan uzak gelecekte şimdikinden çok daha mükemmel bir varlık olacaktır" diyordu. Sonra şu fikirleri de ilave ediyordu:

"Allah'ın varlığı hakkında hislere değil de akla bağlı bir başka nokta da, çok önemli bir konu olarak beni etkiliyor. Bu muazzam ve harikulade evreni, çok geriye ve çok ileriye bakabilme kabiliyeti bulunan insan da dahil olmak üzere, kör tesadüf veya zaruretin eseri olarak görmek çok güç, hatta imkansızdır. Böyle düşününce bir dereceye kadar insanınkine benzeyen zihin sahibi bir "İlk Sebep" aramak zorunda kalıyorum; bu bakımdan teist sayılabilecek bir insanım. Hatırladığıma göre, Türlerin Kökeni'ni yazdığım zaman bu inanç bende çok kuvvetliydi. O tarihten beri yavaş yavaş ve birçok dalgalanmalarla zayıfladı. Ama o zaman da şu şüphe ortaya çıkıyor: Benim inandığıma göre en aşağı hayvanlarınki kadar basit bir zihinden çıkmış olan bir akla, böyle büyük bir sonuç çıkardığı zaman güvenilir mi?"

Darwin bu noktada çaresizlik içinde ellerini açıyor ve şunları söyleyerek sözünü bitiriyor:

"Böyle karmaşık meselelere en ufak bir ışık dahi tuttuğumu iddia edemem. Herşeyin başlangıcındaki sır bizim için çözülemez bir halde duruyor; şahsen ben bir agnostik (bilinemezci) olarak kalmaktan memnunum."

SEKİZİNCİ BÖLÜM:

"EVRİM KURAMI"NIN BİLİMSEL DEĞERLENDİRİLMESİ

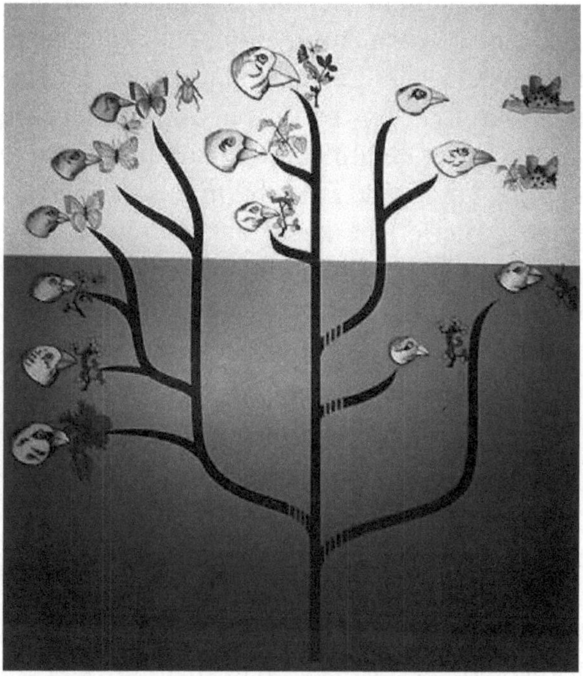

BÖLÜM TANITIMI

Buraya kadar Evrim Teorisi ile ilgili bilimsel, felsefi ve teolojik tartışmaların tarihsel arka planını, bu teorinin ortaya konma sürecini ve ileri sürdüğü iddialarını göstermeye çalıştım. Bu bölümde ise Evrim Teorisi'nin, çeşitli bilim felsefesi yaklaşımlarında ortaya konan kriterleri ne kadar karşıladığını inceleyeceğim. Bunun için doğa bilimlerinde ve bilim felsefesinde ileri sürülen gözlemlenebilme, öngörü gücü, yasalara sahip olma, matematiksel betimleme yeteneği, yanlışlanabilirlik, rakip teorilere üstünlük sağlama gibi çeşitli kriterler açısından bu teorinin değerlendirmesini yapacağım. Bunlarla beraber, Evrim Teorisi'nin doğal seleksiyon ve mutasyon gibi mekanizmalarının yepyeni özelliklere sahip türlerin oluşumunu açıklayıp açıklayamayacağını tartışacağım. Ayrıca embriyoloji, moleküler biyoloji, homoloji ve fosilbilimi gibi alanlara da kısaca değinmek suretiyle bu teoriyi ele alıp irdeleyeceğim. Buradaki değerlendirmem bu teorinin doğru olup olmamasından ziyade farklı bilim felsefesi yaklaşımlarındaki kriterleri ne kadar karşıladığı ile ilgilidir. Bu hususa dikkat edilmelidir; bu kriterleri geçememek veya iyi bir şekilde karşılayamamak tarihsel uzun bir süreçle ilgili bu teorinin yanlış olduğu anlamını taşımaz, fakat bu teorinin epistemolojik statüsü hakkında bir kanaat oluşturabilir.

Bu bölümde cevabını bulabileceğiniz bazı sorular şunlardır: Evrim Teorisi bilim felsefesi alanında ortaya konan bilimsellik ölçütlerini ne kadar karşılamaktadır? Doğal seleksiyon canlılarda yeni özelliklerin ortaya çıkışını hangi ölçüde açıklayabilmektedir? İspinoz kuşları veya pulkanatlı güveler Evrim Teorisi'nin delilleri olabilir mi? Yapılan laboratuvar deneyleri mutasyonlarla yeni özelliklere sahip türlerin oluşacağını desteklemekte midir? Evrim Teorisi'ne dayanarak öngörüde bulunulabilir mi? Evrim Teorisi yanlışlanmaya açık bir teori midir? Evrim Teorisi'nin fizikteki teoriler gibi matematiksel yasaları var mı? Evrim Teorisi'nin biyoloji alanındaki otoritesi Thomas Kuhn'un 'paradigma' görüşü ile açıklanabilir mi? Fizik alanıyla ilgili Big Bang Teorisi ile biyoloji alanıyla ilgili Evrim Teorisi'nin bilimsel ölçütlere uymaktaki başarıları arasında fark var mıdır? Canlılardaki benzerlikler ile Evrim Teorisi temellendirilebilir mi? Fosiller Evrim Teorisi hakkında ne söylemektedir? Fosil-olasılık ikilemi nedir? Evrim Teorisi olmadan bilim olur mu?

BİLİMSELLİĞİN KRİTERLERİ, BACONCI İLKELER VE EVRİM TEORİSİ

Evrim Teorisi'nin, kendisinin dışındaki yaklaşımlardan daha doğru olup olmadığını anlamak için, onu, diğer görüşlerden ayırt eden unsurların neler olduğunu iyice tespit etmek gerekmektedir. Evrim Teorisi'nde, kendiliğinden türeyen basit bir canlıdan veya canlılardan diğer bütün canlıların, bir canlı formundan diğerine değişim yoluyla oluştuğu savunulmaktadır. Burada altı çizilmesi gerekli nokta, Evrim Teorisi'nin, istisnasız bütün türlerin, başka bir türden oluştuğunu iddia etmesidir. Türlerin tamamen sabit olup hiç değişmedikleri fikri özellikle Linnaeus ve takipçileri tarafından savunulmuştur.

Buffon, Linnaeus'un düşündüğünden daha az sayıda kökensel türün başta yaratıldığını, diğer türlerin bu türlerden değişerek oluştuklarını söyledi. Mendel ise melezleşme yoluyla yeni türlerin oluşumunu Evrim Teorisi'nin alternatifi olarak gördü. Evrim Teorisi'ne karşıt fikirleri savunan biyolojinin bu en ünlü isimlerinin görüşlerinin alternatif görüşler olarak ele alındığını düşünelim, bunlara karşı bu teorinin doğruluğunu göstermek için türlerin sabit olmadığını, türlerde bazı değişiklikler bulunduğunu göstermek yetmeyecektir. Fakat bir türden diğerine değişim olurken, kanadı olmayan bir sürüngenin kanadının çıkıp da yeni bir tür oluştuğu veya memeli olmayan bir canlının memeli başka bir türe dönüştüğü gösterilebilirse, Evrim Teorisi'nin diğer görüşlere göre daha üstün olduğu ispatlanabilir. Görüldüğü gibi bir türün içinde farklılıklar olması, hatta birbirine çok yakın iki türün ortak bir atadan veya atalardan melezleşme veya değişim yoluyla oluştuğunun iddia edilmesi; Evrim Teorisi'ni savunanları diğer görüşlerin hepsinden ayırt eden özellik değildir. Canlılar dünyasında küçük değişimlerin (mikro mutasyonların) gözlenmesinin Evrim Teorisi'nin delili olduğu söylenemez; ancak bir türden önemli ölçüde farklı bir türe, cinse, familyaya veya takıma geçişi sağlayacak büyük değişimlerin oluştuğu; bunun gerek bir anda gerekse küçük değişimlerin birikmesiyle mümkün olduğu gösterilebilirse, Evrim Teorisi'ni diğer görüşlerden ayırt eden iddialarının delilinin bulunduğu söylenebilir.

Darwin'in hayvan yetiştiricileriyle ilgili gözlemleri Evrim Teorisi'nin ayırt edici bir delilini sunmaz. Çünkü hayvan yetiştiricileri, daha çok süt veren bir ineğin veya daha iri bir koyunun nasıl yetiştirildiğini gösterebilmelerine karşın yepyeni özellikleri olan bir cinsin oluşumunu gerçekleştirmemişlerdir. Aynı şekilde yeni Darwincilerin üzerinde en çok deney gerçekleştirdikleri sirke sineği (Drosophila) ile ilgili deneylerde de yepyeni özellikleri olan bir cins elde edilememiştir.

Yeni bir cinsin oluşumuna dair bir gözlemin olmadığını, Evrim Teorisi'nin en önemli teorisyenleri de kabul ederler. Yeni bir cinsin oluşumu uzun tarihsel bir süreci gerektirdiği için, bunun gözlemlenmesinin mümkün olmadığını söylerler. Fakat teori adına dile getirilen bu savunma, yeni türlerin veya türlerin altında birleştiği cinslerin, familyaların, takımların oluşumunun gözlemlenememesinin teoriyi yanlışlamak için yeterli sebep olmadığının dile getirilmesinden öteye geçemez. Oysa Evrim Teorisi'nin, Mendel veya Buffon gibi biyologların ileri sürdüğü alternatiflerden gözlem temelinde (soyut akıl yürütme değil) delile sahip olduğunun iddia edilebilmesi için muhakkak farklı yeni cinslerin, familyaların diğer türlerin değişmesi sonucu oluşabildiğine dair gözlemsel delile ihtiyaç vardır. Çünkü Evrim Teorisi'ni, kendisinin dışındaki canlıların orijinine yönelik biyolojik yaklaşımlardan ayırt eden nokta budur. Evrim Teorisi'nin 'gözlemlenebilme' kriterine uyan bir teori olması için, onun yanlışlanamayacağını söylemek yetmez, önemli olan bu teorinin ayırt edici iddialarını doğrulayan olguları göstermektir. "Andromeda galaksisinde zürafalar yaşamaktadır" diye bir önerme kurarsak bu önermeyi de kimse yanlışlayamaz, oysa bu önermenin 'gözlemlenebilme' kriteriyle desteklenmesi için yanlışlanamaz olması yetmez, bu önermeyi destekleyecek gözlemlere ihtiyacımız vardır. Ernst Mayr'ın, Evrim Teorisi'ni savunmak için; evrimin uzun bir süreçte gerçekleştiği için gözlenemeyeceğini söylemesi, bu teorinin gözlemsel destekten yoksun olduğunun bir itirafı olarak anlaşılmalıdır.

Charles Darwin, tümüyle Baconcı ilkelere bağlı bir şekilde çalışmalarını gerçekleştirdiğini söylemiştir. Baconcı ilkelere göre bilimsel metot tümevarıma dayanmalıdır; tikel bir veya birkaç olgu gözlendikten sonra tümevarmakta acele edilmemelidir. Tikel gözlemlerin bir araya getirilmesi ile aşamalı bir şekilde tümevarıma ulaşılmalıdır. Darwin'in açıklamaları, bilgi teorisinde (epistemolojisinde) ve bilimsel metodolojisinde gözlemi ve tümevarımı benimsediğini göstermektedir, Baconcı ilkeleri takip ettiğini söyleyerek bu seçimini göstermiştir. Oysa yepyeni özellikleri olan bir cinsin oluştuğuna dair tek bir gözlem bile mevcut olmaması, Darwinci yaklaşımın Baconcı ilkelere uygun olduğu iddiasını zora sokmaktadır. Baconcı ilkelere uyan bir teoride şöylesi özellikler beklenmelidir; yepyeni özellikleri olan birçok farklı cinsin evrim ile oluştuğu gözlendikten sonra, bu gözlemlerden hareketle bütün türlerin ve cinslerin evrimleştikleri söylenmelidir. Tür içi varyasyonların veya birbirlerine yakın türlerin ortak atadan oluştukları ve birbirlerine değiştikleri, Evrim Teorisi'ni kabul etmeyen birçok düşünürün de benimsediği olgulardır. Bu yüzden kendi içinde çiftleşerek izole bir gen havuzu oluşturan arılar, Drosophilalar veya köpek türleri izole gen havuzları olan türlerin oluşumunun gözlemine örnek olarak verilebilir; fakat bunların hiçbiri teorinin asıl büyük iddiası olan yepyeni organların, yepyeni özelliklerin oluşumunun gözlemi olarak sunulamaz.

Evrim Teorisi'nin, türlerin bağımsız yaratılışına veya kökensel türlerden (cinslerden, familyalardan) diğer türlerin yaratıldığı fikrine karşı gözlemselliği temel kriter alan bir bakış açısından destek sağlaması için mutlaka bir cinsten, familyadan veya takımdan diğerine dönüşümün gösterilebilmesi gerekir. Olguculuğa dayanan bir bilgi anlayışı bu tip bir sürecin gözlemlenmesini, Baconcı ilkeler ise gözlenen süreçlerin çeşitliliğini ve tümevarım metodunun naif bir şekilde uygulanmamasını gerektirir. Örneğin suyun birçok defa ısıtıldığında kaynaması gibi gözlem olgularından hareketle "ısıtılan su kaynar" şeklinde basitçe ifade edilebilecek tümevarımsal fiziki bir ifadenin Baconcı kriterleri karşıladığı söylenebilir. Fakat canlılar tarihinin doğası, suyun kaynaması gibi kanatların oluşumunu veya canlılardaki radar sisteminin oluşumunu gözlemleme imkânı vermemektedir. Ernst Mayr gibi en ünlü evrimcilerin belirttiği gibi bu sürecin gözlemlenmesi mümkün değilse, gözlemci ve tümevarımcı bir bilimsel metot ve bilgi teorisi açısından Evrim Teorisi'nin gerekli desteği olmadığı söylenmelidir. Evrim Teorisi'nin ayırt edici iddiasını doğrulayan (*verification*) gözlemler mevcut değildir; Darwin'in atıf yaptığı, birçok tikel önermeden tümevarıma ulaşmayı tavsiye eden Baconcı metodoloji açısından bilimselliğin kriterlerini karşılayamamaktadır.

GÖZLEM, DENEY, ANALOJİ VE EVRİM TEORİSİ

Darwin, teorisini doğrulayacak olguları gözlemleyip tümevarıma ulaşamadığı için, bunun yerine tür içindeki değişimlerle, türden türe değişimler arasında analoji (benzerlik) kurmuştur. Örneğin hayvan yetiştiricilerini gözlerken, yetiştiricilerin damızlıkları seçme suretiyle çiftleşmeleri sağlamalarıyla, türün daha verimli hayvanlarının elde edilebileceğini tespit etti. Darwin'in teorisini ortaya koyarken çok önem verdiği bu gözleminde iki analoji vardır. Birinci analoji, hayvan yetiştiricileri (yapay seleksiyon) ile doğa (doğal seleksiyon) arasında kurulmuştur. İkinci analoji ise, bir türün içindeki ıslah faaliyeti sonucu oluşan değişim ile bir cinsten diğer cinse değişim arasında kurulmuştur. Analojinin bilimsel metot açısından kabul edilebilir bir akıl yürütme olduğunu ve Darwin'in birinci analojisinin doğru olduğunu kabul etsek bile, ikinci analoji yine de sorunludur. Darwin, analojik yaklaşımıyla şu şekildeki bir çıkarımı savunmaktadır:

1. Türlerin içinde bazı değişiklikleri gözlemliyoruz.
2. Demek ki bir cinsten, familyadan ve takımdan diğer bir cinse, familyaya ve takıma geçiş de mevcuttur.
3. Bu iki önermeden gözlenen, yani olgulara dayanan önerme birinci önermedir. Oysa Darwin'in iddia ettiği gibi teorisinin Baconcı ilkelere dayanması için ikinci önermede ifade ettiği olguların gözlenmesi gerekirdi.

Evrim Teorisi'ne karşı çıkanların bile kabul ettiği birinci maddede ifade edilen değişim, rakip teorilerce de savunulduğu için, Evrim Teorisi'ni destekleyen gözlemlerin bulunduğunu göstermez. İspinoz kuşlarının gagasının değişimi veya ineklerin daha çok süt vermesinin sağlanmasındaki değişim ile analoji kurularak, kuşların kanatlarının oluşumu veya memelilerin sütle yavrularını beslemelerinin evrimle oluşumu savunulamaz. Var olan organların farklılaşması ile canlının yepyeni organlar veya özellikler kazanması arasında çok büyük fark vardır. Günden güne değişen hava durumu yüksek ve alçak basınç alanlarıyla açıklanabilir. Ancak mevsimler arasındaki hava durumu farkını, günlük hava değişimlerine neden olan faktörler ile analoji kurarak açıklamaya kalkarsak hata yaparız. Mevsimlik hava değişimleri için astronomik olaylar gibi diğer faktörlerin ele alınması gerekmektedir. Türlerin yeni organlar kazanmaları gibi değişiklikler yapı değişikliğiyken, bir organın büyüklüğünde (ispinoz kuşları) veya renginde (pulkanatlı güveler) veya verimliliğindeki (hayvan yetiştiricilerinin yetiştirdiği ineklerde) değişiklikler dereceli değişikliklerdir. Bu yüzden Darwin'in derece açısından farklı değişikliklerle yapı açısından farklı değişiklikleri açıklaması bilimsel açıdan meşru bir analoji olamaz.

Canlılardaki yepyeni özelliklerin oluşum sürecini gözlemlemenin mümkün olmamasını Evrim Teorisi'nin eleştirmenleri bir hareket noktası yapmışlardır. Örneğin Jeremy Rifkin, şöyle demiştir: "Asgariden söylemek gerekirse, önümüzde utanılacak, şaşılacak bir durum vardır. Bir düşünce ki, bilimsel olduğunu söylüyor, ama bilimsel ölçüme elverişli olamıyor. Gözlemlenemiyor, yeniden türetilemiyor, ölçülemiyor. Ama savunucuları, hayatın başlangıcı ve gelişimi konusunda onun yüce ve çürütülemez bir gerçek olarak görülmesini istiyorlar!... O halde, bilimsel gözleme dayanmayan bu evrim görüşü kişisel bir inanç meselesi olmalıdır. Teori hakkında söylenebilecek en iyi şey, onun, hayatın nasıl geliştiğine dair birçok insanın paylaştığı, ne kanıtlanabilen ne de yanlışlanabilen bir inancı temsil ettiğidir."

Bazı ünlü felsefeciler de gözlemsel verilere dayandırılmadan Evrim Teorisi'nin savunulmasındaki soruna dikkat çekmişlerdir. Bunlardan biri olan Wittgenstein şöyle demiştir: "Örnek olarak Darwin teorisi hakkında yapılan yaygarayı ele alalım. Teoriyi destekleyen ve 'Tabii ki' diyen çevreler vardır, bir de 'Tabii ki hayır' diyen çevreler vardır. Hangi mantıkla 'Tabii ki' denilebilir? Tek-hücreli organizmaların zamanla daha karmaşık organizmalara dönüştükleri ve memeli hayvanlardan insanlara kadar geliştikleri düşüncesi savunuluyor. Peki, bu süreci gözlemleyen biri var mı? Hayır. Peki, bu süreci şu anda kimse gözlemliyor mu? Hayır. Yapılan gözlemler bir damla suyun kızgın bir taşa damlatılması gibi. Buna rağmen binlerce kitapta bu teorinin akla en yatkın çözüm olduğu yazmaktadır. İnsanlar çok zayıf kanıtlara rağmen bu teorinin doğruluğundan emin. 'Bilmiyorum, bu ilginç bir hipotez ama daha fazla güçlendirilmesi gerekir' gibi bir tutum savunulamaz mıydı? Bu, nasıl herhangi bir şeye ikna olunabileceğini gösteriyor. Sonunda cevapsız kalan sorular unutuluyor ve kişiler bunun mutlaka böyle olduğuna kanaat getiriyorlar."

Bilgi teorisindeki yaklaşımları açısından gözlemi ve tümevarımı bilimsel bilginin yegane kaynakları olarak kabul eden bir yaklaşımı savunanlar, Evrim Teorisi'nin bilimsel kriterleri karşılamadığını kabul etmek zorundadırlar. Ben, bilimin kriterlerini sırf gözlem ve tümevarıma indirgeyen yaklaşımın sığ olduğu kanaatindeyim. Bu yüzden bu kriterleri Evrim Teorisi'ni reddetmenin temeli yapmaya da karşıyım. Ama Evrim Teorisi'nin bahsedilen kriterleri karşıladığını söyleyen geniş bir kitlenin hatalı olduğu da gözükmektedir.

DOĞAL SELEKSİYON VE MUTASYONLAR İLE TÜRLERİN OLUŞUMU AÇIKLANABİLİR Mİ?

Darwin'e göre, yeni türlerin oluşması için gerekli hammaddeyi popülasyonun bireylerinde meydana gelen ve kalıtım yoluyla aktarılan değişiklikler oluşturur. Daha sonra çevreye uymalarında kendilerine avantaj sağlayan değişikliklere sahip olan bireyler yaşarken, bu değişikliklere sahip olmayan bireyler doğal seleksiyon sonucunda yok olurlar.

Darwin'in yaşadığı dönemde genetik bilimi henüz doğmamıştı. 1920'li yıllardan sonra genetikteki gelişmelerle Darwin'in Evrim Teorisi birleştirildi ve Yeni-Darwinizm ortaya çıktı. Günümüzde Evrim Teorisi ve Darwinizm ifadeleri genelde Yeni-Darwinizm ile özdeşleşmiştir ve bu ifadelerin biri diğerinin yerine kullanılmaktadır. Yeni-Darwinistler, genetikteki değişimlerin en çok DNA'nın kopyalanması sürecinde gerçekleşen mutasyonlarla oluştuğunu ve bu mutasyonların, Darwin'in dikkat çektiği canlılardaki yeni değişimleri oluşturduğunu söylerler. Mutasyonlarla canlılarda yeni değişimlerin oluşması ve çevreye uyum sağlayamayan canlıların doğal seleksiyon sonucunda elenmesinin, bütün var olan canlı türlerinin oluşum mekanizması olduğu, Yeni-Darwin-izm'in en klasik Evrim Teorisi tarifidir. Bu tariften de anlaşılacağı gibi Evrim Teorisi'nin en temel mekanizmaları mutasyon ve doğal seleksiyondur.

Daha önce belirtildiği gibi Evrim Teorisi'nin diğer görüşlerden ayırt edici özelliği; bütün türlerin, cinslerin, familyaların, takımların birbirlerinden oluştuğunu dile getirmesidir. Bu yüzden doğal seleksiyonun ve mutasyonun canlılar dünyasında önemli olduğunu göstermek, Evrim Teorisi'nin bir delili sayılamaz. Evrim Teorisi'ne karşı çıkan birçok kişi de mutasyonların ve doğal seleksiyonun önemini kabul etmekte hiçbir güçlük çekmeyecektir. Canlılar dünyasında mutasyonların ve doğal seleksiyonun hiçbir önemi olmadığını söyleyecek aklı başında hiçbir biyolog da felsefeci de bulunmamaktadır. Geçmişte dinozorların yok olduğu gibi, gelecekte pandalar da yok olurlarsa bu bir doğal seleksiyon olur. Doğadan bir canlı türünün yok oluşu elbette önemlidir, ama hiçbir türün yok oluşu, yepyeni özellikleriyle bir türün nasıl oluştuğu için bilimsel bir delil sunmaz. Evrim Teorisi'ni savunan kitaplarda, sıkça yapılan bir mantık hatasını şu şekilde gösterebiliriz:

1. Evrim Teorisi'nin mekanizması doğal seleksiyondur (veya mutasyondur).
2. X olayı doğal seleksiyonun (veya mutasyonun) varlığını (veya önemini) gösterir.
3. Bu da bize Evrim Teorisi'nin doğruluğunu ispatlar…

Bu mantık örgüsünde özellikle ikinci maddedeki önermeye dikkat edilmesi gerekmektedir. Bu ikinci maddenin doğruluğu aslında üçüncü maddedeki önermenin doğruluğunu ispat edecek mahiyette değildir. Oysa tutarlı bir akıl yürütmede, öncüller doğruysa sonucun da doğru olması gerekmektedir. Birinci maddede de görüleceği gibi, asıl iddia edilen; doğal seleksiyonun ve mutasyonun varlığı değil, bu mekanizmaların bütün canlı türlerinin tüm özelliklerinin oluşumuna sebebiyet verdiğidir. Bu yüzden ikinci önermede doğal seleksiyonun ve mutasyonun varlığının değil, bu mekanizmalarla yepyeni özellikli canlıların oluştuğuna dair deliller verilebilseydi ancak üçüncü maddedeki sonuç önermesine ulaşılabilirdi. Oysa Evrim Teorisi'nin anlatıldığı ders kitaplarında; bu mekanizmaların varlığı, Evrim Teorisi'nin gözlemsel delillere sahip olduğu gibi aktarılmaktadır.

Bu mantık yanlışını daha iyi anlamak için benzer bir yanlış kurgu oluşturmamız konunun daha iyi anlaşılmasına katkıda bulunacaktır. "Ahmet 1.000 metre sıçradı" önermesini ele alalım ve bunu şu şekilde formüle ederek ispat etmeye çalıştığımızı düşünelim:

1. Ahmet 1.000 metre yukarı sıçramayı sağlıklı ayaklar ve bir çift lastik ayakkabı ile becermiştir.
2. Ahmet'in ayakları sağlıklıdır ve bir çift lastik ayakkabısı vardır.
3. Demek ki Ahmet 1.000 metre yukarı sıçramıştır.

Bu formülasyondaki hatayı hemen görebiliriz. Birinci önermede Ahmet'in iddia edilen zıplamayı gerçekleştirmede kullandığı araçlara dikkat çekilirken, ikinci maddede sadece bu araçların var olduğunun gösterilmesi, bu zıplamanın yapıldığının delili sayılmıştır. Oysa önemli olan bu araçların varlığının değil, Ahmet'in bu araçları kullanarak 1.000 metre yukarı sıçrayacak kapasiteye erişebileceğinin gösterilmesidir. Hayata dair sıradan bu tip bir olayda bu mantıksal yanlış kolayca fark edilebilmesine karşın, Evrim Teorisi'ni anlatan kitaplarda bu yanlışın, birçok kişi tarafından fark edilemediğine tanık olmaktayız.

PULKANATLI GÜVELER, İSPİNOZ KUŞLARI VE DOĞAL SELEKSİYON

Darwin '*Türlerin Kökeni*' adlı kitabında, Evrim Teorisi'nin en temel mekanizması olarak gördüğü doğal seleksiyonu, hayvan yetiştiricilerinin yapay seleksiyonuyla analoji kurarak açıklamaya çalışmıştı. Doğada türlerin ve cinslerin oluşumunda rol alan bir doğal seleksiyon vakası gözlemleyememişti. Daha sonra 'pulkanatlı güveler' (*peppered moths*) ile ilgili gözlem, doğal seleksiyonla türlerin evriminin oluştuğuna dair en önemli gözlemsel kanıt olarak ileri sürüldü. Buna göre İngiltere'deki sanayileşme sürecinden önce beyaz renkli güveler çoğunluktaydı. Daha sonra, sanayi bölgelerinin bacalarından çıkan kurum, ağaçlardaki likenleri koyulaştırmıştır ve beyaz renkli güveler belirgin olarak görülmeye başlamışlardır. Kuşlar, beyaz renkli güveleri daha rahat görüp avlayabildikleri için, koyu renkli güveler 'yaşam mücadelesi'nde üstünlük kazanmışlar ve sayıları çoğalmıştır. Biyoloji ders kitaplarının birçoğunda güveler ile ilgili bu gözlem, doğal seleksiyon yoluyla evrimin oluştuğu anlatılırken kullanılan en önemli delildir. Kettlewell'in, güvelerdeki bu 'endüstriyel alacalığı', canlıların evriminde gözlenmiş en çarpıcı delil olarak sunduğunu belirtmek faydalı olacaktır. Kettlewell, '*Scientific American*'da çıkan bir makalesinde, bu sonucu, "Darwin'in kayıp kanıtını bulmak" olarak niteledi.

Kettlewell'in pulkanatlı güveler üzerindeki gözlem ve deneylerine sonradan birçok eleştiri yapıldı. Eğer doğal seleksiyon koyu renkli güveleri endüstriyel bölgelerde hakim kılıyorsa, Manchester şehri gibi endüstriyel kirliliğin olduğu bir bölgede de bunun gözlenmesi gerekiyordu, ama sonuç bundan farklıydı. Kettlewell'in açıklamalarına ters bir şekilde endüstriyel kirliliğin olmadığı Doğu Anglia ve Galler bölgesinde de koyu renkli güvelerin oranı yüksekti. Ayrıca Kettlewell'in deneylerinin güvelerin doğal yerleşim alanlarında yapılmadığı anlaşıldı. Pulkanatlı güveler geceleri uçar ve normalde gün ağarmadan ağaçlarındaki dinlenme yerlerine giderler, oysa yapılan deneylerde güveler açıkta bırakılıp kuşlara hedef yapılmışlardı. Finlandiyalı hayvanbilimci Mikkola, 1984 yılında, pulkanatlı güvelerin, ağaçların üst kısımlarındaki küçük dalların altını mesken edindiklerini, ancak çok ender durumlarda ağaç gövdelerini mesken tuttuklarını gösterdi. Oysa biyoloji kitaplarının birçoğunda, pulkanatlı güveler, ağaç gövdelerinde, kuşların avlanmasına açık hedef olarak gösterilmektedirler. Biyolog Bruce Grant'a göre, Kettlewell'in deneyinin en zayıf yönü, gece uçan güveleri gündüz serbest bırakmasıdır. Chicago Üniversitesi'nden Jerry Coyne, derslerinde öğrettiği pulkanatlı güveler ile ilgili 'delilin' kusurlu olduğunu 1998 yılında anlayınca, hayal kırıklığını şöyle ifade etti: "Benim tepkim, altı yaşında olduğumda, bana hediye getirenin Noel Baba değil de babam olduğunu öğrendiğimde içine düştüğüm dehşete benzemektedir." Sonuçta bu tip tartışmalı unsurlara rağmen, beyaz renkli güvelerin daha rahat avlandıklarından dolayı yok olduklarını, koyu renkli olanların varlıklarını daha rahat devam ettirdiklerini anlatan bu örnek oldukça mantıklı gözükmektedir. Bu örnekle ilgili bazı sorunlar ister olsun olmasın, doğada buna benzer doğal seleksiyon olgularının olduğunu rahatlıkla söyleyebiliriz.

Evrim Teorisi'ni savunanların ayırt edici iddialarını iyi tespit edemezsek, bu teorinin bilim felsefesi alanında ileri sürülen kriterlere ne kadar uyduğunu da iyi tespit edemeyiz; çünkü bu teoriyi ispat ettiği söylenen delillerin doğru değerlendirmesini yapmamız mümkün olamaz. Örneğin, birçok biyoloji kitabında Darwin'in ispinozları (*Darwin's finches*) olarak da isimlendirilen ispinoz kuşları ile ilgili olarak ileri sürülen görüşleri ele alalım. Darwin, Beagle seyahatinde bu kuşları gözlemlemiştir. İspinoz kuşlarının, farklı alt-türlere ayrıldığı, birbirlerinden değişik gaga biçimleriyle değişik gıda kaynaklarından yararlandıkları gösterilmiştir. Farklı gıda kaynaklarına değişik gagalarıyla uyan türler, doğal seleksiyon ile canlıların çevreye uyumunun bir delili olarak sunulmuşlardır. Evrim Teorisi'nin delili olarak ileri sürülen bu delil aslında bu teorinin ayırt edici bir delili değildir. Bu delil, ancak Linnaeus'un ilk başlardaki 'türlerin sabitliğinin' hiç değişmediği fikrine karşı bir kanıt olarak sunulabilir. Buffon'un kökensel türlerden değişimle ve Mendel'in melezleşme yoluyla türlerin oluştuğuna dair görüşlerine karşı bu delil hiçbir şey ifade etmez. Nitekim melezleşme yoluyla yeni ispinoz türlerinin oluştuğu gösterilmiştir. Buna göre, ispinoz kuşları zamanla alt-türlere ayrılmamış; fakat değişik bir türün nüfusuyla karışarak (at ve eşeğin çiftleşmesiyle katırın oluşması gibi) yeni türler oluşturmuşlardır.

Pulkanatlı güveler ve ispinoz kuşlarıyla ilgili gözlem ve deneyler üzerine birçok tartışma vardır. Fakat bu tartışmaları tamamen bir kenara bırakıp, bunlar ile ilgili ileri sürülenlerin tamamen doğru olduğunu düşünelim. Bu durumda da bu deliller, canlıların yepyeni özelliklerinin mutasyonla ve doğal seleksiyonla oluştuklarının kanıtları olamaz. Evrim Teorisi'nin doğruluğunu tartışanlar, biyoloji kitaplarındaki ispinoz kuşları ve pulkanatlı güveler gibi 'delilleri' ele alıp tartışma konusu yapmaktadırlar. Oysa bunların doğruluğundan veya yanlışlığından daha önemlisi; bunlar doğru olsalar bile bahsettiğimiz önemli hususların doğruluğunu ispat edecek mahiyette olmadıklarıdır. Daha önce vurgulandığı gibi, Evrim Teorisi'ni kendi dışındaki görüşlerden ayırt eden temel özelliği; bütün türlerin, cinslerin, familyaların, takımların bütün özelliklerinin birbirlerinden evrimleşmek suretiyle oluştuğunu iddia etmesidir. Oysa pulkanatlı güveler ile ilgili gözlemde, bu güvelerden belli bir renkte olanın diğerine göre oranının değişmesi söz konusudur. Hiçbir şekilde bu gözlem, ne pulkanatlı güvenin oluşumunu, ne de pulkanatlı güveden herhangi yeni özellikli bir canlının oluştuğunu göstermektedir. Türlerin her birinin ayrı ayrı yaratıldığını kabul edenler de türlerin bireylerinin birbirlerinden farklı olduğunu zaten kabul etmektedirler. Bu yüzden türlerin bazı bireylerini eleyip, bazı özelliklere sahip bireylerinin oranını arttıran bir mekanizma; türlerin birbirlerinden bağımsız yaratıldıklarını savunanlarca da kabul edilebilir. Zaten farklı insan ırklarının tek bir çiftten türediğini veya farklı köpeklerin melezlenmesi yoluyla büyük çeşitlilik elde edilebileceğini kabul eden anlayış, türün kendi içinde farklı varyasyonları oluşabileceğini veya yakın türlerin ortak bir atadan gelebileceğini rahatça kabul edebilir. Bundan dolayı, ispinoz kuşlarının zaman içinde alt-türlere veya yakın türlere dönüşmesini, türlerin bağımsız yaratılışını savunanlar da rahatça kabul edebilirler. Pulkanatlı güveler olsa olsa doğada, 'doğal seleksiyon'un işleyen mekanizmalardan biri olduğunu gösterebilir.

Daha önce belirtildiği gibi doğal seleksiyonun varlığının, bütün türlerin tüm özelliklerinin doğal seleksiyon mekanizması yoluyla evrimleştiklerini gösterdiğini ileri sürmek mantık açısından hatalıdır. Verdiğim benzetmede, Ahmet'in sağlıklı ayakları ve lastik ayakkabıları olduğunu ispat etmenin, Ahmet'in 1.000 metreye zıpladığını ispat ettiğini sanmak ne kadar hatalıysa; doğal seleksiyonun varlığını göstermenin, bilimsel açıdan bütün türlerin farklı özelliklerinin de bu mekanizmayla oluştuğunu ispatladığını sanmak da buna benzer bir yanlıştır.

SİRKE SİNEKLERİ VE MUTASYONLAR

Doğal seleksiyon ile var olan türlerin çevrelerine nasıl uyum sağladığı ve canlıların niçin 'tasarımlı gibi' gözüktüğü açıklanmaya çalışılır. Çevreye uyum sağlayamayan ve 'tasarımlı gibi' gözükmeyen canlıların doğal seleksiyon ile elenmesi, var olan türlerin çevreye uyumlu olmasının ve 'tasarımlı gibi' gözükmelerinin sebebi olarak sunulur. Göründüğü gibi doğal seleksiyon aslında var olan türlerin nasıl ürediğinden ziyade, çevreye uyumsuz ve ucube görünümlü canlıların neden gözlenemediğini açıklamakta kullanılan bir mekanizmadır. Doğal seleksiyonun elemesi için gerekli hammaddeyi sağlayan ise genetikteki değişikliklerdir. Canlının genetiğinde oluşan değişikliklere mutasyon denir ve mutasyonlar; laboratuvar ortamında, hızlı üreme avantajları gibi sebeplerle özellikle sirke sineği (Drosophila) üzerinde, X ışını vermek gibi müdahaleler ile gözlemlenmiştir. Hiçbir canlının üzerinde, mutasyon ile ilgili deney ve gözlemler, sirke sineğindeki kadar çok uygulanmamıştır. Sirke sineğinden her yıl birçok yeni kuşak elde edilir ve bir çifti yüzlerce yavru verebilir.

Sirke sineğiyle yapılan deneylerin önemi yüzünden, Evrim Teorisi'ni anlatan kitapların çok büyük bir kısmında sirke sineğiyle ilgili laboratuvar çalışmalarına yer verilir. Evrim Teorisi'nin gözlemsel ve deneysel verilerle desteklenmediğine dair itirazlara, eğer gözlemsel ve deneysel verilerin var olduğuna dair bir cevap verilecek olsaydı, bu cevabın sirke sinekleriyle yapılan deneylerden gelmesini beklemek doğal olurdu. Biyoloji kitapları sirke sineğinin, mutasyon sonucu, iki kanadının dört kanada çıkan bazı bireylerine yer verirler. (Söz konusu ekstra kanatlar, dengeyi sağlayan bir çift organ yerine oluşur. Dört kanatlılığa sebep olan bu mutasyon, denge organlarının oluşumunu tetikleyen dizi yerine kanat oluşumunu tetikleyen diziyi aktifleştirir, bu sebeple kanat oluşturma dizisi çalışmaması gereken bir durumda fazladan tekrar çalıştırılarak yeni bir çift kanat üretir.) Oysa bu kanatlar işlevsel değildir, ilave kanatların uçmayı sağlayacak kasları yoktur. Bu yüzden bu kanatlar canlıya dezavantaj getirmektedir. İki başlı veya üç kollu bir insan nasıl sakat oluyorsa, X ışınlarıyla radyasyona uğratılıp yeni doğan bireylerinde fazladan kanatlar oluşan sirke sinekleri de sakat olmaktadır. Jonathan Wells'in benzetmesine göre dört kanatlı sirke sineğinin kanatları, uçak gövdesinden sarkan işe yaramayan bir çift gevşek kanada benzemektedirler. Bu uçak belki yere inebilir, fakat uçuş kabiliyeti kusurludur. Dört kanatlı sirke sinekleri üreme zorluğu çekerler ve laboratuvar ortamında muhafaza edilmezlerse, sirke sineği türünün içinde yok olurlar.

Sirke sineği üzerinde yapılan deneylerde, mutasyona uğratılan sirke sineklerinin vücut ve göz renginin değiştiği, vücut büyüklük ve şeklinde farklılaşma olduğu gözlemlenmiştir. Fakat yepyeni özellikleri olan bir cinsin oluşumu gözlemlenmemiştir. Bir canlıya sadece avantaj sağlayacak (faydalı) bir mutasyon da, Evrim Teorisi için bir delil niteliği taşımayacaktır. Örneğin daha önce incelediğimiz koyu renkli pulkanatlı güveler bir mutasyon sonucu oluşmuş ve bu mutasyon onların kuşlar tarafından yenmemesi için faydalı olabilir. Bazı bakterilerin antibiyotiğe karşı direnci de yararlı bir mutasyonla açıklanabilir. Evrim Teorisi'nin büyük iddiası bütün türlerin tüm özelliklerinin mutasyon ve doğal seleksiyon ile açıklanmasıdır. Bu yüzden, yepyeni işlevsel bir organ gibi bir özellik oluşturan mutasyonların gözlenmesi ancak Evrim Teorisi'nin bu büyük iddiasının ciddi bir delili olarak savunulabilir. Bir canlının renginin değişmesi veya var olan bir kanadının fazladan bir kopyasının oluşması, Evrim Teorisi'nin büyük iddiasını temellendirecek bir delil olarak sunulamaz.

Mutasyonlar ile ilgili deneylerin sunumunda da doğal seleksiyon ile ilgili gözlemlerin sunumundaki mantıki hata yapılmaktadır. Önce doğal seleksiyonun ve mutasyonların Evrim Teorisi'nin mekanizmaları olduğu söylenmektedir. Sonra bu mekanizmaların sadece var olduğu gösterilmek suretiyle Evrim Teorisi'nin büyük iddiası delillendirilmiş gibi sunumlar yapılmaktadır. Oysa "Doğada doğal seleksiyon vardır" veya "Mutasyon sonucu canlılarda değişiklikler olur" önermeleri ile "Bütün canlıların tüm özelliklerini açıklayan evrimin mekanizması doğal seleksiyondur" ve "Bütün canlıların tüm özelliklerini açıklayan evrimin mekanizması mutasyondur" önermeleri arasında çok büyük fark vardır. Bu önermelerin ilk ikisinin ispatının, sonraki iki önermenin ispatı gibi gösterilmesi yanlıştır. Bu mekanizmaların varlığına dair gözlemler, Evrim Teorisi'nin büyük iddiasının gözlemlere dayandığının delili olarak kabul edilemez. Bu yüzden, Evrim Teorisi'nin deney ve gözlemlerle temellendirilemediğini savunan bilim insanları ve filozoflar haklıdırlar. Bu gözlemler, Linnaeus'un türlerin sabitliğine ve türlerin yok olmadığına dair fikirlerine karşı kullanılabilir. Bazı bilim insanları, Evrim Teorisi'nin alternatifi sadece Linnaeus'un görüşleriymiş gibi sunarak; açık bir hakikat olan ve türlerin sabit olmadığını gösteren gözlem ve deneyleri, Evrim Teorisi'nin bilimselliğin tüm kriterlerini mükemmel şekilde karşılaması olarak sunmaktadırlar. Oysa günümüzde Evrim Teorisi'ni eleştiren ve reddeden biyologların hemen hepsi de Linnaeus'un türlerin sabitliğiyle ilgili fikirlerini de kabul etmemektedirler (Linnaeus'un kendisi de yaşamının son döneminde kısmen fikirlerinde düzeltmeler yapmıştır). Sonuçta Evrim Teorisi'nin, temel iddialarının deneysel ve gözlemsel desteğe sahip olduğuna dair iddiayı kabul etmek için herhangi bir sebep bulunmamaktadır. Bu arada türlerin bağımsız yaratılışı veya herhangi başka bir görüşün de deneysel ve gözlemsel desteği yoktur. Hiç kimse bir arının (veya herhangi bir canlının), diğer türlerden bağımsız yaratıldığını da, tamamen farklı bir türden adım adım mutasyonların ve doğal seleksiyonun yardımıyla ortaya çıktığını da deneysel veya gözlemsel olarak gösterememektedir.

YASALAR VE EVRİM TEORİSİ: DOLLO VE COPE YASALARI

Evrimin yasaları olup olmadığı, eğer yasaları varsa bunların fizikteki birçok yasa gibi mutlak mı yoksa olasılıksal mı olduğu tartışması; Evrim Teorisi'ni kabul edenler ile reddedenlerin arasında olduğu gibi, Evrim Teorisi'ni kabul edenlerin kendi aralarında da yapılmaktadır. Evrim Teorisi'nin ortaya konduğu dönemdeki ideal bilim örneğini, fiziğin, özellikle de Newton fiziğinin oluşturduğuna dair inanç yaygındı. Bu yüzden bu ideal bilim örneğine yaklaşmak için, matematiksel verilere dayanmak ve yasalarla ifade etmek, arzu edilen bir amaçtı.

Böyle bir arzuyla bazı 'evrim yasaları' olduğunu söyleyenler oldu. Bunlardan biri Dollo Yasası'dır. Dollo Yasası'na göre evrim geriye dönmez. Böyle bir evrim yasasının ileri sürülmesi, bazılarınca, evrimin bilinçli bir şekilde yönlendirildiğinin, eğer tesadüfi bir evrim oluşsaydı, evrimin geriye dönmemesinden bahsetmenin anlamsız olacağı şeklinde yorumlanmıştır. Richard Dawkins ilerlemeci, tek yönlü bir evrim oluştuğuna dair yaklaşımları 'idealist saçmalıklar' olarak niteler ve "Evrimdeki genel eğilimlerin tersine dönmemesi için hiçbir neden yoktur" der. Diğer yandan Dawkins, doğada iki defa aynı oluşumun gerçekleşmesinin imkânsız olduğunu söyleyerek, Dollo Yasası'nı genelde haklı bulmaktadır, fakat bu yasanın deneysel olarak doğrulanamayacağını da şöyle ifade etmektedir: "Ayrıca bu yasa, doğada deneyebileceğimiz bir şey de değil, ancak matematiksel olasılık hesaplamalarıyla kolayca Dollo Yasası'na varabiliriz. İşte bu nedenle, bir evrimsel patikadan iki kez geçme olasılığı da çok çok düşüktür." Dawkins'e göre, evrimin Dollo Yasası'na uyması için bir sebep yoktur, istatistiki açıdan ise bu yasanın genelde doğru çıkması beklenmelidir.

Oysa Dawkins'in kendisi, doğal seleksiyonun maharetine atfederek, yankı ile yön bulmanın, hem yarasalarda, hem iki farklı kuş grubunda, hem balinalarda, hem de bazı başka hayvanlarda birbirlerinden bağımsız şekilde evrimleştiğini anlatır. Yani bu canlılar, bu özelliği ortak bir atadan almamalarına rağmen, doğada bu özellik, birbirinden bağımsız şekilde defalarca ortaya çıkmıştır. Bu da Dawkins'e şu sorunun yöneltilmesini gerekli kılmaktadır: Evrimsel patikadan iki kez geçme olasılığı çok çok düşükse, nasıl olur da yankıyla ses bulmak gibi çok kompleks bir özelliğin doğadaki birçok canlıda birbirlerinden bağımsız şekilde tesadüfen oluştuğunu düşünebiliriz?

Dawkins'in de belirttiği gibi Dollo Yasası'nın doğruluğunu gösterecek bir deney mümkün değildir. Üstelik tesadüfi bir evrim oluştuğunu iddia edenler, evrimi sadece genlerde rastgele oluşan mutasyonlara ve doğal seleksiyonun uyumsuz canlıları elemesine bağladıkları için, böyle bir yasayı kabul edemezler. Fakat Dawkins'in de belirttiği gibi evrimde aynı yolun iki defa izlenmesi istatistiksel açıdan mümkün gözükmemektedir. Bu da bilimsel kriterler açısından Dollo Yasası diye biyolojik bir yasanın varlığının ispat edilemediği, fakat istatistiksel açıdan bu yasanın öngördüğü sonuçların aynısının, tesadüfi bir evrimi savunanlarca umulması gerektiği anlamını taşır. Oysa, doğada, yankı ile yön bulma, kanatlar ve gözler gibi birçok kompleks özelliğin canlılarda birbirlerinden bağımsız olarak birden çok defa geliştiğini Evrim Teorisi'ni savunanların hemen hemen tümü ifade etmektedir. Biyolojide bu fenomen "convergent evolution" ("daralan evrim" diye Türkçeye çevrilmiştir) olarak anılmaktadır. Ateist evrimciler bile, örneğin kuşların uçma özelliğini, böceklerin uçma özelliğini ve memelilerin uçma özelliğini ortak bir atadan elde ettiklerini söylemez. Bu da ortak bir atadan mirasla açıklanamayacak bu özelliklerin, canlılarda defalarca oluşması demektir. Bu sonucun her türlü Evrim Teorisi açısından sorun olduğunu söylemek yanlış olur, fakat ateist bir Evrim Teorisi açısından, bu olgu çok büyük bir sorundur. Bilinçli bir yaratılışla birleştirilen Evrim Teorisi için 'istatistiki imkânsızlık' sorun olmaz, çünkü 'bilinçli yaratma' evrimin gerçekleşmesini sağlar. Oysa tesadüfi bir Evrim Teorisi savunulursa, bir kere bile ortaya çıkması olasılık hesabı açısından imkânsız olan özelliklerin, birbirlerinden bağımsız olarak defalarca ortaya çıkması matematiksel olarak açıklanamaz. Bu konuyu kitabın 'tasarım delili' isimli bölümünde daha ayrıntılı bir şekilde ele alacağım.

Varlığı savunulmuş diğer bir Evrim Yasası ise Cope Yasası'dır. Bu yasaya göre, evrim ilerledikçe canlıların vücut büyüklüğü artma eğilimindedir. Oysa fosillerden, dinozor gibi birçok dev cüsseli canlının yok olduğunu biliyoruz, bunlara karşı birçok tekhücreli bakteri ise günümüzde yaşamaktadır. Buna karşılık, biyolojide mutlak kanunların olmadığı, ancak olasılıksal kanunların bulunduğu ve Cope Yasası'nın %70'lik bir oranda doğru olduğu söylenebilir. Cope Yasası'nın bir yorumuna göre, gıda kaynaklarından daha iyi faydalanmak gibi, büyük bedenlerin evrimsel avantajları vardır. Bu da daha büyük bedenlerin neden doğal seleksiyon tarafından seçildiğinin ve daha çok yavru ürettiklerinin bir açıklamasıdır.

Zaman olarak sonradan var olan canlıların neden daha büyük bedenli olduğu, genelde büyük bedenlilerinin daha küçük bedenli canlıları yedikleri, "Büyük balık küçük balığı yer" sözünde ifade edildiği gibi, büyüğün küçükle beslenmesinin -istisnası çok olan- genel bir durum olduğu söylenebilir. Fakat, türlerin bağımsız yaratılışını savunanlar da, canlıların besleneceği ekolojik ortam oluştuktan sonra diğer canlıların yaratıldığını söyleyerek, Cope Yasası'nı kabul edebilirler. O zaman, Cope Yasası'nı Evrim Teorisi'nin bir yasası olarak görmek için bir sebep yoktur. Bu yasa, canlıların Dünya'daki ortaya çıkış sırasında, genelde önce küçük, daha sonra büyük bedenlilerin kendini gösterdiğini söyler. Canlıların, 'bilinçli bağımsız yaratılışla', 'evrimsel tesadüfi oluşumla' veya 'evrimsel bilinçli yaratılışla' meydana geldiğini savunanların her biri, bu olasılıksal yasanın doğruluğunu kendi inancıyla bağdaştırabilir.

Bu farklı görüşlerden birini diğerinin aleyhine olacak şekilde desteklemediği için, bu yasa, Evrim Teorisi'nin bir yasası olarak görülemez. Üstelik birçok istisnası olan Cope Yasası'na olasılıksal anlamda bile bir yasa demek için büyük güçlükler bulunmaktadır.

DOKUZUNCU BÖLÜM:

"EVRİM KURAMI"NIN ÖNGÖRÜ-LERİ

ÖNGÖRÜ VE EVRİM TEORİSİ

Birçok bilim felsefecisi, başarılı bir teoriden beklenen en önemli özelliklerden birinin teorinin öngörülerde bulunabilmesi olduğunu ifade etmişlerdir. Oysa uzun bir tarihsel süreçle ilgili olan Evrim Teorisi ile hiçbir öngörüde bulunulamaz. Örneğin tamamen izole bir adaya kurbağa, kelebek, fare, timsah gibi birçok canlıyı alıp bıraktığımızı düşünelim. Evrim Teorisi'ne dayanarak bu canlılardan hangi tür bir canlının türeyeceğine dair bir iddiada bulunulamamaktadır. Hiç kimse bu canlılardan "Şu kadar yıl sonra at, şu kadar yıl sonra insan, şu kadar yıl sonra bir kuş oluşur" diyemez. Bazıları cevap olarak, evrim çok uzun sürede oluştuğu için, böyle bir öngörünün gerçekleştirilemeyeceğini söyleyebilir. Bu savunma, Evrim Teorisi'nin yanlışlanamayacağının bir ifadesi olabilir, ama diğer yandan Evrim Teorisi'nin öngörülerinin gözlenmesi suretiyle doğrulanmasının da mümkün olmadığı anlamına gelir. Buradaki sorun aslında bundan da fazladır. Evrim Teorisi'ne dayanarak, adaya konulan canlılardan, bir milyon yıl sonra bir fil oluşacağı söylenirse, bu öngörü, doğrulanması mümkün olmayan bir niteliktedir; oysa Evrim Teorisi'ne dayanarak gözlenmesi mümkün olmayan bu tip bir öngörüde bulunmak bile mümkün değildir. Çünkü Evrim Teorisi'nin yasaları yoktur ve matematiksel ifadeleri olan yasalar olmadan bir öngörüde bulunmak mümkün değildir.

Evrim Teorisi'nin yasaları ve matematiksel bir modelinin bulunmaması, gözlem ve deneye dayanmamasından daha büyük bir sorundur. Astronomide de gözlenemeyecek olan birçok olgu ele alınır, fakat eldeki yasaların matematik modellemeye elvermesi sayesinde gelecek hakkında tahminlerde bulunulabilir. Örneğin, her şey aynı şekilde devam ederse, milyarlarca yıl sonra uzayda hiçbir ışığın kalmayacağı, tüm yıldızların yok olup, yerlerine hiçbir yıldızın oluşamayacağı bir duruma gelineceği söylenebilmektedir. Fakat bahsedilen şekilde bir adada, her şey aynı şekilde devam ederse, farenin bir gün insan veya sincap olacağı şeklinde bir öngörüde bulunmak mümkün değildir. Çünkü canlılardaki değişimlerin hangi yasalar çerçevesinde gerçekleştiğine dair Evrim Teorisi'nin söyleyebildiği bir sözü yoktur. Bu, biyoloji alanında fizikteki gibi yasalara sahip olamamaktan kaynaklanan bir durumdur.

Eğik atışın bir yasası vardır, bu yasaya dayanarak atılan bir cismin nereye düşeceğini belirlemek mümkündür. Hidrojenin hangi miktarı, ne kadar miktarda oksijenle birleşirse ne kadar su oluşacağı da tespit edilebilir. Oysa Evrim Teorisi'nin türlerin nasıl oluştuğu ile ilgili hiçbir yasası yoktur. Evrim Teorisi'nin, bilim felsefesinde önemine atıf yapılan 'öngörüde bulunabilme' kriterine dayalı bir üstünlüğünün olması için, 'ayırt edici iddiaları'nı doğrulayacak yasalara sahip olması ve onlarla öngörülerde bulunması lazımdır. "On yıl sonra, timsahlar bütün kurbağaları yiyecek ve kurbağalar doğal seleksiyon neticesinde yok olacaklardır" şeklinde yapılacak bir öngörü gözlenebilse bile, Evrim Teorisi'ne dayanılarak yapılan bir öngörünün doğru çıktığı söylenemez. Çünkü daha önce ifade edildiği gibi, doğal seleksiyonun varlığı değil, doğal seleksiyona dayanarak yeni türlerin oluşumunun izah edilmesi Evrim Teorisi'nin ayırt edici özelliğidir. "On yıl sonra kurbağalar bukalemun olacak" iddiası gözlenmesi mümkün Evrim Teorisi'nin bir öngörüsü, "Bir milyon yıl sonra kurbağalar bukalemun olacak" iddiası ise gözlenmesi mümkün olmayan Evrim Teorisi'nin bir öngörüsü olabilirdi; fakat biyolojinin bu önemli teorisine dayanarak bu iki önermeye benzer hiçbir öngörüde bulunulamamaktadır.

Ernst Mayr, bilimde olasılıkçı yorumların arttığını, bunun Evrim Teorisi açısından önemli olduğunu, biyolojide fizikteki gibi yasaların değil genellemelerin olduğunu söylemektedir. Darwin'in '*Türlerin Kökeni*'nde, 100'den fazla kez yasa (*law*) kelimesini kullandığını, 19. yüzyılın sonuna dek biyologların, biyolojik olguları yasayla açıklamaya çalıştıklarını vurgulamaktadır. Ernst Mayr, fizikteki anlamda yasaları savunmanın Evrim Teorisi'ni nasıl zora sokacağını görmektedir. Mutlak bir yasa, tek bir olgunun yasayı yanlışlamasıyla bile inkar edilebilir. Tek bir olgu tümevarımla varılmış yasanın yanlış olduğunu gösterebilir. Örneğin "Memeliler karada yaşar" şeklinde bir yasa ileri sürülmeye kalkılırsa, balinaların denizde yaşadıkları gösterilerek bu yasa yanlışlanabilir. Oysa istatistiksel ve olasılıksal genellemelerle bu sorun çözülebilir. Fakat Evrim Teorisi açısından bu yaklaşım da kurtarıcı gözükmemektedir. Evrim Teorisi, bir türün, diğer bir türe ve cinse dönüşmesi hakkında istatistiksel ve olasılıksal bir öngörüde (gelecek için) veya tarifte (geçmiş için) bulunamamaktadır. Matematiksel yasalara yalnız gelecek için değil, geçmişteki olayların açıklaması için de gerek duyulur. Bu şöyle gösterilebilir:

1. Evrim Teorisi, geçmişte var olan türlerden sonradan gelen türlerin oluştuğunu söylemektedir.
2. Oysa bu açıklamanın öngörüde bulunma gücü yoktur. Çünkü mutlak veya olasılıksal bir yasa ile önceki türler bir arada ele alınıp, bunların sonraki türlerin oluşumu için 'yeterli koşul' (*sufficent condition*) olduğu söylenememektedir.
3. Evrim Teorisi, bir tek önceki türlerin sonrakilerin açıklaması olduğunu söyler. Nedenden sonuca da sonuçtan nedene de öngörü yapmak, Evrim Teorisi ile mümkün değildir. Sonuçta biyoloji alanında geçmiş veya gelecek hakkında öngörüde bulunabilen hiçbir bilimsel teori mevcut değildir.

Evrim Teorisi, yılanların ve kurbağaların, bir milyon yıl geçtikten sonra, bu süre sonucunda, hangi yeni türü (sonucu) oluşturacaklarının tahmini için kullanılamaz. Aynı şekilde, Dünya'nın tamamen aynısı bir gezegene gitsek ve burada yılan ve kurbağalarla karşılaşsak, bunların hangi türden (nedenden) türediği, Evrim Teorisi'ne dayanılarak öngörülemez.

Mikroskobun geliştirilmesiyle cansız doğadan canlıların 'kendiliğinden türeme' yoluyla meydana gelemeyecekleri anlaşıldığı için, tamamen gözlediğimiz doğa içerisinde kalırsak, türlerin birbirlerinden oluştuğunu söylemek tek alternatif olarak gözükmektedir. Fakat o zaman, Evrim Teorisi tamamen 'apriori bir ilke'nin ürünü olmaktadır. Bu 'apriori ilke'yle olguların bağlanması Evrim Teorisi'nin temel dayanağı olarak gözükmektedir. Bu da, bu teorinin, deney ve gözlemlerle oluşturulmuş bir teori olmadığını, deney ve gözlemi önceleyen bir kabule dayandığını gösterir. Bu ön kabulü, natüralistler, doğa dışında bir varlık olmadığı için doğa içinde kalarak açıklamamız gerekmesinden hareketle savunmuşlardır. Diğer yandan, birçok teist ise Tanrı'nın evrenle ilgili süreçleri temelde doğa yasalarına bağlı oluşturduğunu, bu yüzden doğa yasaları içerisinde kalan açıklamaların makbul olduğunu söylemişlerdir (bu yaklaşımı savunan teistlerin büyük çoğunluğu Tanrı'nın yarattığı bir evrim sürecini öngörmüşlerdir).

"Sadece doğanın içinde kalarak bilimsel açıklamalar yapmamız gerekir" şeklindeki ilke nedeniyle Evrim Teorisi doğru kabul edilmekte ve bu teoriyle olgular birbirine bağlanmaktadır; diğer yandan olgular, Evrim Teorisi'nin delili olarak sunulmaktadır. Burada gizlenmiş bir totoloji (aynı düşüncenin farklı sözcüklerle tekrarı) göze çarpmaktadır. Bunu şöyle gösterebilirim:

1. (A) Evrim Teorisi doğru olduğu için (B) olguları (türleri) ona göre (türleri birbirlerinden evrimleşmiş olarak) değerlendirmeliyiz.

A→B

1. (B) Türler birbirlerinden evrimleştikleri için (A) Evrim Teorisi doğrudur.

B→A

1. (A) Evrim Teorisi doğru olduğu için (1. madde) (A) Evrim Teorisi (2. madde) doğrudur.

A→A

Kısacası, Evrim Teorisi, bilimselliğin kriterleri olarak ifade edilmiş olan deneylenebilme, gözlenebilme, yasalara sahip olma ve öngörüde bulunabilme açısından gerekli kriterleri karşılayamamakta; buna karşın 'sadece ve sadece gözlenen doğanın içinde kalmamız gerektiğine' dair benimsenen ilke temelinde en iyi açıklama olarak kabul edilmektedir.

POPPER VE METAFİZİK BİR ARAŞTIRMA PROGRAMI OLARAK EVRİM TEORİSİ

Francis Bacon ve çağdaşlarının birçoğu "Eğer doğayı anlamak istiyorsak Aristoteles'in yazılarına değil doğaya başvurmalıyız" şeklindeki yaklaşımlarında ısrar ederlerken, çağlarının bilimsel tavır alış ve tutumunu özetliyorlardı. O dönemden beri, tek tek olguların gözlenmesinden genel yasalara varmak anlamına gelen tümevarım yöntemi bilimlere hâkim olmuştur. Bilimlere hâkim olan bu ilke gündelik hayattaki düşünce biçimlerimize de hâkimdir. Bertrand Russell bunu şöyle ifade etmektedir: "Eğer tümevarım ilkesi çürükse, güneşin yarın doğmasını beklememiz için sebep yok, ekmeğin taştan daha besleyici olacağını beklemek için de, çatıdan kendimizi bıraktığımızda düşeceğimizi beklemek için de bir sebep yok. En iyi arkadaşımız sandığımız şeyin bize yaklaştığını gördüğümüzde, onun bedenine en büyük düşmanımızın ya da tümüyle yabancı birinin ruhunun yerleşmediğini kabul etmemiz için de bir sebep yok. Bütün davranışlarımız, geçmişte işleyen ve bu yüzden gelecekte de işleyecek gözüyle baktığımız birliktelikler temeline dayanır ve bu olasılığın sağlamlığı tümevarımsal ilkeye bağlıdır. Bilimin, yasanın egemenliğine inanmak ya da her olayın bir nedeni olduğuna inanmak türünden genel ilkeleri de tümüyle, günlük yaşantılarımızdaki inançlar gibi tümevarımsal ilkeye bağlıdır."

Bilimde ve günlük yaşantıda böylesine belirleyici olan ve otoritesi sorgulanmadan kabul edilen tümevarım ilkesinin güvenilirliği hakkında bilim felsefesi alanında çok önemli tartışmalar yapılmıştır. Özellikle David Hume'un tümevarım ilkesine yönelttiği eleştiriler, bu ilkenin üzerindeki felsefi tartışmaların başlangıcı olarak kabul edilir. Hume, tekil gözlemlerin sayılarının ne denli çok olursa olsun, mantıkça genel bir önermeye varamayacağını söyler; 'A' olayı ile beraber 'B' olayını gözlersek, bu gözlemimiz binlerce defa da tekrarlansa, mantıkça bu olayların hep birbirini takip edeceğini söyleyemeyiz. Hume'a göre bu birliktelik beklentimiz mantıksal değil, psikolojiktir. Hume'un tümevarıma getirdiği eleştiri, 'Hume'un sorunu' olarak adlandırılmış ve birçok felsefeciyi meşgul etmiştir. Bazı felsefeciler, örneğin Rudolf Carnap, tümevarımla varılan genel önermenin olasılıksal olduğunu, yapılan gözlem ve deneylerin çokluğunun tümevarımsal genellemenin güvenilirliğini artırdığını söylemiştir. Ünlü ekonomist John Maynard Keynes, bilimde ve gündelik hayatta olasılıksal tümevarımcı bir yaklaşımın kullanıldığını göstermiştir. Ayrıca istatistikçi R. A. Fisher, matematikçi Von Mises, fizikçi ve felsefeci Hans Reichenbach da olasılık teorileri üretmişlerdir.

Tümevarımı olasılıkçı bir yaklaşımla daha sofistike bir tarzda savunan sözü edilen yaklaşımlara karşın Popper, kendini 'tümevarım-karşıtı' olarak tarif etti ve çağdaş bilim felsefesinin en çok gündemde olan metotlarından 'yanlışlamacılığı' (*falsification*) savundu. Bilimsel ilerlemenin, olguların yığılmasıyla ya da açıklanmasıyla değil; ileri sürülen hipotez ve teorilerin katı bir biçimde sınanması, eleştirilmesi ve yanlışlanmasıyla ilerlediğini söyledi. Popper, teorinin gözlemi öncelediğine vurgu yapar. Neyin gözleneceği bile gözlemcinin belirlemesine bağlıdır. Bu da bizi, boş bir zihinle (*tabula rasa*) gözlemin yapılmadığı sonucuna götürür. Popper, bunu bilimsel açıdan sorun olarak görmez, bilim insanının sezgi ve becerisine vurgu, Popper'ın yaklaşımında özel bir yere sahiptir. Önemli olan, bilim insanının ortaya koyduğu hipotez veya teorinin sınamaya açık olması, yanlışlanma imkânının bulunmasıdır; bilimselliğin gerçek ölçütü budur. Yanlışlanan teori, ya düzeltilir ya da bir kenara bırakılır. Başarılı bir bilimsel teori, apaçık şekilde ortaya konan, mümkün olan en çok şekilde yanlışlanma imkânı tanıyan ve buna rağmen yanlışlanamayan teoridir. Deneme, yanılma ve düzeltme şeklinde ilerleyen bilimsel araştırmalar daha sofistike olabilirler, ama Popper'a göre nihai olarak doğrulama (tümevarım sorunu nedeniyle) mümkün değildir. Bilimsel önermelerin mutlak olarak iki şartı yerine getirmesi gerekir; bunlardan birisi mantığın temel ilkelerinden 'çelişmezlik koşulu'nu gözetmesi, diğeri 'yanlışlanabilirlik koşulu'nu sağlamasıdır.

Popper, Darwin'in Evrim Teorisi'ne karşı özel bir ilgi duyuyordu. Herbert Spencer'ın hatırası için Oxford Üniversitesi'nde düzenlenen 'Evrim ve Bilgi Ağacı' (*Evolution and The Tree of Knowledge*) isimli bir ders verdi. Popper'ın ilgisinin en önemli sebebi ise, kendi ifadesine göre, bilimsel bilginin deneme ve yanılmayla ilerlediğine ilişkin bilim felsefesindeki görüşünün; Darwin'in uyum sağlayamayan türlerin doğal seleksiyon ile elendiğine dair görüşüne benzerliğidir. Popper'a göre önce teori ortaya atılır, Darwin'e göre ise önce varyasyonlar oluşur; Popper'da yanlışlamayla eleme olur, Darwin'de ise doğal seleksiyon elemeyi yapar.

Popper, ilk olarak '*Tarihsiciliğin Sefaleti*' (*The Poverty of Historicism*) isimli eserinde, Evrim Teorisi ile ilgili epistemolojik sorunları irdeler. Yeryüzünde hayatın veya insan toplumunun evriminin, özel bir tarihi sürece karşılık geldiğini, ancak bu sürecin betimlenme tarzının bir kanun değil, sadece tekil bir tarihi önerme olduğunu söyler. Şu ya da bu şekilde formüle edilen bir kanunun, bilim tarafından ciddi bir biçimde ele alınmadan önce yeni örneklerle test edilmesi gerektiğine dikkat çeker. Fakat Evrim Teorisi'nde sadece özel bir tarihsel dönem ile sınırlı kalındığından; bir evrensel hipotezi test etmeyi ve de bilim tarafından kabul edilebilir bir doğa yasası bulmayı ümit edemeyeceğimiz sonucuna varır. Popper, daha sonra bu konuyu özel olarak ele aldığı makalesinde, Darwinizm'in test edilemeyeceğini (yanlışlanama-yacağını), bu yüzden bilimselliğin kriterlerini karşılamadığını ve "metafizik bir araştırma programı olduğunu" belirtir.

Popper, Mars'ta üç tür bakteri bulursak, Darwinizm'in yanlışlanıp yanlışlanamayacağını sorduğumuzda, cevabın 'yanlışlanmayacağı' olduğunu söyler; çünkü bu var olan türlerin, mutasyona uğramış evvelki türlerin adapte olmuş yegâne formları olduğunu söyleyebiliriz. Aynı şeyi Mars'ta tek bir tür bakteri de bulsak, herhangi bir başka sayıda bakteri veya başka canlı organizma bulsak da söyleyebiliriz. Bu da bize, Evrim Teorisi'nin, hiçbir şekilde yanlışlanamayacak ve hiçbir şeyi öngörmeyecek şekilde formüle edildiğini gösterir. Bir teorinin bilimsel kriterlere uygunluğunu, mümkün olduğunca yanlışlanmaya açık bir şekilde iddialarını belirtmesine ve öngörüde bulunarak kendisini tehlikeye atmasına bağlayan Popper'ın yanlışlamacı yaklaşımın kriterlerini, Popper'ın belirttiği gibi Evrim Teorisi'nin karşıladığı söylenemez.

Popper Evrim Teorisi'ne getirdiği eleştirilerinin bir kısmını sonradan geri çekmiştir. Önceden Darwinizm'in, 'durumsal mantık' (*situational logic*) uyguladığını söylemişti. Darwinci yoruma göre, türlerin içinde çeşitliliğe yol açan bazı değişiklikler (varyasyonlar) olur, bu varyasyonlardan bazısı yaşar, bazısı ise doğal seleksiyona uğrayıp yok olur. Bu yorum, türlerin oluşumu için bir süreç tarifi yapar; fakat gözlemlediğimiz, bu sürecin sonucudur. Söylenen "Çevreye uyum sağlayanın yaşadığıdır", fakat "Yaşayan kim" diye sorarsak bu sorunun cevabı da "Çevreye uyum sağlayan" şeklindedir. Popper, duruma göre uygulanan bu mantığın bir totoloji olduğunu söylemişti. Popper önceden bu tarzda bir totolojinin yanlışlanabilmesine olanak olmadığını söylemişti. Sonra ise doğal seleksiyonla ilgili açıklamaları totoloji olarak değerlendiren bu yaklaşımının hatalı olduğunu ifade etti. Gerçekten de doğal seleksiyonun bazı türleri yok ettiği çok açık gözlenen bir olgudur, bunda totoloji olarak değerlendirilebilecek bir şey yoktur. Fakat asıl büyük soru, önceden belirttiğim gibi, mutasyon ve doğal seleksiyon ikilisinin canlılardaki görme, uçma, ışık üretme gibi özelliklerin oluşumunu açıklayıp açıklamadığıdır. Doğal seleksiyonun bazı türleri yok ettiği çok iyi gözlenen bir olgu olmakla beraber, bu husus gözlenememektedir. Popper'ın evrim hakkındaki söyledikleriyle ilgili yaptığı düzeltmeyi okuduğumda; Popper'ın, Evrim Teorisi'nin yanlışlanabilirlik kriterini karşılamadığıyla ve 'metafizik bir araştırma programı olduğu' ile ilgili beyanında bir düzeltme yapmadığı kanaatine varıyorum. Doğal seleksiyonun var olmasıyla Evrim Teorisi'nin belirttiği şekilde canlıların tarihinin açıklanması arasındaki büyük farka dikkat edilmelidir. Burada bilim felsefesi açısından önemli bir husus 'yanlışlanabilirlik' kriterinin ne kadar geçerli olması gerektiğidir. Aslında tarihsel olarak başarılı olan birçok teori başlangıçta yanlışlanıyormuş gibi gözükmesine rağmen muhafaza edilmesi sayesinde günümüze ulaşmıştır.

YANLIŞLAMACILIK VE EVRİM TEORİSİ

Popper, Darwinizm'in veya başka bir teorinin canlılığın kökenini açıklayamamayacağı kanaatindedir. Kendisinin bilimin ilerlemesine dair görüşüne benzerliğinden dolayı sempati duyduğu bu teorinin değerli olduğunu da düşünür. Bu teorinin metafizik olmakla beraber pratik yararlarının olduğunu söyler; örneğin bakterilerin penisiline karşı adaptasyonu doğal seleksiyon ile açıklanabilmektedir. Fakat penisiline karşı koyabilen bakterilerin varlığını sürdürmesi ve karşı koyamayanların doğal seleksiyona uğraması; yeni bir bakteri türünün oluşumunu izah edememektedir, sadece belli bir bakteri türünde doğal seleksiyonun ne kadar etkili olduğu gözlenmektedir. Bakteriler, ilaçlara bağışıklığı, yeni genetik materyal oluşumuyla sağlamazlar. Bağışıklığın birinci kazanılma yolu, antibiyotiğe karşı koyan, zaten var olan genlerin, bakteriler arasında transfer edilmesidir. İkinci yol ise, mutasyonla deformasyona uğrayan bakterinin moleküllerinin yapısı değiştiği için; antibiyotiğin, bu moleküllere yapışamadığından, bu bakteriye zarar verememesidir. Bu durum, evin anahtarını çalan hırsızın (antibiyotiğin), evin (bakterinin) kilidi bozulduğu (molekül mutasyonla deforme olduğu) için içeri girip eşyaları çalamamasına (bağışıklık kazanma) benzemektedir. Evi koruyan, evdeki bir yapının bozulmasıdır. (Bu sebeple Biyokimyager Michael Behe, Dawkins'in "silahlanma yarışı" yakıştırmasını eleştirerek tesadüfi evrimi "Silahlanma yarışı değil, siper savaşı" olarak tasvir eder.) Oysa Evrim Teorisi'nin iddiası açısından asıl kritik olan husus, doğal seleksiyonla, yeni özelliği olan türlerin, cinslerin, familyaların ve takımların oluştuğunun gösterilebilmedir. Doğadaki oluşumları açıklamada, doğal seleksiyonun değerli bir açıklayıcı mekanizma olmasından, doğal seleksiyonun türlerin oluşumunu açıklayabildiğine sıçrama yapmak yanlış olacaktır. Doğal seleksiyon ile Evrim Teorisi'nin aynı şeylermiş gibi sunulması çok yaygın yapılan bir yanlıştır.

Marcel Schützenberger, Evrim Teorisi'nin yanlış-lanamayacağını ateşböceklerini örnek vererek şöyle anlatmaktadır: "Ateşböcekleri ışık üreterek bir araya gelirler ve bundan haz aldıklarına eminim. Neden yalnız ateşböceklerinin bunu yaptığını bilmek ilginç olurdu. Onların neden ışığı icat ettiğini açıklayabilecek genel bir sebep var mı? Bu canlı türü çiftleşmek için diğer türlerin kullanmadığı bu kadar kompleks bir mekanizmaya neden ihtiyaç duymuştur? Her özel soru için bana özel bir cevap verebilirsiniz, fakat ben iddia ediyorum ki Evrim Teorisi'nin durumunda, baştan hangi özel açıklamayı yapacağınızı belirleyebilecek hiçbir genel ilke yoktur. Bir teorinin yanlışlanamayacak bir teori olması işte budur."

Evrim Teorisi'nin bilimsel bir teori olduğuna dair savunmalarıyla ünlü Micheal Ruse şöyle demektedir: "Evrimin bütünü görünemiyor olabilir. Ama o bir gerçektir, hem de iyi ortaya konmuş bir gerçektir; 8. Henry'nin kızı Elizabeth'in İngiltere kraliçesi olması ve göğsümde kalbimin atması kadar gerçektir." Ruse'un bu aşırı savunması ile Evrim Teorisi'nin bilimsel kriterler açısından değerlendirilmesi arasında ciddi bir fark vardır. Ruse'un kalbinin atıp atmadığı gözlemle doğrulanabilir, yanlışlanmaya da açıktır. Elizabeth'in kraliçeliği ile ilgili geçmişte yaşayanların tanıklığı, bunu ileten yazılı belgeler ve resimler vardır. Evrim Teorisi, gözlenen canlıların mevcut biyolojik durumundan ziyade kökeniyle alakalı olduğu için, doğal tarihe dayalı evrimsel açıklama, insanlık tarihinden örneklere - Elizabeth örneği gibi- benzetilerek, teorinin bilimsel kriterlere uygunluğunun tarih bilimi ile benzer olduğu söylenmek istenmektedir. Oysa Elizabeth örneğindeki gibi tarihsel vakalar birçok ayrı kanaldan gelen yazılı veya resimli belgelere dayanır, Evrim Teorisi için bu tarzda bir belge gösterilemez. Hiç kimse, sırf günümüzdeki insanları ve toplumları inceleyip de, yazılı belgeler olmasaydı, Aristoteles veya İskender hiç bilinmeseydi, geçmişte Aristoteles'in veya İskender'in yaşadığını çıkarsayamaz. Evrim Teorisi'nin, Elizabeth ile ilgili tarih biliminin anlatımlarının epistemolojik desteğinin aynısına sahip olabilmesi için -Michael Ruse'un iması budur- yazılı belgelere karşılık gelecek bir desteğe sahip olması gerekirdi; oysa bu şekilde herhangi bir desteği bulunmamaktadır.

Bazıları fosillerin bu tarihsel belgelere karşılık geldiğini düşünebilir. Aslında Evrim Teorisi'nin savunulmasında fosiller, genel kitlenin sandığından daha az önemli olmuştur. Darwin ve ondan sonra birçok bilim insanı, Evrim Teorisi'ni, yaşayan canlılardan yola çıkarak yaptıkları soyut akıl yürütmelerle formüle etmeye çalışmışlardır. Fosiller, ölmüş canlı hakkında bilgi verir, fakat bu canlının nasıl türediğini söylemez; fosillere dayalı çıkarım da tamamen soyut akıl yürütmelere dayanır. Fosiller, beraberlerinde canlının soy ağacı ve nasıl türediği ile ilgili belgelerle bulunmazlar. Hiçbir fosil, kendi soy ağacı ve hayat hikâyesi ile gömülü değildir. (Kitabın ilerleyen sayfalarında 'fosiller' konusu kısaca işlenecektir.) Tüm bunlar Evrim Teorisi'nin, tarih biliminin sahip olduğu epistemolojik desteğe sahip olmadığını gösterir. Biyolojik yapıların kompleksliğinden ve çeşitliliğinden kaynaklanan zorlukların yanında canlıların tarihinin uzun ve tekrarlanamayan bir süreçle ilgili olması, bu konuyla ilgili zorluklara sebep olmaktadır.

RAKİPLERE ÜSTÜNLÜK, MATEMATİKSELLİK VE EVRİM TEORİSİ

Ernst Mayr bilim tarihi incelendiğinde, bilimsel teorilerin reddedilmesinin gerçek sebebinin bu teorilerin apaçık yanlışlanması olmadığını, daha basit ve daha muhtemel bir teorinin ortaya konmasının eski teoriyi bir kenara bıraktırdığını savunur. Yeni teorinin -özellikle biyolojide- olasılıkçı yoruma dayanan bilimsel çıkarımlara uyduğunu; mutlak deliller aramamak gerektiğini söyler. Bilim insanının pragmatik olduğuna ve yeni bir teori ileri sürülünceye kadar eskisinden memnun olduğuna dikkat çeker.

Darwin'in de bu şekilde düşündüğünü ve Evrim Teorisi'nin, matematiksel deliller gibi mutlak olduğunu ileri sürmediğini; bu teorinin, türlerin ayrı ayrı yaratılışından daha muhtemel olduğu için kabul edilmesi gerektiğini söylediğini belirtir. Ernst Mayr, Evrim Teorisi'nin bilim felsefesi alanında ifade edilmiş çeşitli kriterleri karşılamadığı eleştirisinin farkındadır ve alternatif görüşlerden daha muhtemel olduğu temeline dayandırarak eleştirileri bertaraf etmeye çalışmaktadır. Bence Mayr, 'var olan teoriler arasında en iyi alternatifi bulmayı' bilimin metodu olarak takdim ederken haklıdır; bu yaklaşımın, naif tümevarımcı yaklaşımdan da yanlışla-macı yaklaşımdan da bilimin doğasını tarifte daha başarılı olduğu kanaatindeyim. Modern Evrim Teorisi'nin en ünlü isimlerinden biri olan Mayr'ın yaklaşımı böyleyken, günümüzde birçok evrimci biyoloğun bu teoriyi matematik bir kesinlik gibi sunması veya fizikteki yer çekimi teorisi gibi gözlemlenebilme ve matematiksel yasalara sahip olma gibi erdemleri olmasa da yer çekimi yasasıyla aynı epistemolojik değerde sunması gibi yanlışların yapıldığına dikkat çekmek istiyorum. Mayr bunu biyolojinin kendine özel doğasına bağlarken haklıdır, fakat nedeni saptamamız epistemolojik değerde bir fark oluşturmaz.

Michael Ruse, Evrim Teorisi'nin, Malthus'un matematiksel yaklaşımını kullandığını ifade etmektedir. Malthus'un yaklaşımına göre, gıda kaynakları aritmetik olarak artarken, nüfus geometrik olarak artmaktadır, bu yüzden bu gıda kaynaklarından yeterince faydalanamayıp ölenler olacaktır. Bu matematiksel yaklaşım Evrim Teorisi'nin ayırt edici özelliği olan yeni özellikli türlerin, cinslerin, familyaların oluşumu için hiçbir şey söylemez. Aynı şekilde popülasyon genetiğinde (*population genetics*) yapılan matematik hesaplar da yeni bir türün 'nasıl oluştuğu' hakkında matematiksel bir veri veya matematiksel bir yasa vermekten uzaktır. Evrim Teorisi ile uğraşan bilim insanlarının yaptığı matematiksel işlemlerin, Evrim Teorisi'nin ayırt edici özelliği olan, yeni özellikleri olan türlerin, evrim ile oluşması ile alakalı olup olmadığı önemlidir. Evrim ile uğraşan bir bilim insanı, dünyada var olan pandaların sayısını, pandaların kilosunu, son 40 yılda sayılarının değişimini matematiksel verilerle hesaplayabilir. Bu matematiksel veriler veya pandalar yok olursa bu doğal seleksiyonun nedeninin açıklanması, Evrim Teorisi'nin temel iddiasının delilleri olarak değerlendirilemez. Çünkü bu anlatımlarda matematiksel dil kullanılsa bile; ne pandanın diğer bir türden oluşumunu gösteren matematiksel bir yasa, ne de pandadan yeni bir türün oluşumu ile alakalı matematiksel bir veri mevcut değildir. Sonuçta fiziki evrenin tarihini anlamada kullanılan matematiksel yasalar ve verilerin benzerini canlıların tarihini anlamada bulamayız.

Yeni-Darwinciliğin en ünlü temsilcilerinden -bazılarınca en ünlüsü- kabul edilen Mayr, Evrim Teorisi'nde matematik aranmaması gerektiğini şöyle anlatmaktadır: "...Bu gösterişli başarılar matematiğin sınırsız bir prestij kazanmasına sebep oldu. Bu da Kant'ın ünlü betimlemesi olan, gerçek bilimin doğa bilimleri içinde bulunabileceği, çünkü bu bilimlerin matematiksel olduğu yargısı ile sonuçlandı. Eğer bu yargı doğruysa, Darwin'in '*Türlerin Kökeni*' kitabının bilimsellik açısından yeri nedir? Sürpriz olmayacak bir şekilde, Darwin'in matematik hakkında az bilgisi vardı. Niteliksel ve tarihi bilimler veya kompleks sistemler ile ilgilenen bilimler hakkındaki yanlış yargılar, biyolojinin aşağı kategoride bir bilim olduğuna dair kibirli bir kanaatin ortaya atılmasına sebep oldu... Sistematik ve evrimsel biyolojinin çoğunda matematiğin katkısı çok azdır." Görüldüğü gibi en ünlü evrimciler de Evrim Teorisi'nin matematiğe dayanmadığını kabul etmektedirler. Bu da, bilimsel kriterlere uygunluğu matematiksel olmakta anlayan anlayışın kriterlerini de Evrim Teorisi'nin karşılamadığını göstermektedir.

PARADİGMANIN ETKİSİ

Özellikle Thomas Kuhn'un, 1962 yılında '*Bilimsel Devrimlerin Yapısı*' (*The Structure of Scientific Revolutions*) kitabını yayımlamasından sonra 'paradigma' terimi bilim felsefesinin çok sık kullanılan kavramlarından biri oldu. 'Paradigma' bilim insanlarının dünyaya bakış açılarını belirleyen, yapılan bilimsel çalışmaların temel önkabullerini dikte eden, ayrıca bilimsel faaliyetin oluştuğu ve kontrol edildiği sosyolojik ortamı ifade eden genel çerçevedir. Thomas Kuhn'un bahsedilen eseri, II. Dünya Savaşı'ndan sonra İngilizce yazılmış en etkili eserlerden biri olup, bu esere katılmayanlar bile, bu eserle hesaplaşmak için birçok cevap niteliğinde kitap ve makaleler yazmışlardır. Onun yaklaşımına katılmayanlar da 'paradigma' terimini benimsemiş ve sıkça kullanmışlardır.

Kuhn'un bilgi teorisindeki görüşü tamamen görelilikçidir, objektif bilimsel bilginin mümkün olmadığı, var olan bilimsel kanaatlerin ancak belli bir 'paradigma' içinde geçerli olduğu kanaatindedir. Ona göre bilimsel ilerleme diye bir şey söz konusu değildir; ne tümevarımcı bir şekilde bilgileri artırmak, ne de sürekli yanlışlayarak daha sofistike bilgilere erişmek mümkündür. Bir paradigmaya bağlı yapılan bilimsel faaliyetin bazı dönemlerde bunalıma girdiği görünür, bu dönemlerde devrimci bir şekilde paradigma değişikliği olur. Kuhn'a göre bu değişiklik din değiştirmeye benzer. Bir paradigmanın diğer bir paradigmaya üstünlüğünü belirleyecek hiçbir objektif kriter yoktur, bu yüzden bilimsel ilerlemeden söz edilemez. Kuhn'un görüşünü tamamen benimsersek 'ısıtma olayı ve suyun kaynaması arasında nedensel bir ilişki olduğunu' söyleyen bilimsel bir önermenin, sadece ve sadece 'tek bir paradigma'nın içinde önemi olduğunu kabul etmek zorunda kalırız. Günümüzün haritacılığı ile ilkçağ haritalarını kıyasladığımızda bir ilerleme olduğunu da söyleyemeyiz; çünkü Kuhn'un sisteminde ilerlemenin objektif bir kriteri yoktur. Bu tip örnekler, bence,

Kuhn'un bilime yaklaşımında önemli hatalar ve abartılar olduğunu göstermektedir. Diğer yandan, bir filozofu veya felsefeyi 'kabul etmek' yerine 'ondan bir şeyler öğrenmeyi' hedeflersek, Kuhn'dan öğrenilecek şeyler olduğu kanaatindeyim.

Kuhn'un görüşlerinin önemli bir öğesi olan, bilimsel bilginin sosyolojik bir ortam içinde üretildiği fikrine benzer görüşler, bilgi sosyolojisi ve bilim sosyolojisi ile ilgili çalışmalarda da dile getirilmiştir. Marx, Mannheim ve Durkheim bilginin toplum içinde üretildiğine dikkat çeken ünlü sosyologlardır. Durkheim ahlak, değerler, dini fikirler, hatta insan düşüncesinin temel kategorileri olan uzay ve zamanın; sosyolojik ortamdan bağımsız bir şekilde var olamayacağını göstermeye çalıştı. Fakat her üç sosyolog da bilimi, bilginin özel bir türü olarak düşünüp bilgi sosyolojisinin dışında tuttular. Fakat daha sonra David Bloor gibi bazı sosyologlar, 'bilimsel bilgi'nin nasıl üretildiğinin sorgulama dışı tutulmasına meydan okuyup, 'bilimsel bilgi'yi de sosyolojik bir analizin hedefi yapmaya uğraştılar. Kuhn'un çalışmaları, bilim felsefesine olduğu kadar, bilgi ve bilim sosyolojilerine de katkıda bulundu ve bu alanlardaki tartışmalara ivme kazandırdı.

Bahsedilen tüm bu çalışmalar, Evrim Teorisi üzerine yapılan incelemelerde ufuk açıcı nitelikte olabilir. Bu yüzden kitabın 2. bölümünde Evrim Teorisi'nin ortaya konduğu dönem ve yerdeki paradigmayı göstermeye çalıştım. Thomas Kuhn, hayatının bir döneminde hemen hemen herkesin, bilim insanının önyargılardan arınmış, hür bir 'gerçek arayıcısı' olduğu kanaatine sahip olduğunu söyler; bilimsel olmayı hür fikirlilik ve objektiflik olarak, en azından hayatımızın belli bir döneminde nitelemişizdir. Oysa Kuhn, gerek teorik, gerek deneysel çalışmalarda, bilim insanlarının genelde objektif olamadığını söyler. Bilim insanlarının çalışmalarına başladıkları zamanki öngörülerini haklı çıkarmak için gerek aletleriyle, gerekse teorilerindeki denklemlerle oynamaktan kaçınmadıklarını belirtir. Birçok fikrine katılmasam da, Duane T. Gish'in, Evrim Teorisi'ne karşı türlerin birbirlerinden bağımsız yaratılışını kabul edenlere makale yayınlatmada, doktora ve profesörlük derecelerini kazanmakta zorluk çıkarıldığına; televizyon, radyo gibi medya kuruluşlarında ve *National Geographic*, *Reader's Digest*, *Life* gibi etkin popüler dergilerde evrimci bilim insanlarının hâkimiyetinin alternatif görüşlere geçit vermediğine dair tespitlerini göz ardı edemeyiz. Çünkü bilim sosyologlarının ve Kuhn'un gösterdiği gibi bilimsel faaliyet; sosyolojik ortamdan bağımsız, mutlak olarak objektif bir uğraş olmadığı için, bilim cemaatinin önkabul, tavır ve organize olma şekillerini göz önünde bulundurmalıyız.

SAHTEKÂRLIKLARI PARADİGMAYLA ANLAMAK

Toplumsal kabulün, akademik atamaların veya maddi ödül gibi karşılıkların, çoğu zaman bilimsel sonuçların 'mevcut paradigma'ya uygun olmasına bağlı olduğunu hatırlamalıyız. Tüm bunları göz önünde bulundurursak, Evrim Teorisi adına niçin bazı sahtekârlıkların yapıldığını anlayabiliriz. Birçok kişi ideoloji veya dinsel inanç uğruna niye insanların sahtekârlık yaptığını anlayabilmekte, fakat 'bilimsel bir çalışma'da sahtekârlığın sebebini anlayamamaktadır. Bu noktada, Kuhn'un 'paradigma' anlayışı ve bilim sosyolojisinin yaklaşımları yardımcı olacaktır.

Evrim Teorisi adına yapılan çok önemli sahtekârlıklardan biri 'Piltdown adamı' (*Eoanthropus Dawsoni*) ile ilgilidir. 1912 yılında Londra Tabiat Tarihi Müzesi müdürü Arthur Smith Woodward ile Charles Dawson, bir çene ile kafatası fosili ve kabaca yontulmuş taş aletler bulduklarını açıkladılar. İngiltere'de Piltdown yakınında bulunan bu fosilin çene kemiğinin maymununkine, dişlerinin ve kafatasının ise insanınkine çok benzediği söylendi. Bu fosilin, insan evriminde büyük bir boşluğu doldurduğu ve 500.000 yıl önceki bir canlıya ait olduğu savunuldu. Fosil kemiklerin yaşını tespit etmek için 1950 yılında bulunan bir metot ile çene kemiğinin toprakta ancak birkaç yıl kaldığı, kafatasının ise birkaç bin yıllık olduğu öğrenildi. Bu bilgiler elde edildikten sonra yapılan detaylı araştırmalarda, kemiklerin, eski görüntüsü verilebilmesi için boyayıcı maddeler ile işleme tabi tutuldukları saptandı. Ayrıca dişler çene kemiğine yerleştirilmek için zımparalanmıştı. Maymun çenesi ile insan kafatası bir araya getirilerek sahtekârlık yapıldığı detaylı araştırmalar ile doğrulandı. Bu örnek 40 yıl boyunca, bir sahtekârlık ürününün bilim insanlarını ne kadar kolay yanılttığının bir delilidir. Sahtekârlık yapılmasından daha önemli olan, mevcut paradigmaya uyum sağladığı, hatta destek verdiği için, sahte bir delilin, 40 yıl boyunca birçok bilim insanını ciddi şekilde yanıltıyor olabilmesidir. Paradigmaya uygun olan delil ciddi analizlere tabi tutulmamış, elde ciddi veri olmadan Piltdown adamının yaşı 500.000 yıl olarak belirlenmiştir. Oysa Evrim Teorisi'nin görüşlerine çok aykırı sahte bir fosil imal edilseydi, 'hakim paradigma' olan görüşe aykırı bu fosildeki sahtekârlığın hemen tespit edileceğini, Kuhn'un yaklaşımından esinlenerek tahmin etmek mümkündür.

Piltdown adamı 40 yıl boyunca Evrim Teorisi'nin en önemli delillerinden biri sayılmasına karşın, bu sahtekârlık ortaya çıkınca, sonradan yazılan ders kitaplarından çıkartılmıştır. Fakat Haeckel'in embriyo çizimleriyle ilgili sahtekârlık hala Evrim Teorisi ile ilgili kitaplarda yer almaktadır. Ünlü evrimci biyolog Stephen Jay Gould, modern ders kitaplarında hâlâ Haeckel'in çizimlerinin olmasını hayret edilecek ve utanılacak bir durum olarak değerlendirmektedir. 1995 yılında embriyolog Michael Richardson, Haeckel'in embriyonun geçirdiği aşamalar ile ilgili yanıltıcı bilgiler verdiğini detaylı bir şekilde göstermiş ve bunun biyolojideki en ünlü sahtekârlıklardan biri olduğunu söylemiştir. Thomas Kuhn, günümüzdeki şekliyle ders kitaplarıyla eğitimin 19. yüzyılda ortaya çıktığını, daha önce temel matematik kitapları dışında, bu tarz hazırlanmış kitaplarla eğitimin olmadığına dikkat çeker ve bu ders kitaplarının mevcut paradigmanın temel kabullerini ve problem çözme kurallarını aktardığını, öğrencilerin ise paradigmayı sorgulama şansına hiç sahip olamadıklarını belirtir. Kuhn'un dediği gibi günümüzün paradigmasının muhafazasında ders kitaplarının yeri çok önemlidir, diğer yandan en ünlü evrimci biyologların bile yanlışlığını kabul ettikleri çizimler hâlâ bu ders kitaplarında yer alabilmektedir.

Paradigmanın muhafazası için çabalar, paradigmaya uygun çalışmaların ödüllendirilmesi, paradigmaya karşı olanların dışlanması, paradigmanın bilim insanlarının 'nereye' ve 'nasıl' bakmaları gerektiğini buyurması, göz önüne alınmaz ise; 'bilim'in ideoloji, sosyolojik baskı, ödüllendirme mekanizmalarından bağımsız, her zaman için objektifliğini muhafaza edebilen bir faaliyet olduğunu zannetme hatasına düşebiliriz. Bu ise ders kitaplarında aktarılan bilgilerin temel önkabuller olarak alınmasına ve sonraki tüm gözlem ve deneylerin bu dogmatik önkabullerle şekillenmesine yol açmaktadır.

Bahsedilen paradigmanın peşinen doğru kabul edilmesinin yol açtığı yanlış yorumlara Nebraska adamı (*Hesperopithecus Haroldcookii*) da örnek olarak verilebilir. 1922 yılında ünlü fosilbilimci Henry Fairfield Osborn Nebraska'da bir diş fosili buldu. Konunun uzmanları, bu dişin insan ve şempanze arasında ara bir türün dişi olduğunu söylediler. Ardından Nebraska adamının özellikleriyle ilgili detaylı anlatımlar yayımladı. Daha sonra bu dişin bir domuz dişi olduğu anlaşıldı. Bundan önce ise birçok antropolog, Nebraska adamının nasıl yaşadığı ile ilgili hikâyeler türetmişlerdi.

Piltdown adamı, Nebraska adamı ve Haeckel'in çizimleriyle ilgili yapılan sahtekârlık ve hatalar, Evrim Teorisi'nin yanlış bir teori olduğunu göstermez. Evrim Teorisi'nin doğruluğu veya yanlışlığı, bu teorinin bilimsel kriterleri ne kadar karşılayabildiği temelinde sorgulanmalıdır. Fakat din adına veya ideoloji adına, nasıl dogmatik önyargılı yaklaşımlar veya sahtekârlıklar yapılabiliyorsa, aynı şeyin 'bilim' adına da yapıldığını, 'bilim'in bazılarının zannettiği gibi her zaman objektif olan, önyargılardan uzak bir faaliyet olamadığını, söz konusu örnekler göstermektedir. Dinde, Tanrı'nın ödülü olduğu gibi, bilimde, bilim cemaatinin maaş veya takdir gibi ödülleri vardır; dinde, dini cemaatin dışlaması veya kabulü önemli olduğu gibi, bilimde, bilim cemaatinin dışlaması veya kabulü önemlidir; dinin tartışmasız önkabulleri olduğu gibi, bilimin de tartışmasız önkabulleri vardır. Belki de bu yüzden Kuhn, 'bilim'in mutlaka bir paradigma içinde yapıldığını belirttikten sonra, 'paradigma değişimleri'ni din değişimine benzetmiştir. Kuhn'un, bütün bilimsel çalışmaları, paradigmaya bağlılıklarından dolayı objektif olmayan ve olamayacak uğraşlar olarak tarif etmesi bence abartılı bir yaklaşımdır; fakat bilimsel çalışmaların bütünü olmasa bile, bir bölümünün böyle olduğu görülmektedir. Özellikle Evrim Teorisi gibi, bireylerin varoluşsal yaklaşımlarıyla önemli ölçüde bağlantısı olan bir konuda, bu sorun iyice kendini göstermektedir.

Kuhn'un özellikle dikkat çektiği ders kitaplarıyla 'evrimci paradigma'nın önkabullerinin aktarılması; canlılar âleminin tümüne bakarken, her tür, birbirinden türemiş gibi 'apriori bir inancın' çalışmaları yönlendirmesine sebep olmaktadır. Gözlenen tüm türler, gözlenemeyen bir sürece 'apriori bir inanç' ile değerlendirilmekte; bu türlerin kökenine dair 'inançlar' yaygın paradigmayla şekillenmektedir. Mevcut paradigmaya uymayan gözlemler olduğunda, Kuhn'un dikkat çektiği gibi bu gözlemler göz ardı edilir ve durumu kurtarıcı (*ad hoc*) düzenlemelere gidilir. Böylece bilimsel faaliyet, mevcut paradigmanın dayattığı kurallarla, Kuhn'un benzetmesine göre 'bilmece çözme faaliyeti' gibi sürer.

PARADİGMA HATIRINA PARADİGMAYA RAĞMEN

Evrim Teorisi'nin ortaya konmasında ve kabulünde; belli bir dönemin bilimsel, felsefi, teolojik, politik, sosyolojik ve iktisadi durumunun büyük etkisi olmuştur. Böylece, Evrim Teorisi kendisinin de içinde yer aldığı daha geniş bir paradigmanın parçası olduğu gibi, canlıların kökenine dair doğa tarihi çalışmalarında ise kendisi bir paradigma olmuştur. Her ne kadar Theilhard de Chardin ve Whitehead gibi birçok teolog, biyolog ve filozof, Evrim Teorisi'ni Tanrısal müdahale ile beraber ele almışlarsa da, Kuhn'un özellikle önemine dikkat çektiği ders kitaplarını incelememiz, mevcut paradigmada, yaygın olarak, Evrim Teorisi'nin, Tanrısal müdahalenin dışlanmasıyla sunulduğunu göstermektedir. Evrimci filozof ve bilim insanlarının teist ve ateist yaklaşımlarındaki çeşitliliğin ders kitaplarına yansıdığı söylenemez. Mevcut ders kitaplarındaki bu durumun anlaşılması için, bilimsel analiz kadar sosyolojik ve mevcut bilimsel eğitimle ilgili tarihsel analize de ihtiyaç olduğu, bilim sosyologlarının ve Kuhn'un yaklaşımlarına dayanılarak söylenebilir. Örneğin Kilise'nin tarih boyunca eğitimdeki tekelinin ve bunun yol açtığı zararların, laikleşme ve sekülerleşme ile ilgili süreçlerin de bu konuyla alakalı olduğu tespit edilebilir.

Bilim alanında devlet politikalarına bağlı olarak çalışmaların gerçekleştiğini vurgulayan Paul Feyerabend, "Bilim pek çok ideolojiden yalnızca biridir ve din devletten artık nasıl ayrıysa, bilim de devletten öyle ayrılmalıdır" der. 'Tanrı'nın müdahalesinden' bahsetmek bazılarına göre laikliğe aykırı gözüküyor olabilir. Oysa Evrim Teorisi'ne alternatif bir açıklama olan türlerin bağımsız yaratıldığı görüşü; ancak 'Tanrı'nın müdahalesi' savunulursa mümkündür. O zaman bilime ait ders kitaplarında Tanrı'dan bahsetmeyi peşinen inkâr eden bir yaklaşım, Evrim Teorisi'nin alternatifsiz olmasına da yer açmaktadır. Elektriğin incelenmesi, radyoaktif elementler üzerinde çalışma veya karaciğerin fonksiyonlarının belirlenmesi 'Tanrısal yaratış'tan bahsetmeden de ele alınabilmektedir. Tanrı'ya inanan, bu verileri Tanrısal tasarımın delili olarak görürken; ateist, bu oluşumları salt doğa yasalarının oluşturduğu tesadüfler olarak açıklamayı tercih edecektir. Fakat her halükarda elektrik, radyoaktif elementler veya karaciğer ile ilgili aynı veriler kabul edilebilir. Oysa canlıların kökenine dair bir incelemede, Tanrı'nın yer aldığı bir varlık anlayışı (ontoloji) alternatif bir imkân sunmaktadır. Bu ontoloji, 'türlerin bağımsız yaratılışı'nın da 'evrim'in de mümkün olabileceğini; tercihin Tanrı'nın seçimine bağlı olduğunu kabul edecektir. Oysa 'Tanrı'dan bahsetmemek' veya 'Tanrı'yı inkâr' peşinen (apriori) bir ilke olarak kabul edilince, Evrim Teorisi'ni kabul etmek dışında bir alternatif kalmamaktadır.

Canlıların kökenine dair bilimsel bilginin yetersizliği itiraf edilirse, mevcut paradigmanın kabul etmeye yanaşmadığı teolojik açıklamaların hâkimiyetinden çekinilmektedir. Gelişmiş mikroskoplar kendiliğinden türemenin mümkün olmadığının anlaşılmasına sebep olmuş ve sadece doğanın içinde kalarak bir açıklama arayanlara Evrim Teorisi/Teorileri dışında bir alternatif kalmamıştır. Doğanın tüm müdahalelere kapalı olarak sadece materyalist sebeplilik ilkesi ile işlediğine dair 'natüralist önkabul' olmasa, Evrim Teorisi'nin günümüzdeki gibi geniş ölçüde kabul görmeyeceğini savunan Philip Johnson haklı gözükmektedir. Bu da bilim, felsefe ve din üçgenindeki en hararetli tartışmanın neden Evrim Teorisi ile ilgili olduğunu ortaya koymaktadır. Daha önce görüldüğü gibi, aslında Evrim Teorisi, bir teorinin matematiksel verilere dayanması, gözlemsel ve deneysel verilerinin olması, yanlışlanmaya açık olması gibi mevcut paradigmaca da çok önemsenen kriterleri karşılayamamaktadır. Fakat 'sadece doğanın içinde kalarak açıklama yapmak' (Tanrı'dan hiç bahsetmemek) gibi bilimsel çalışma alanındaki mevcut paradigmanın çok önemli bir koşulunu Evrim Teorisi karşılamakta alternatifsiz olduğu için paradigma hatırına paradigmaya da rağmen kabul edilmektedir.

ONUNCU BÖLÜM:

"EVRİM KURAMI" VE BİG BANG İLİŞKİSİ

MATEMATİKSEL YASALARIN OLUŞTURDUĞU FARK:

BIG BANG TEORİSİ VE EVRİM TEORİSİ

Evrim Teorisi ile bazı açılardan benzeyen Big Bang Teorisi'ni incelediğimizde, bir teorinin tarihsel uzun bir süreçle ilgili olmasına rağmen matematiksel yasaları olmasının getirdiği avantajları daha iyi anlayabiliriz. Big Bang Teorisi ile Evrim Teorisi'nin önemli benzerlikleri bulunmaktadır. Big Bang Teorisi ile on beş milyar yıl önce başlayan, başlangıcını gözlemleyemediğimiz evrenin meydana gelmesine dair bir süreç savunulur; Evrim Teorisi ile birkaç milyar yıl önce başlayan, başlangıcını gözlemleyemediğimiz, canlıların oluşumuna dair bir süreç savunulur. Big Bang Teorisi ile tek noktadaki bir başlangıçtan atomlara, atomlardan toz bulutlarına, toz bulutlarından galaksilere bir evrim gerçekleştiği ileri sürülür. Evrim Teorisi ile moleküllerden tek-hücrelilere, tek-hücrelilerden daha kompleks canlılara bir evrim süreci savunulur. Fizik alanında Big Bang Teorisi 20. yüzyılın ilk yarısında, biyoloji alanında Evrim Teorisi ise 19. yüzyılda ortaya konduğu için, her iki teorinin de insanlık tarihine göre yakın dönemin ürünleri oldukları söylenebilir.

Baştan sadece teorik olarak ortaya konan Big Bang Teorisi ile evrenin genişlediği ortaya atıldı; çok kısa bir zaman sürecinden sonra teleskopla yapılan gözlemlerle de bu iddia destek kazandı ve evrenin sürekli genişlediği gözlemsel olarak doğrulandı. Edwin Hubble, 1929 yılında, Mount Wilson Gözlemevi'nde, devrin en gelişmiş teleskobuyla tüm galaksilerin birbirlerinden uzaklaştığını gözlemledi. Hubble evrenin genişlemesini, 'Doppler etkisi'ni kullanarak keşfetti. Bu trafik radarına yakalanmaya neden olan etkinin aynısıdır. Buna göre, ses veya ışık kaynağı, gözlemciye yaklaşıyorsa dalga boyu küçülür ve biz ışık maviye kaymıştır deriz, uzaklaşıyorsa dalga boyu büyür ve bu kez de kırmızıya kaymadan söz ederiz. Hubble, tüm galaksilerin kırmızıya kaydığını gözleyerek, bütün galaksilerin birbirlerinden uzaklaştığını; kısaca, evrenin genişlediğini, gözlemsel temelde ortaya koydu. Bilimsel kriterlere başarılı bir şekilde uygun olmanın en önemli göstergelerinden birinin öngörüde bulunma gücü olduğuna daha önce dikkat çekmiştim. Big Bang Teorisi ile önceden öngörülen evrenin genişlemesi gibi çok büyük bir iddia, sonradan gözlemsel olarak doğrulanmıştır. Evrim Teorisi, şu anda var olan bütün canlıların evrim geçirerek diğer türlerden oluştuklarını söyler, fakat elle dokunma mesafesindeki türlerden yeni özelliği olan farklı türlerin, cinslerin, familyaların oluşumunu destekleyecek gözlemi, canlılarla deney yapma şansına rağmen sunamaz. Mesela kimse bir laboratuvarda farenin kediye dönüşüne tanıklık edemez. Buna karşın Big Bang Teorisi, daha uzun bir süreçle ilgili olmakla beraber gözlemsel verilere sahip olma kriterini daha iyi karşılamaktadır.

Fred Hoyle ve arkadaşları evrenin genişlemeye rağmen durağan bir yapıda olabileceğini göstermeye çalışırlarken 'Durağan Durum Teorisi'ni (*Steady State Theory*) ortaya attılar. Bu teoriye göre evrenin genişlemesiyle ortaya çıkan boş alan, sürekli bir şekilde madde yaratılması ile dolduruluyordu. Bu teori, fiziğin temel yasası olan 'maddenin ve enerjinin korunması' ilkesine (termodinamiğin birinci yasası) uymuyordu. Evrende çok büyük orandaki entropinin varlığı, gözlenen genişlemenin mekanizmasının gösterilememesi, galaksilerin dağılım şekli ve daha birçok faktör açısından Durağan Durum Teorisi, daha baştan, Big Bang Teorisi kadar başarılı değildi. Fakat uzun süre Big Bang Teorisi karşısındaki tek alternatif bu teoriydi. Big Bang Teorisi'ne göre evrenin başlangıcı çok sıcak ve çok yoğundu, genişlemeyle bu yoğunluk ve sıcaklık sürekli düşüyordu. Bu çok sıcak ilk ortam, Hoyle'nin teorisinin açıklayamadığı hidrojenin oluşumu için gerekli çok yüksek sıcaklıktaki ortamın açıklamasını yapabiliyordu. Hoyle ise bunu kabul etmek istemiyor ve "Big Bang'in fosilini bana bulun" diye alay ediyordu. 1948 yılında Gamow ve arkadaşları, Big Bang'in başlangıcındaki yüksek ışımalı çok sıcak ortamın kalıntısının bugün bile evrende olması gerektiğini matematiksel hesaplar çerçevesinde ileri sürdüler. 1965 yılında Arno Penzias ve Robert Wilson, Gamow ve arkadaşlarının, Big Bang Teorisi'nin evren modeline dayanarak öngördüğü 'kozmik fon radyasyonu'nu (aranan fosili) bulup Nobel Ödülü'nü aldılar. Bu keşfi bazı ünlü fizikçiler, modern kozmolojinin doğumu olarak kabul ettiler. 1989 yılında uzaya fırlatılan COBE uydusundan 1992'de gelen veriler, kozmik fon radyasyonunu ve bu radyasyonda gezegenlerin oluşması için gerekli olan dalgalanmaları çok hassas bir şekilde gösterdi. Stephen Hawking COBE'den gelen veriler için "Bu, yüzyılın, hatta belki de tüm zamanların en büyük buluşudur" yorumunu yaptı.

Big Bang Teorisi'ne dayanarak yapılan öngörüleri, daha sonra gelişmiş cihazlarla yapılan gözlemsel kanıtların desteği izledi. Bu teorinin bahsedilen öngörüleri bilim insanlarına bu teoriyi yanlışlayabilmeleri için imkân tanıyordu. Fakat bulgular hep rakip teoriler yerine Big Bang Teorisi'ni destekledi. Bu bulgular, milyarlarca yıl öncesindeki bir patlamayla başlayan bir süreçle ilgili bir teorinin nasıl yanlışlanabilir öngörüler ileri sürebileceğinin bir delilidir. Örneğin evrenin genişlemediği veya kozmik fon radyasyonunun mevcut olmadığı gösterilebilseydi teori yanlışlanabilirdi. Üstelik bu yanlışlamaya açık öngörüler sürekli sürdü. Big Bang Teorisi, evrenin sıcaklığının ve yoğunluğunun genişlemeye bağlı olarak düştüğünü söyler. Buna göre evrenin geçmişi daha yoğun ve daha sıcaktır. Teleskopla gördüğümüz yıldızların birçoğunun ışığı milyarlarca yıl önceden, yani evrenin geçmişinden gelir. 1994 yılında, evrenin geçmişinin sıcaklığının, şimdikinden daha yüksek olduğu saptanabildi. Eğer evrenin geçmişinin, aynı sıcaklıkta veya daha soğuk olduğu gösterilebilseydi Big Bang Teorisi yanlışlanabilirdi. Sonuçta bu teorinin yanlışlanabilir cesur iddialarına karşı yanlışlanamaması, daha önce bahsettiğimiz 'yanlışlana-bililik' ile ilgili kriteri başarıyla karşıladığını göstermektedir.

Big Bang Teorisi, William Whewell'in ayrı ayrı alanlardan gelen delillerin birleşimiyle sonuca varmayı ifade etmek için kullandığı 'birleşmeli tümevarım'(*consilience of induction*) yöntemine de uymaktadır. İncelenen önceki delillere şunları da ekleyebiliriz; Big Bang Teorisi'nin öngördüğü evren modeline uygun şekilde, evrenin %25'inin helyum, %73'ünün hidrojen olduğu anlaşılmıştır. Bu teori ile atom altı dünyanın oluşumu ile ilgili bir teori elde edilmiş, bu teoriye dayanarak Big Bang'den sonraki ilk dakikalar hakkında akıl yürütülebilmiştir. Evrendeki döteryum ve lityum gibi hafif atomların açıklaması sadece bu teori ile yapılabilmektedir; ağır atomların yıldızların içindeki süreçlerle açıklaması yapılmaktadır. Ayrıca yıldızların incelenmesinden, entropiden ve radyoaktif elementlere dayalı tarihlendirme yöntemiyle varılan sonuçlardan evrenin bir başlangıcı olması gerektiğinin anlaşılması da Big Bang Teorisi'ni desteklemiştir. Ayrı ayrı alanlardan gelen bu delillerin her biri, Big Bang Teorisi'ni desteklerken, Durağan Durum Teorisi gibi rakip teorileri yanlışlamıştır. Kısacası William Whewell'in deyimiyle 'birleşmeli tümevarım', yani ayrı alanlardan gelen verilerin gücünü birleştirmesi ile yapılan tümevarım; Big Bang Teorisi ile çok başarılı bir şekilde gerçekleşmiştir.

Big Bang Teorisi, başka hiçbir teorinin açıklayamadığı şekilde görünür olguları açıklayarak, rakip hiçbir teorinin yapamadığı öngörüleri yaparak ve bu öngörülerle kendisinin yanlışlanması imkânını tanıyarak, evrenin matematiksel modelini çok başarılı bir şekilde sunarak, başarılı bilimsel bir teori olmuştur. Üstelik Big Bang Teorisi, Evrim Teorisi'nden çok daha eskilerden başlayan (günümüzden 13,7 milyar yıl kadar önce) bir süreçle ilgili bir teoridir. Bu teori, bir teorinin milyarlarca yıllık bir sürece dair olmasına rağmen önemli birçok bilimsel kriteri nasıl karşılayabildiğinin bir örneğidir. Oysa daha önce görüldüğü gibi Evrim Teorisi, biyolojinin kendisine has doğası ve çeşitliliğinden kaynaklanan nedenlere aynı başarıyla bu kriterleri karşılayamamaktadır.

Biyolojinin fizikten farklı bir bilim dalı olması ve biyolojide öngörüde bulunmanın zorluğu gibi sebepler, Evrim Teorisi'nin, Big Bang Teorisi kadar başarılı bir teori olamamasının nedenleri olarak ileri sürülebilir. Linnaeus'un türleri tamamen sabit gören yaklaşımı günümüzde yanlışlanıp elenmiştir. Evrim Teorisi'nin delili olarak ortaya konan iyi temellendirilmiş veriler (ispinoz kuşlarının gagaları gibi), bu teoriye şüpheyle bakanların da rahatça kabullenebileceği sınırlı değişikliklerin gösterilmesinin ötesine geçememektedir. Big Bang Teorisi ise milyarlarca yıllık bir sürece ait bir teori olmasına rağmen; rakip teorilerin hiçbirince öngörülemeyen, yanlışlamaya açık tahminler ileri sürmüş ve gözlemsel verilerin bunları doğrulamasıyla bilim felsefesi alanında dikkat çekilmiş birçok kriteri başarıyla karşılamıştır.

HOMOLOJİDEN EVRİM TEORİSİ'NE VARILABİLİR Mİ?

Evrim Teorisi adına ön plana çıkan iddiaların birçoğunda canlılardaki benzerlikler hareket noktasıdır. Canlılardaki benzerlikler, farklı görüşlerde olan birçok ünlü biyoloğun dikkatini çekmiştir. Aristoteles canlıları sınıflarken bu benzerlikleri temel almıştır. Linnaeus da, Owen da canlıları benzerliklerine göre sınıflandırmıştır. Her canlı sırasıyla bir âlem, filum, sınıf, takım, familya, cins ve türe aittir. Aynı cinsin altındaki türler birbirlerine, aynı cinsin altında olmayan türlere nazaran daha çok benzer. Linnaeus ile beraber 18. yüzyılın ve 19. yüzyılın ilk yarısının tüm ünlü taksonomistlerinin canlı sınıflandırmaları, canlıların benzerlikleri temelinde yapılmıştır. Bu sınıflandırmalar 'özcü yaklaşım' (*essentialism*) çerçevesinde oluşturulmuş, canlıların benzerliklerine sebep olan 'özler', Tanrı'nın zihnindeki plana göre oluşan tasarıma bağlanmıştır. Böyle olunca, canlıların ortak bir atadan evrimleştiği fikrine gerek duyulmadan; onlar, birbirlerine benzerlikleri (homoloji) temelinde sınıflandırılmıştı.

Darwin, daha önceden canlıların sınıflandırılması için kullanılan bu benzerliklerin, Evrim Teorisi'nin delili olduğunu ileri sürdü. Canlılar sınıflamasının başına ortak bir ata koyarak bütün türleri birbirine bağladı. Canlıların tarihini, canlıların evrimle kazandıkları benzerlikleri üzerine bina edip, bu benzerliklerin yakın ve uzak akrabaları belirlemekte kriter olduğunu ileri sürdü. Darwin'den önce canlıların benzerliklerinde 'homolog' ve 'analog' yapıların karıştırılmaması gerektiğine dikkat çekilmişti. Richard Owen, '*Türlerin Kökeni*' yayımlanmadan 11 yıl önce (1848) yayımladığı kitabında, 'analog organlar'ın yapısal olarak bağlantısız olup, canlılarda aynı amaca yönelik kullanılan organlar olduklarını; buna karşın 'homolog organlar'ın, ayrı amaçlar için kullanılsalar bile yapısal olarak benzer olduklarını söyledi. Owen, sınıflandırma açısından homolojilerin esas olduğunu, analog yapıların dikkate alınmaması gerektiğini söyledi. Bu tanıma göre sinekte ve leylekte uçmak gibi aynı amaca yarayan kanatlar, farklı yapılarından dolayı analogdurlar. Buna karşın omurgalıların ön eklemlerindeki yapısal benzerlikler balinada yüzmeye, atta koşmaya yarasa da, bu organlar homologdur.

Omurgalıların sahip olduğu homolog organlar, aşağı yukarı Evrim Teorisi'ni savunan bütün kitaplarda teorinin en önemli delillerinden biri olarak gösterilir. Oysa Evrim Teorisi'ne karşı olan Owen da homologluğu kabul etmişti, fakat bu benzerliklerin ortak bir 'arketip' kaynaklı olduğunu ileri sürüyordu. Bu 'arketip', Tanrı'nın aklındaki plan, Platonik bir idea veya doğaya içkin Aristotelesyen bir form olarak anlaşılabilir. Çünkü Darwin'den önce birçok ünlü biyolog homolog organları farklı şekilde yorumlamışlardır; homolog yapılar, Evrim Teorisi'nin bir keşfi değildir. Evrim Teorisi'ni anlatan ders kitaplarından bu teoriyi öğrenen birçok kişi, bilim dünyasının, canlıların homolog organlarının olduğunu, Darwin sayesinde öğrenmiş gibi bir hisse kapılmaktadırlar. Canlılarda homolog organların olduğu çok açıktır, asıl sorun bu organlara dayanarak Evrim Teorisi'ne varmanın doğru olup olmadığıdır.

Darwin'in teorisi ile homolojiye yeni bir tanım gelmiştir. Bu tanıma göre ortak ata yoluyla alınan özellikler homologdur, bunun dışındaki özellikler ne kadar yapısal açıdan benzerlik gösterirse göstersin analogdurlar. Örneğin insanların gözleriyle ahtapotların gözleri, hem yapısal hem de fonksiyonel olarak benzemelerine rağmen, bu benzerlik analog olarak nitelenir. Sonuçta evrimci biyologlar da birbirlerine çok benzer olan yapıların birbirinden evrimleşmeden oluştuğunu söylemişlerdir. Yeni-Darwinciler, canlılarda beş parmaklılığın 2 kez, kanatların 4 kez, gözlerin ise 40-60 kez birbirlerinden bağımsız olarak evrimleştiğini ifade etmektedirler. Buna göre Evrim Teorisi'ne inananlar ortak atadan alınmadan benzer vazife gören veya dış yapısı benzer olan organların oluştuğunu kabul etmek zorunda kalmışlardır. "Eğer birbirlerine çok benzer olan yapıların kimisi ortak atadan miras alınma yoluyla açıklanmamasına rağmen var olabiliyorsa; neden canlılardaki benzer birçok dış özelliğin veya moleküler yapının -gözlemsel veri olmamasına rağmen- ortak atadan miras alınmak yoluyla benzerliklerinin açıklamasını yapan evrimci açıklamayı kabul etmemiz gerekir" sorusu cevaplanması gerekli önemli bir sorudur.

Darwin'e göre başka hiçbir delil olmasa bile canlılardaki homoloji tek başına Evrim Teorisi için yeterli delildir. Burada şu soru karşımıza çıkmaktadır: "Homoloji, Evrim Teorisi'nin delili midir, yoksa Evrim Teorisi'ne göre mi homolojiler belirlenmektedir?" Eğer canlılarda hangi özelliklerin homolog olduklarını Evrim Teorisi'nin soy ağacına göre belirliyorsak, o zaman homolojileri belirlemeden önce Evrim Teorisi'ni ve bu teorinin soy ağacını belirlemeliyiz. Bu ise homolojinin Evrim Teorisi'nin delili olarak gösterilmesi halinde sadece bir totolojiye düşeceğimizi gösterir. Bu totolojiyi şu şekilde gösterebilirim:

1. Homoloji, Evrim Teorisi'nin en temel delilidir.
    1. Buna göre (1. maddeye) homolojiden dolayı Evrim Teorisi bilinir diyebiliriz.
    2. Evrim Teorisi'ne dayanarak homolojiler belirlenir.
        1. Homolojiden dolayı bilinen Evrim Teorisi'ne göre (2. maddeye) homolojiler belirlenir (3. madde).

Evrim Teorisi'nin homoloji dışında bir delili olduğu gösterilemezse, Evrim Teorisi'nin ortak atalardan kazanılan özelliklere dayalı homoloji tarifini doğrulayacak hiçbir objektif veriye sahip olamayız. Omurgalıların ön eklemlerinin homolog olduğunu belirleyecek bir Darwinist, önce bu organların ortak bir atadan miras alınıp alınmadığını tespit etmek zorundadır. Bu da, daha önce ortak atanın kimliği ile ilgili delile sahip olmayı gerektirir. Eğer homolojinin ortak atayı belirlemekteki kriter olduğu ileri sürülürse, bu durumda mantık açısından 'kısır döngü'ye (*vicious circle*) girilmiş olunur. Birçok filozof ve biyolog bu 'dairesel akıl yürütme' (*circular reasoning*) yüzünden Evrim Teorisi'ni eleştirmişlerdir. Felsefeci Ronald Brady şöyle demektedir: "Açıklamamızı, açıklanması gerekli durumun tanımına dönüştürdüğümüzde, bilimsel bir hipotezden ziyade bir inancı ifade etmiş oluruz. Açıklamamızın doğruluğuna o kadar kanaat getirmişizdir ki, tanımımızı, açıklanması gerekli durumdan ayırmaya gerek bile görmeyiz. Bu tarzdaki dogmatik yaklaşımlar bilim alanından uzaklaştırılmalıdır."

Homolojileri ortak atayla açıklayan yaklaşımın bilimden uzaklaştırılması gerektiğini düşünmüyorum ama bu açıklamanın içindeki daireselliği de her zaman göz önünde bulundurmalıyız.

ONBİRİNCİ BÖLÜM:

"FOSİL KAYITLARI" VE "EVRİM KURAMI" İLİŞKİSİ

FOSİLLERDE VE EMBRİYOLARDA HOMOLOJİ

Yaşayan türler yerine fosillerdeki homoloji ile Evrim Teorisi'ne ulaşılmaya kalkıldığında daha önce dikkat çekilen totolojilerin aynısı tekrarlanmaktadır. Fosillerin önemli bölümünün yumuşak organlardan mahrum olmaları, birçok zaman kemik gibi sert yapıların bile tam bulunamamasından dolayı, kısıtlı bulgulardan canlının organlarının fonksiyonlarının belirlenmesindeki sorunlar fosillere dayalı homoloji kurgularını çok daha fazla sıkıntıya sokmaktadır. Evrimci Tim Berra fosil kayıtlarını otomobil modellerine benzeterek; 1953, 1954, 1955 model Corvette arabaları incelediğimizde, bu modellerin değişim ile soyoluşa örnek teşkil ettiklerini söylemiştir. Oysa otomobiller, mühendislerin zihnindeki bir plana uygun olarak 'arketip'e göre üretilirler. Arabaların 'zihindeki plan' ve 'arketip'e bağlı olarak benzer olmaları ve bu benzerliklerin birbirlerinden türemeyle (hiçbir araba eski modelin üzerindeki değişikliklerle oluşmaz) alakasının olmaması, arabalardaki benzerliklerin Darwinci canlı sınıflamasına değil; benzerliklere dayalı evrimi öngörmeyen diğer sınıflamalara örnek olduğunu gösterir. Bu yüzden Philip E. Johnson, Berra'nın verdiği örneği 'Berra'nın gafı' (*Ber-*

ra's blunder) olarak isimlendirmiştir. Fosillere dayalı evrimi delillendirme çabası temelde fosillerdeki homolojiden Evrim Teorisi'ne varmaya dayalıdır. Oysa fosiller bu konuda gözlemlenebilen canlılardan çok daha kısıtlı bilgi vermekle beraber, gözlenen canlılardaki totolojilerin aynısı bu alan için de geçerlidir.

Ortak atadan alınan özellikler homolog kabul edildiğinde, homolog organlar taşıyan canlılarda bu organların embriyo aşamasındaki gelişim şeklinde ve genetik seviyede de homoloji aramak gerekir. Oysa birçok canlıda, örneğin omurgalılarda homolog kabul edilen birçok organın, embriyonun ilk aşamalarında homolog yapıda olmadıkları gözlemlenmektedir. Bu da homolog birçok organın, homolog olmayan kökenlerden oluştuğunu gösterir. Homolog oldukları iddia edilmesine rağmen gelişim yollarındaki farklılığa omurgalı eklemlerinde de tanık oluruz. Embriyo aşamalarında omurgalı eklemleri genelde arka (kuyruk) bölgeden başa doğru gelişirler. Oysa omurgalı bir canlı olan semenderlerde gelişim bunun tam tersidir. Semenderlere benzer bir canlı olan kurbağalarda ise genel omurgalı gelişimi gözükür. Böceklerdeki birçok homolog organın da embriyo sürecindeki oluşumlarında, birbirlerine hiç benzemeyen embriyolojik kökenlerden geldikleri görülmektedir. Canlılardaki homolojiyi, ortak atadan miras alınan özelliklerle açıklamaya çalışan Evrim Teorisi için, embriyo aşamalarında da aynı homolojik yapının olmasının gerekmesi, önemli sorunlara yol açmaktadır.

Omurgalılardaki birçok homolog kabul edilen organın embriyo aşamalarının homolog olmadığı anlaşılmıştır. Örneğin De Beer'ın işaret ettiği gibi, omurgalıların hazım borusu (*alimentary canal*) çok değişik embriyolojik kökenlerden gelmektedir; köpekbalıklarının embriyolarındaki üst ve alt bölge, kuşların ve sürüngenlerin embriyolarının ise alt katmanı hazım borusuna dönüşmektedir. Homoloji konusunda en çok tartışılan yapıların başında gelen omurgalıların ön eklemleri de değişik embriyolojik kökenlerden gelirler. Semenderlerin gövdelerinin 2, 3, 4 ve 5., kertenkelenin 6, 7, 8 ve 9., insanın ise 13, 14, 15, 16, 17 ve 18. kısmından ön eklemler oluşur. Darwin, homolog yapıları canlılardaki homolog embriyo aşamaların sonucu olarak görmüştü. Oysa detaylı embriyoloji araştırmaları, canlılardaki homolojinin, embriyo aşamalarında karşılığı bulunmadan da oluştuğunu göstermiştir. Evrimci biyologlar, plasentalıların ve keselilerin birbirlerinden farklı evrimsel çizgide oluştuklarını ifade etmişlerdir. Fakat birbiriyle dış yapıları homolog olduğu söylenen, hatta aynı türün üyeleri olduğu varsayılan canlıların gelişim aşamalarında plasentanlılar ve keseliler olarak farklı olabilmeleri Evrim Teorisi'nin homoloji yaklaşımı açısından açıklanması zor bir sorundur.

Bu konuda cevaplanması gereken bazı sorular şunlardır: Homolog yapılar ortak gelişim süreci olmaksızın oluşabiliyorsa, o zaman bu yapıların ortak atadan miras yoluyla -Evrim Teorisi ile- açıklanmasının gerektiğini neden düşünelim? Eğer bu yapılar ortak atalardan miras olarak alındıysa, neden bu homolog yapıların embriyo aşamalarındaki gelişimleri farklıdır? Eğer homolog yapıların embriyo gelişim süreçlerinin farklı olduğu anlaşılınca, bu yapıların ortak atalardan miras yoluyla alındığı iddiasından vazgeçilecekse; o zaman, canlılardaki benzerlikleri Evrim Teorisi'nin yaklaşımıyla açıklamayı yegâne açıklama olarak görme konusunda neden ısrarcı olunmaktadır?

MOLEKÜLER SEVİYEDE HOMOLOJİ

Özellikle 20. yüzyılda biyolojide yaşanan gelişmeler sonucu, moleküler biyolojideki gelişmelerle Darwin'in Evrim Teorisi'ni birleştiren Yeni-Darwinizm ön plana çıktı. Bu anlayış, canlılardaki homolog yapıların homolog moleküllerden ve genlerden kaynaklanması gerektiğini ileri sürer. Bu görüşle beraber canlılardaki protein ve DNA gibi moleküllerdeki homolojinin incelenmesi önem kazandı. Canlıların bedenlerindeki benzerliklerden (morfolojiden) Evrim Teorisi'ne varılmaya kalkıldığında içine düşülen dairesel akıl yürütmeden, embriyo aşamalarındaki veya moleküler seviyedeki homolojilerden Evrim Teorisi'ne varılmaya çalışıldığında da kurtulunamaz. David Hillis'in, 1994'te dediği gibi: "Artık moleküler biyolojiye dayanılarak ortak atalar tespit edilmeye çalışılmaktadır." Bu ise karşılaştırmalı anatomi ile homolojiyi belirlemeye çalışanların yüzleştikleri sorunların yerine yeni sorunların içine düşülmesine yol açmıştır. Bu problemlerin aşılabilmesi için ortak ata belirlenmeye çalışılmaktadır. Böylece 'moleküler seviyedeki homolojiye dayanarak belirlenen ortak ataya göre homoloji belirlenmeye' uğraşılmıştır ki, bu daha önce görülen totolojiden kurtulunamadığını gösterir.

Evrim Teorisi'ni savunanların, morfolojideki homolog yapıların, embriyo aşamalarında ve moleküler seviyede paralellik göstermesi gerektiğine dair beklentileri, moleküler seviyedeki verilerin sonucunda yeni sorunlarla karşılaşmıştır. Genler üzerindeki çalışmalarla, aşağı yukarı kompleks canlılardaki her genin, birden fazla organı etkilediği tespit edilmiştir. Genlerdeki bu çok etkililiğe 'pleiotrophy' denmektedir. 'Pleiotrophy'e bağlı olarak oluşan etkilerin ise türlere özel olduğu saptanmıştır. Örneğin tavuğun sırf bir geninde oluşan mutasyonlardan değişik birçok organın da etkilendiği anlaşılmıştır; tavuğun tacının oluşumunu etkileyen bir gendeki mutasyon, kafatasındaki bir yumruya da sebep oldu. Tüyü olmayan omurgalılarda, kafatası gibi tüm omurgalılarca paylaşılan bir yapıyı oluşturacak genin, tavuğun tacını oluşturan genin homoloğu olduğu düşünülemez. Bu tip örneklerin çokluğu, De Beer'ın, homolog yapıların (fenotipin), mutlaka homolog genlerce kontrol edilmediklerini söylemesine yol açmıştır.

Moleküllerin türler arasındaki benzerlik oranının incelenmesinde de evrimci öngörüyle bağdaşmayan bazı sonuçlarla karşılaşılmıştır. Örneğin Relaxin proteini üzerinde yapılan bir araştırma, köpekbalıklarıyla domuzun, domuz ile kemirgenlerden daha yakın olduğunu göstermiştir. Bu tip örnekler, moleküler biyolojiden elde edilen bulgularda evrimci öngörüyle uyuşmayan sonuçlara rastlandığı anlamına gelmektedir. Moleküler seviyeden elde edilen verilerin Evrim Teorisi ile uyuşmayan sonuçlar vermesi istisnai birkaç örnekle sınırlı değildir. Evrimci öngörüye göre canlıların dış yapıları ne kadar benzer ise moleküler yapıları da o kadar benzer olmalıdır. Aslında bu öngörüyü Evrim Teorisi'ni reddeden kişiler de paylaşabilirler; canlıların dış görünüşünü belirleyen en önemli faktör moleküler seviyedeki yapıdır. Fakat evrimci biyologlar için bu öngörü kaçınılmazdır. Çünkü teoriye göre moleküler seviyedeki mutasyonlar ile olan değişiklikler türlerin değişimini sağlar; canlıların dış görünüşlerindeki benzerliklerine göre akrabalık dereceleri saptanmış olduğu için ise, mutlaka moleküler seviyedeki benzerlik, canlıların dış görünüşündeki benzerliğe dayalı kurulan soy ağaçlarını bozmamalıdır.

Moleküler seviyedeki yapılar üzerinde gerçekleştirilen araştırmalarda; örneğin, köpeklerin, birçok molekülün yapısında kertenkelelere, tavuklardan daha yakın oldukları tespit edilmiştir. Bir araştırmadaysa, ele alınan protein moleküllerinde, tavuğun ve timsahın sahip olduğu bu proteinlerin insanınkine çok benzer olduğu gösterilmiştir. Eğer evrimci öngörüye göre 'benzerlik oranından akrabalık derecesine' yükseleceksek; o zaman, sırf bu moleküllerle sonuca varsaydık, tavuk ve timsahın insanın yakın akrabası olduğunu söylerdik. Diğer yandan kemikli balıkların (*lungfish*) proteinlerinin memelilerden fark derecesi ile lamprey'den (yılan balığına benzer su canlısı) fark derecesi aynıdır. Oysa evrimci öngörüye göre kemikli balıklar ile memeliler arasında çok uzak akrabalık ilişkisi olduğundan, bunlar arasındaki moleküler farklılığın lamprey'den çok daha büyük olması gerekirdi. Bakterinin Sitokrom-C proteini, mayadan yüzde 69, buğdaydan yüzde 66, ipek böceğinden ve ton balığından yüzde 65, güvercinden ve attan ise yüzde 64 oranında farklıdır. Hiçbir eukaryotik sitokromun (en önemlisinin Sitokrom-C olduğu proteinler) bakteri sitokromunun ara formu olarak gösterilemeyeceği anlaşılmaktadır. Örneğin buğday yüzde 20, ipek böceği yüzde 30, at yüzde 50 oranında bakteri Sitokrom-C'sinden farklı olsaydı, bu evrimci öngörülere daha uygun olurdu. Bu da eukaryotik hücrelere (çekirdeği olan hücreler) sahip canlıların, bakterilerden (prokaryotik -çekirdeksiz hücreli-canlılardan) tamamen ayrı, izole bir sınıf oluşturduklarını gösterir.

Bu verilere göre Darwin'in beklentisinin tam tersine doğada atlamalar -hatta büyük sıçramalar-vardır. Bu sonuç, sadece Darwin ile değil, Evrim Teorisi'nin tam karşıt kampında gösterilen Linnaeus gibi canlıları, 'varlık merdivenleri'nde hiyerarşik olarak birbirinin ardınca dizen biyologların ve doğada atlamayı reddeden Leibniz gibi filozofların da beklentilerine terstir. Moleküler olarak, hiçbir canlının proteininin, diğerlerinden daha ilkel veya daha gelişmiş olduğu söylenemez. Moleküler seviyedeki incelemelerle İbn Miskeveyh gibi veya Linnaeus gibi veya Darwin gibi canlıları birbirinin ardınca dizmek oldukça sorunludur. Canlıların bir kısmı birbirlerine çok benzer olsa da, kanadın ortaya çıkışı veya eukaryotik hücreye geçiş gibi çok büyük yeniliklerde; arının bal yapışı veya ateş böceğinin çiftleşmesi gibi canlıların gerçekleştirdiği birçok cinse özel işte, belli cinsler diğerlerinden tamamen farklı özellikler gösterirler. Bu yapılar veya bu özellikler için ara formlar göstermekte ciddi sorunlar mevcuttur. Canlıların birçok özelliğini hiyerarşik olarak dizmek mümkün değildir. Bukalemunun değişimi de, örümceğin ağı da, yunusun radarı da kendilerine mahsustur. Bu tip özellikleri birbirlerine karşı değerlendirecek hiçbir kriter yoktur. Bu yüzden biyoloji tarihinin çok büyük kısmında ciddi ilgi görmüş 'büyük varlık zinciri' (*great chain of being*) anlayışı da, Evrim Teorisi kadar, gözlemsel ve deneysel destekten yoksundur.

MOLEKÜLER SEVİYEDE ŞEMPANZE VE İNSAN

Canlıların moleküler seviyedeki benzerlikleri, proteinlerin karşılaştırılmasıyla incelendiği gibi, kimi zaman bu proteinlerin kodunu oluşturan DNA veya bu koda uygun proteinlerin sentezinde görev alan RNA'ların kodlarının incelenmesiyle de ele alınır. İnsana moleküler seviyede en çok benzediği kabul edilen şempanze ile insan arasındaki benzerlik, 2004 yılında, Japonya'nın Riken Enstitüsü'nde karşılaştırılmaya çalışıldı. Bunun için insandaki 21. kromozom ile şempanzedeki bu kromozomun karşılığı olan 22. kromozom deşifre edilerek karşılaştırıldılar. (Daha önceki şempanze ile insan mukayeseleri daha çok protein karşılaştırmalarına dayanmaktadır.) Bu kromozomların yüzde olarak büyük bir kısmı benzer olmakla beraber DNA'ların 68.000 yerinde farklılık olduğu görülmüştür. Bu yerlerin bir kısmı insanda şempanzeden fazla, bir kısmı ise eksiktir. Şempanzenin protein gibi molekülleri insanınkilere yüzde 98.5 oranında benzemektedir, fakat sırf bir kromozomda 68.000 yerdeki farklılık, üzerinde yoğunlaşılması gerekli önemli husustur.

İnsanla şempanzenin benzerliğinde birçok araştırmacı, sadece farklı olan bölümleri (*substitution*) göz önüne alarak '% 1,5 farklılık' gibi oranları telaffuz etmişlerdir. Oysa bu farklı bölümlerden başka insanda olmasına rağmen şempanzede olmayan veya şempanzede olmasına rağmen insanda olmayan bölümler (*insertion* veya *deletion*) de vardır ki, bunlar türler arası farklılıkta daha da önemli olabilirler. Bunlarla beraber iki tür arası farklılık % 4'lere çıkmaktadır. Farklılıkların olduğu yerlere örnek olarak FOXP2, NCAM2 ve GRIK1 bölgeleri verilebilir; bu genlerin sinir sistemiyle ilgili yapılarda etkin olduğu saptanmıştır. Bu fazlalıklar sadece insana ait olup şempanzede eksiktir. İki galaksi arasındaki uzaklığın %1'inden bahsedersek, bu yüzde çok küçük gözükebilir; ama bu %1'in trilyonlarca kilometreye ulaştığını ve Dünya'mızdaki tüm mesafeleri gölgede bıraktığını anlarsak o zaman durum değişir. İnsan ile şempanze arasındaki farkta da önemli olan yüzdeler değil, bu yüzdelerin neye karşılık geldiğidir. İnsanla şempanze arasında 35 milyon kadar noktada farklılık olmasına karşılık, 45 milyon kadar noktada insanın sahip olduğu ve şempanzede olmayan, 45 milyon kadar da şempanzenin sahip olduğu ve insanda olmayan nokta vardır. Bunların toplamı ise 120 milyonu geçmektedir ki bu çok büyük bir farklılıktır.

Benzerlikten ortak ataya sıçramanın gözlemsel desteği olmasa da mantıklı bir akıl yürütme olduğu kanaatindeyim. Kitabın dinlerle ilgili bölümünde ne teizm açısından ne de dinler açısından maymunla insanın ortak atadan türediği iddiasında bir sorun olmadığını da savundum. Fakat bu türler arasında geçişin tesadüfi olduğu savunulursa mantıkilik yitirilir. DNA gibi çok hassas yapıda bir molekülde, 6 milyon yıl gibi çok kısa bir zaman diliminde bahsedilen büyüklükte bir değişimin tesadüfen oluştuğunu ve bireylerde oluşan özelliklerin türün gen havuzunda yok olmadan türün özelliklerine dönüştüğünü söylemek olasılık hesapları açısından savunulamayacak bir iddiadır. İlerleyen sayfalarda tasarım delili ile ilgili bölümde detaylı bir şekilde göstereceğim gibi, belli bir işlevi olan tek bir proteinin ortaya çıkmasını izah etmek için bütün uzayın tüm maddesi ve tüm zamanı yetersiz kalmaktadır. Bahsedilen iki tür arası farkı kodlayan bölge ise yüzlerce proteinin şifresi olabilecek kadar uzundur.

Canlılar, aynı atomlardan ve bileşiklerden oluşan, çoğunluğu su olan ve ortak bir çevreyi aynı dünyada paylaşan varlıklardır. Çoğalmak, amaçlı enerji kullanmak, hareket etmek gibi ortak vasıflara sahiptirler. Üstelik birbirleriyle beslenirler, böylece birbirlerinin moleküllerini yaşamak için kullanırlar ve bu molekülleri sindirmek için de benzer yapılara ihtiyaç duyarlar. Beslenme döngüsünü mümkün kılan unsurların başında 'moleküler seviyedeki benzerlik' gelmektedir. Tüm bu özellikler canlıların benzer olmasını gerektirmektedir. Tarih boyunca birçok biyolog, canlıların aynı Yaratıcı tarafından yaratılmalarının yanında, sahip oldukları saydığımız tüm bu ortaklıkları canlıların benzerliklerinin sebebi olarak görmüşlerdir. Canlıların dış yapılarının da moleküler yapılarının da benzerliği bu temelde değerlendirilebilir. Evrim Teorisi'nin doğruluğu veya yanlışlığı tartışma dışı bırakılıp, canlıların bir tasarımın ürünü olup olmadığı gözlenen canlıların gözlenen özellikleri üzerinden tartışılabilir. Bu konuyu merak edenler ilerleyen sayfalardaki tasarım delili ile ilgili bölümü okusunlar.

ARTIK ORGANLAR

Bazı evrimci biyologlar, canlılardaki bazı organların zamanla amaçlarını yitirdiklerini söylediler. Penguenlerin kanatları veya insanların tiroit bezi ve kuyruk sokumu 'artık (*rudimentary* veya *vestigial*) organlar'a örnek olarak gösterildi. Darwin artık organları, teorisi açısından uygun gördü ve Lamarckçı 'kullanılmayan organların körelmesi' yaklaşımıyla bu organları izah etmeye çalıştı. Biyolojideki gelişmeler ile sonradan kazanılan özelliklerin aktarılamayacağı anlaşıldı ve Lamarckçı yaklaşımlar geçerliliğini yitirdi. Genetik alanındaki bilgiler, bir organın kullanılıp kullanılmamasının, daha sonra bu organa ait genetik bilgilerin yeni nesillere aktarılmasında bir değişiklik oluşturmayacağını göstermiştir. Yeni-Darwinciler, genetikteki bu gelişmelerden sonra, sadece mutasyon ve doğal seleksiyon ile konuya yaklaşarak 'artık organlar'ı açıklamaya çalıştılar.

'Artık organlar' ile canlılarda işlevi bulunmayan bazı organların var olduğu iddia edilir. Türlerin birbirlerinden bağımsız yaratıldığını savunanlar da, evrende sürekli olarak düzensizliğe gidişin olduğunu söyleyen entropi gibi bir yasanın genlerde de etkili olmasının, işlevsiz organları oluşturduğunu veya işlevli organların işlevini bozduğunu ileri sürebilirler ki bunu savunanlar olmuştur. En sağlam yapılmış bina veya köprü zamanla yıprandığı, insan yaşlandıkça güçsüzleştiği gibi; ilk canlı çiftinden sürekli sonraki nesillere aktarılan genetik hazine de zamanla deforme oluyor olabilir. 18. yüzyılın en önemli biyologlarından Buffon'un önce kökensel türlerin oluştuğunu, sonra bunlardan yeni türlerin oluştuğunu söyleyen yaklaşımında da; başlangıçtaki genetik havuzun, melezleşme ve benzeri etkilerle deformasyona uğradığı savunulmuştu. Türlerin genetik bilgilerinin, yeni nesillerde deformasyona uğradığını savunan biri, Evrim Teorisi'ne inanmasa da 'artık organlar'ın varlığını kabul edebilir. Sonuç olarak, Evrim Teorisi'nin en temel iddiası yepyeni özelliklerin mutasyon ve doğal seleksiyonla oluşması olduğu için 'artık organlar'ın varlığı bu hususa bir delil teşkil etmez.

Biyolojide ilerlemeler gerçekleştikçe, işlevsiz oldukları veya işlevlerini yitirdikleri iddia edilen canlılardaki yapıların önemli görevleri olduğu anlaşılmıştır. Önceden atların tendonlarının bağlı olduğu küçücük liflerin işlevsiz olduğu iddia ediliyordu. Yapılan araştırmalar, bu liflerin, atların koşularında oluşan titreşimlerin tendonları tahrip etmesini önlediğini göstermiştir. Balinaların kalça kemiklerinin de kara canlılarının kemiklerinin artığı olup işlevsiz olduğu söylenmiştir. Fakat araştırmacılar Howe ve Bergman, bu yapıların dişi ve erkek balinalarda farklılık gösterdiğini; erkeklerin penis ereksiyonuna, dişilerin vajinal birleşimlerine katkıda bulunduğunu ortaya koymuşlardır. Penguenler yüzerken kanat bölgelerini çok etkin olarak kullandıkları için, bu yapıların da 'artık organ' olarak değerlendirilmesi yanlıştır.

Ernst Wiedersheim, 19. yüzyılın sonunda insan vücudunda 86 tane 'artık organ' olduğunu iddia etmişti. Zamanla listedeki bu organların işlevleri öğrenildi ve 'artık organ' olarak sınıflandırılmalarındaki hata anlaşıldı. Tiroit bezinin vücut için çok önemli hormonlar salgıladığı öğrenildi. Timüs bezi ise bağışıklık sistemine katkıda bulunmaktadır. Bademcikler vücudu enfeksiyondan koruyan organlardır. Pineal bezi melatonin hormonunun üretiminde rol almaktadır. Kuyruk sokumu birçok kasın tutunma noktasını oluşturmakta ve rahat oturmayı sağlamaktadır.

Araştırmalar ilerleyip de insanda 'artık organ' olduğu iddia edilen yapıların fonksiyonlarının anlaşılmasıyla liste gittikçe küçüldü. Fakat hâlâ birçok kitapta apendiksin (apandisit hastalığına yol açan organ) hiçbir işlevi olmayan bir organ olarak tanıtıldığına tanık olabilirsiniz. ('Paradigma'nın düşünceye ve eğitim sistemine etkileriyle ilgili önceki yazılanları hatırlayın.) Apendikste lenfatik nodüllerin olduğu ve temel fonksiyon olarak lenf sisteminin bir parçası olduğu öğrenilmiştir. Bağırsakta yararlı işlevi olan bakterilerin kana ve vücudun diğer bölgelerine zarar verme olasılığı vardır. Apendiks, parçası olduğu lenf sistemi ile beraber, vücudun korunmasında görev alır. Apendiksin en önemli işlevi yeni doğmuş bebeklerin bakterilere karşı korunmasıdır. Darwin, genetik açıdan yanlış olduğu gösterilmiş olan Lamarckçı mekanizmayla apendiksi körelmiş organ olarak görmekle hata yaptığı gibi, bu organı işlevsiz sanmakla da yanılmıştır. Bunun yanında, memelilerden tavşanın ve sıçanın apendiksi varken, birçok maymun türünde apendiks bulunmaz. Bu da 'evrimci soy ağacı' açısından önemli bir sorundur.

Apendiks, Evrim Teorisi için delil oluşturmak bir yana, aslında sorun oluşturmaktadır.

Fizyolojik araştırmalar arttıkça işlevsiz sanılan organların işlevleri öğrenilmiştir. Aynı şey -kat edilmesi gerekli çok yol olsa da- DNA'nın üzerindeki fonksiyonu bilinmeyen (*junk DNA*, *psuedo-genes*) bölgeler için de geçerlidir; genetikteki çalışmalar arttıkça bu bölgelerin düzenlemeyle ve bağışıklıkla ilgili fonksiyonları keşfedilmektedir. DNA'nın en temel fonksiyonu protein ve RNA kodlarını taşımak olsa da, bütün vazifesi bununla sınırlı değildir.

Kısacası fonksiyonu olmayan 'artık organlar'ın varlığının Evrim Teorisi'nin delili olduğu söylenemez. Fonksiyonu olmayan veya fonksiyonunu yitirmiş yapılar olarak gösterilen örnekler ayrıntılı olarak her incelendiğinde, bu yapıların canlılık için lüzumlu işlevleri yerine getirdiği öğrenilmiştir. Bu da bazı şartlanmış araştırmacıların, canlıların yapılarındaki işlevleri anlayamamaları üzerine, bu yapıların işlevlerini inkâr ettiklerini göstermektedir. Mevcut örneklerden, işlevsiz zannedilen yapıların, sadece işlevi anlaşılmamış yapılar olduklarını anlıyoruz.

EMBRİYOLOJİ VE YİNELEMELİ OLUŞ KURAMI

Darwin canlılardan birbirlerine yakın akrabalık bağı olanların embriyolarının benzerliğini de evrim tarihinin ve canlıların soy ağacının belirlenmesi için önemli görmüş ve bu konuyu '*Türlerin Kökeni*' kitabının 13. bölümünde ele almıştır. Darwin teorisini ortaya koymadan önce Avrupa'nın en meşhur embriyoloğu Von Baer (1792-1876) idi. Darwin kendisi embriyolog olmadığı için, onun çalışmalarından yararlanmıştı; ama Von Baer, Darwin'in kendi araştırmalarını yanlış yorumladığını söyleyip onu eleştirdi.

Embriyolojiden Evrim Teorisi'ne delil getirme asıl Haeckel ile gözde oldu. Onun, 'yinelemeli oluş' (*recapitulation theory*) kuramına göre bireyoluş (*ontogeny*) soyoluşu (*phlogeny*) yineler. Buna göre insan embriyosu; insanın soyundaki balık, sürüngenler gibi aşamaların benzerlerini geçirmektedir, bu da insanın evrimindeki soyunun, insanın embriyosu incelenerek anlaşılabileceği anlamını taşımaktadır. Von Baer, canlıların embriyolarının ilk aşamalarının birbirlerine benzer olduğunu ortaya koymuştu (sürüngen ile insan embriyosunun benzemesi gibi); oysa bu iddia, insan embriyosunun, organları oluşmuş bir sürüngene benzemesinden çok farklıdır. Von Baer, embriyoların ilk aşamalarının gelişimini tamamlamamış, organları oluşmamış durumlarının birbirine benzediğini; embriyo büyüyünce ayırt edici özelliklerin belirginleştiğini söylemiştir. Von Baer'e göre embriyonun gelişimi özelleşmenin olduğu bir süreçti ve insana doğru giden düzlemsel bir hiyerarşi ile bunun hiçbir alakası yoktu. Von Baer bu açıklamaları, daha önce aktardığım önoluşumcu yaklaşımın yanlışlığını göstermek için yapmıştı.

Birçok insan için, Haeckel'in yaklaşımından en çok akılda kalan unsur onun embriyolarla ilgili çizimleriyle 'yinelemeli oluş' teorisini desteklemeye çalışmasıdır. Tarihçi Jane Oppenheimer ve Wilhelm His'in dikkat çektiği gibi o, bu çizimlerde kasıtlı olarak tahrifat yapmıştır. (Birçok biyoloji ders kitabında hâlâ bu çizimler mevcuttur.) Embriyolarla ilgili bilgilerin Haeckel'in olduğu dönemden çok daha fazla arttığı 1995 yılında, embriyolog Michael Richardson, Haeckel'in çizimlerinin embriyo gelişimiyle ilgili yanıltıcı bilgiler verdiğini detaylı bir şekilde göstermiş ve bunun biyolojideki en ünlü sahtekârlıklardan biri olduğunu söylemiştir. Haeckel, çizimlerinde sahtekârlıklar yapmanın yanında kasıtlı seçimler de yapmıştır. Örneğin memeli embriyolarını hep plasentalılardan seçmiş, istediği sonucu göstermeyecek diye keselileri çizimlerine dâhil etmemiştir. İnsan embriyosunun balık embriyosu gibi solungaç yarıklarına sahip olduğu iddiası da temelsizdir. İnsan embriyosunda solungaç yarıkları yoktur. Omurgalı embriyoları gelişirken yutak ve boyun bölgelerinde bazı kıvrımlar oluşur; bu kıvrımlar yutak evresinde (*pharyngeal stage*) balık embriyosunda bile solungaç değildir. Bu kıvrımlar balıkta sonradan solungaçlara dönüşür; sürüngenler, memeliler ve kuşlarda ise paratiroit bezi ve içkulak gibi yapılara dönüşürler. Balık dışındaki canlılarda bu yapıların solungaçla hiçbir alakası yoktur, sadece boyun civarında oluşan çizgiler benzerdir. Bu yapıları solungaçlara benzetmek, apriori doğru kabul eden yaklaşımla, var olan olguların değerlendirilmesinin sonucudur.

Gelişen biyoloji, yalnızca Haeckel'in değil, Von Baer'in bile hatalı olduğunu; embriyoların daha ilk evrelerinden itibaren hangi canlıya ait olduklarının ayırt edilebileceğini göstermiştir. Darwin ve Haeckel'in iddialarının tersine omurgalı embriyolarının en erken evreleri, en çok benzer oldukları evreler değildir. Resimden de göreceğiniz gibi beş sınıfın yumurtaları birbirlerinden rahatça ayırt edilebilecek şekilde farklı gelişmeye başlarlar. Mikroskop altında farklılıkları anlamak çok daha kolaydır. Döllenmiş kurbağa yumurtası 1 mm. çapındadır, kaplumbağa ve tavuk ise 3-4 mm.'lik bir disk olarak gelişmeye başlarlar; bedenen bu canlılardan daha büyük olan insanın yumurtası ise ters orantılı şekilde 1 mm'nin onda biri çapındadır. Kurbağada bölünen hücreler yumurta sarısına girerek diğerlerinden farklılaşır. Memeli embriyosunun yarılış aşamasında karışık bir kütleye dönüşmesi de diğerlerinden ciddi şekilde değişiktir. Haeckel'in çizimleri her ne kadar ders kitaplarını işgal etseler de, artık onların bilimsel gelişmeleri takip eden evrimci biyologlar nezdinde bile ciddi bir itibarı kalmamıştır. Ünlü evrimci biyolog Stephen Jay Gould, modern ders kitaplarının hâlâ bu alıntıları kullanıyor olmasının hayret verici ve utanılması gerekli bir durum olduğunu söylemektedir.

Aslında yinelemeli oluş kuramı farklı bir şekilde Charles Bonnet (1720-1793) tarafından gündeme getirilmiştir. Başta daha çok idealist filozoflar ve biyologlar, insan embriyosunun varlık skalasındaki hiyerarşiyi yinelediğini ve en mükemmel insan formuyla gelişimin sonuçlandığını savundular. Bu, doğadaki planın evrenselliğinin ve insanın onun nihai gayesi olmasının bir delili diye kabul ediliyordu. Oken'den etkilenen Louis Agassiz bu görüşün en önemli temsilcilerindendi. Darwin, '*Türlerin Kökeni*' kitabında, embriyoloji konusunu işlerken Agassiz'e atıfla konuya giriş yapmıştır. Başta Tanrı'nın zihnindeki planın bir göstergesi olarak embriyolardaki aşamalar ile 'varlık skalası' arasında paralellik olduğu savunulurken; daha sonra değişik bir yorumla, embriyonun, evrimsel tarihi özetlediği fikri için yinelemeli oluş kuramı kullanıldı.

Yinelemeli oluş kuramıyla ilgili Stephen Jay Gould, bu kuramın, 19. yüzyılın sonlarında, ırkçılığın elindeki iki-üç sözde bilimsel savdan biri olduğunu söyler. Haeckel ve arkadaşları, Kuzey Avrupalı beyazların ırksal üstünlüğünü göstermek için bu kuramı kullandılar. 'Aşağı ırklar'ın erişkinlerinin, beyazların çocuklarının zihinsel yapısında olduğunu söylediler. Gould, devrin ırkçı fikirlerinin bilimle ilişkisini anlatırken, yinelemeli oluş kuramının, Mendel genetiği açısından da açmazda olduğunu belirtmektedir. Gelişen biyoloji, yinelemeli oluş kuramının açmazlarını gösterdi. Böylece üzerinden hem idealist, hem materyalist çıkarımlar yapılan, hem de ırkçı siyasi emeller için kullanılan bir kuramın yanlışlığı anlaşıldı. Embriyo incelemesiyle, 'insan'ın, bütün canlıların nihai gayesi olduğunu söylemek de, insanların ortak atadan evrimleştiğini delillendirmek de, Haeckel gibi ırkçı siyasi fikirlere destek bulmak da mümkün değildir.

FOSİLLER VE EVRİM TEORİSİ

Darwin'in yaklaşımındaki en temel özelliklerden biri, küçük değişimlerin (mikro mutasyonların) birikmesi sonucunda büyük değişimlerin gerçekleştiğini savunmasıdır. Bu yaklaşıma göre bir türden diğer bir türe geçiş çok uzun zaman dilimlerine yayılır; türler arasındaki geçiş formlarını gözlemleyemeyişimizin sebebi ise doğal seleksiyonun bunları elemiş olmasıdır. DNA'nın keşfedilmesi, bu molekülün çok hassas yapısının büyük değişimleri kaldıramayacağını göstermiştir. Canlıların, Darwin'in yaşadığı zaman diliminde zannedilenden çok daha kompleks olduğunun anlaşılması, Yeni-Darwinciliğin ana doğrultusunun da, küçük değişimlerin birikmesiyle evrimin oluştuğunu savunmasına sebep oldu. Bu yaklaşım benimsenirse, bir türden diğer türe geçişi gösteren birçok ara formun varlığını kabul etmek gerekir. Bunun da doğal sonucu, fosil kayıtlarından bunlarla ilgili sonuçların elde edilmesini beklemektir. Darwin döneminde, bilinmeyen orman alanlarından ve okyanus altlarından bulunamamış geçiş formlarının tespit edilebileceğinin ümidi vardı, ama asıl beklenti fosil kayıtlarından gelecek verilerdeydi.

Darwin bu konudaki sorunun farkındaydı ve '*Türlerin Kökeni*' adlı eserinin 9. bölümünü bu konuya ayırdı. Kendi teorisine göre, yeryüzünün her katmanında birçok ara formun bulunması gerektiğini, bunların mevcut olmayışının teorisine karşı getirilecek en büyük itiraz olduğunu söyledi. Teorisinin en temel mekanizması olan doğal seleksiyonun, bu ara formları yok ettiğini, fakat bu formların bir zamanlar yeryüzünde yaşadığını ileri sürdü. Darwin, kendi dönemindeki fosil bulguların yetersiz olduğunu; bunun, gerek yeryüzünde araştırılan alanların kısıtlı olması, gerek yapılan çalışmaların yetersiz kalması gibi sebeplerden kaynaklandığını belirtti. O, yapılacak yeni kazıların neticesinde elde edilecek bulguların, kendi teorisini destekleyeceğine inanıyordu.

Darwin'in küçük aşamalı evrim anlayışına ilk tepki verenlerden biri Huxley idi. O, Darwin'in, kendini gereksiz yere sıkıntının içine soktuğuna inanıyordu. Çünkü ara formların ve bunların fosillerinin eksikliğindeki sorun, Darwin'in Evrim Teorisi'ni yanlışlayan bir delil olarak ileri sürülebilirdi. Darwin, '*Türlerin Kökeni*'nde eğer küçük değişimlerin birikmesiyle oluşmasının mümkün olmadığı herhangi bir organ gösterilebilirse, teorisinin çökeceğini söylemişti ve 'doğada atlama olmaz' (*natura non facit saltum*) ilkesine sonuna kadar sadık kalmıştı. Darwin'in kendini niçin bu kadar zora soktuğunu anlamak zor değildir. Çünkü onun teorisini, türlerin bağımsız yaratılışından ayıran temel özelliklerden biri, aşamalı küçük değişimlerin birikimi ile yeni türlerin oluşumunu savunmasıydı. Eğer sıçramalı (*saltationist*) bir teoriyi savunursa, türlerin bağımsız yaratılışı görüşüne yaklaşacağının farkındaydı. Fosiller hakkındaki araştırmaların yetersizliğini vurgulayarak ise bu alandan gelecek itirazları savuşturmaya çalıştı.

'Fosil kayıtlarının yetersizliği' çok tartışmalı bir konudur, fakat günümüzde bu mazeretin arkasına sığınmak, Darwin'in dönemindeki kadar kolay görünmemektedir. Bilinen fosil türlerinin sayısı yüz binlerle ifade edilmektedir. Karada yaşayan 329 tane omurgalı ailenin 261 adedi (% 79.3) bulunmuştur. Eğer fosili daha zor bulunan kuşları çıkarırsak bu oran % 87,8'e yükselir. Darwin'den sonra Dünya'nın hemen her köşesinde kazılar yapılmış, tarihlendirme teknikleri çok geliştirilmiş ve yeni pek çok fosil kaydına ulaşılmıştır. Oysa ara formların yokluğu ile ilgili sorun, bulunan birçok yaşayan ve sadece fosili kalmış türün, beklenenin aksine, bu ara formları açıklayamamaları üzerine daha da artmıştır. Bulunan yepyeni özellikli türlerin de ara formlarının olmaması, sorunu katlayarak büyüttü. Fosilbilimcilerin çalışmaları, canlıları benzerlikleri temelinde bir soy ağacına yerleştirmenin -homolojiden evrime varmanın- ötesine geçememekte, deney ve gözlem gibi desteklerden yoksun bulunmaktadır. Türlerin yavaş değişimlerle oluştuğunu savunan yaygın Evrim Teorisi anlayışına, aslında en çok sorun çıkaran alanlardan biri fosilbilimdir.

DENİZDEN KARAYA GEÇİŞ VE FOSİLLER

Bu teorinin delili olarak ön plana çıkartılmış olan fosilleri ele alıp kısaca inceleyelim. Balıklardan amfibilere (evrimcilere göre balıklardan sürüngenlere geçiş formu olan, hem karada hem de suda yaşayan, kurbağa gibi canlıları kapsayan, soğukkanlı omurgalılar sınıfı) geçiş formu olduğu iddia edilen rhipidistian balıklarını örnek olarak alalım. Bir asra yakın bir süre, bu balığın iskelet yapısına dayanılarak, denizden karaya geçişin 'fosil delili'ne sahip olunduğu iddia edildi.

Denizde yaşayan bir canlının karada da yaşayabilmesi için bedeninde çok büyük değişikliklerin oluşması gerekir. Solungaçların akciğere dönüşmesi, hem dolaşım hem de solunum sisteminde büyük değişikliklerin olmasını zorunlu kılar. Ayrıca karadaki sıcaklık değişiklikleri anidir ve karada yaşayan canlıların vücut sistemleri, bu yüzden de, denizdekilerden farklı olmak zorundadır. Bunların dışında amfibiler, vücut ağırlıklarını taşımak için balıklardan daha çok enerjiye ihtiyaç duyarlar. Bundan dolayı, hem amfibilerin vücut yapısının yeni enerji ihtiyaçlarını karşılayacak şekilde farklılaşması, hem de ağırlıklarını taşıyacak ayaklarının kemik sistemleriyle beraber oluşması gerekir. Tüm bu saydığımız değişimler moleküler yapıda birçok değişimi gerektirir. Tek-hücreli bir canlının sahip olduğu moleküllerden çok daha fazlasına böyle bir değişim karşılık gelmektedir. Öyleyse böylesi bir değişimin tesadüfen gerçekleşmesinin, cansız maddeden tek-hücreli bir canlının oluşmasından çok daha fazla imkânsız olduğu rahatlıkla söylenebilir. Kitabın tasarım delili bölümünde, ayrıntılı olarak, olasılık hesapları açısından böylesi bir ihtimalin tesadüfen gerçekleşmesinin imkânsız olduğunu göstereceğim. (Elbette böylesi bir olasılık sorunu, bu geçişi tesadüflerin eseri olarak görenlere karşı bir cevaptır. Tanrı'nın yarattığı bir evrim sürecini öngörenler için düşük olasılıklar sorun oluşturmaz.)

Denizden karaya geçiş iddiası için fosil sorununa da cevap vermek gerekmektedir. Rhipidistian balıkları yüzgeçlerindeki kemiklerinin şekilleri gibi özelliklerden dolayı bir ara form olarak kabul edilmişti. 1938 yılında, Hint Okyanusu'nda, rhipidistianlarla aynı özelliklere sahip coelecanth (Latimeria) yakalandı. Bu balığın on milyonlarca sene önce kaybolduğu sanılıyordu. Bu balığın beyin, kalp ve diğer yumuşak organlarında yapılan incelemeler, bu hayvanın tamamen balık özelliklerine sahip olduğunu; karada yaşayacak bir canlının dolaşım, solunum ve diğer bahsedilen farklılaşması gerekli yapılarına hiçbir benzerlik göstermediğini, dolayısıyla denizden karaya geçişin bir ara formu olamayacağını göstermiştir. Bu örnekten de anlaşılacağı gibi, fosillerden yapılan çıkarımların güvenilmez olmasının en önemli sebeplerinden biri, genelde fosillerin sadece iskelet ve diş gibi sert yapılardan oluşması ve yumuşak yapıları kapsamamasıdır. Oysa canlı vücudunda yumuşak yapıların üstlendiği vazifeler, sert yapılardan çok daha fazladır. Fosiller üzerinden yorum yapan kişiler, eğer Evrim Teorisi'ni apriori olarak doğru kabul ediyorlarsa, ellerinde hiçbir veri olmasa da, fosillerine sahip oldukları canlıları nasıl görmek istiyorlarsa öyle yorumlamışlardır. Bu kişilerin yazılarını okuyan geniş kitleler ise, mevcut fosillerin 'evrimci bir hayal gücü' ile yorumlandığının farkında olmadan, fosillerden canlılığa ait tüm ayrıntıların anlaşılabileceğini sanarak yazılanlara inanmışlar, fosillerin söyleyebileceğinden fazla şey söylediği zannına kapılmışlardır.

Aslında coelecanth bulunmasaydı da, rhipidistianları, balıklardan amfibilere geçiş formu olarak kabul etmek için yeterli sebep yoktu. Öncelikle felsefi açıdan, homolojiden evrime ulaşmakla ilgili itirazın aynısı burada da geçerlidir. Sonuçta rhipidistianlardan amfibilere geçiş olduğu iddiası, benzerliklerden (her ne kadar benzerlik abartılmış ve yanlış sunulmuş olsa da) evrime ulaşmaktır ve bu kabul deney ve gözlem gibi kriterlerle doğrulanamamaktadır. Gözlenen ancak benzerliktir, yoksa bir türün yeni özellikleri olan bir türe evrimleştiği ne gözlenmiştir, ne de bir laboratuvarda bunun mümkün olduğu sergilenebilmiştir. Ayrıca Darwinci yaygın evrim anlayışı açısından, bir türden diğer bir türe geçiş, çok küçük aşamaların yavaş yavaş kat edilmesiyle mümkündür. Buna göre, rhipidistianların yüzgeçlerindeki kemiklerden bir bacağın çıkışına kadar birçok ara form olması gerekir; birçok yarım bacaklı veya tek bacaklı ara form bulunmalıdır. Darwinci doğal seleksiyon, ancak işe yarayan dört bacak oluştuktan sonra, bu 'ucubeler'in elenmesini izah edebilir; fakat fosil kayıtlarında bu tip ara formların (ucubelerin) olmamasını açıklayamaz. Tesadüfi bir Evrim Teorisi'ni savunanlar 'ara form' diye hep vücut organları tam ve kendi ortamına mükemmel adapte olmuş canlıları göstermektedirler. Oysa DNA'daki rastgele mutasyonlarla 'ucubeler'in oluşma olasılığı çok daha yüksektir. 20. yüzyılda hücrenin mikro dünyasının çok kompleks olduğu, canlılarda basit gibi gözüken bir değişimin bile moleküler seviyede ciddi değişikliklere karşılık geldiği anlaşıldı. Bu ise basit bir değişiklik için beklenmesi gereken ara formların sayısının, Darwin'in tahmin ettiğinden bile daha fazla olmasını gerektirir. Darwin'in zamanında -Darwin'in yaptığı gibi- fosil kayıtlarının eksikliğine sığınmak, 'ucubeler'in fosillerinin yokluğu için de bir mazeret olabilirdi. Fakat dünyanın dört bir tarafında fosilbilim kazılarının yapıldığı günümüzde, bu mazeretin arkasına sığınmak mümkün değildir. Bu kazıların % 99'unun Darwin'in teorisini ortaya koyduktan sonra yapıldığını hatırlatmakta fayda görüyorum.

Sonuçta fosil kayıtlarına dayanarak denizden karaya geçişi izah etmek mümkün değildir. Ayrıca, Evrim Teorisi açısından daha da sıkıntılı bir konu karadan denize geçişi izah etmektir. Yaygın Evrim Teorisi anlatımlarına göre denizlerdeki balina gibi memeliler karadaki memelilerden evrimleşmiştir. Oysa böylesi bir geçiş de birçok ara türün varlığını gerektirir. Deniz ortamında görme, işitme, dolaşım, vücut sıcaklığını ayarlama, yavruları besleme gibi birçok kompleks işlev için çok büyük değişiklikler gerekir ve bu değişikliklerin büyüklüğünün denizden karaya geçiş kadar, hatta daha da fazla olduğu söylenebilir. Tahmin edeceğiniz gibi böylesi bir geçiş de olasılık sorununa takılacaktır. Ayrıca ikinci büyük sorun ise fosillerle ilgilidir. Bu kadar büyük değişiklik için on binlerce ara form olması gerekirken, balina gibi deniz memelilerinin karadaki memelilerden oluştuğunu gösteren ara formlar mevcut değildir.

ATLAR VE FOSİLLER

Atın evrimini gösteren şema, Evrim Teorisi'ni anlatan kitapların çoğunda yer alır. Ünlü evrimci fosilbilimci Stephen Jay Gould '*Full House*' kitabında, at fosillerini ele aldığı bölüme şöyle giriş yapar: "En yanlış hikâyeler genelde, en iyi bildiğimizi sandıklarımızdır; çünkü onları ne inceleriz ne de sorgularız. Herhangi birine evrimci serilerden hangisinin en ünlüsü olduğunu sorun, eminim ki en çok alacağınız cevap 'Atlar, elbette' olacaktır." Atlarla ilgili ilk düzenleme 1870 yılında Darwin'in yakın arkadaşlarından Huxley tarafından yapıldı; at serisinin ününün bir nedeni de evrimci serilerin ilki olmasıdır. Fakat daha 1876'ya gelindiğinde, at serisindeki bitmek bilmeyecek değişikliklerin ilki yapıldı. Ünlü Amerikalı fosilbilimci Othniel C. Marsh, Amerikalı atların, atların evriminde ana doğrultuyu oluşturduğuna Huxley'i ikna etti ve onun yardımlarıyla Huxley, serisini yeniden düzenledi. Bir sonraki neslin ünlü fosilbilimcisi William D. Matthew, Amerika Doğa Tarihi Müzesi'nin broşüründe yer alan ve sayısız kopyaları çoğaltılan ünlü çizimi yaptı. Bu çizim evrimi anlatan kitapların vazgeçilmezleri arasındaki yerini aldı.

At serisinin en temel anlatımlarına göre, baştaki dört parmaklı eohippus'tan (Hyracotherium) günümüzün tek parmaklı (toynaklı) atı (Equus) türemiştir. Azı dişlerinin doğrusal olarak artışına dikkat çekilmiş ve hepsinden önemlisi baştaki tilki boyutundaki canlıdan günümüzün atının hacmine ulaşıldığı iddia edilmiştir. Fakat bulunan birçok fosille, ata benzeyen canlıların oluşumunun beş-altı atın arka arkaya dizilimiyle açıklanamayacağı anlaşıldı ve birbirlerine aykırı birçok at serisi çizimi yapıldı. Aslında at serileriyle ilgili olarak doğrusal artışı savunan şemalar Yeni-Darwincileri çok rahatsız etmiştir.

Lamarck'ın teorisini ortaya koyduğu dönemden beri, evrimin, canlılara içkin kuvvetlerce yönlendirildiğini (*orthogenesis*) birçok bilim insanı savunmuştu. Darwin'den sonra da bu eğilim devam etti. Böylesi bir evrim anlayışının metafizik çağrışımları vardı, birçok bilim insanı bu yönlendirmeyi Tanrı'nın eseri olarak görmüştür. Sonuçta Yeni-Darwinciler, türlerin birbirlerinden bağımsız yaratıldığını savunanlardan daha da büyük bir gayret göstererek, doğrusal artışa göre dizilmiş at serilerinin yanlışlığını gösterme vazifesini üstlendiler. Çünkü rastgele mutasyonların; her türde daha büyük bir canlıyı, daha az parmağı, daha az uzun azı dişlerini oluşturmak gibi doğrusal eğilimleri ve daha önceden 'belirlenmiş bir planı' gerçekleştirmelerini beklemek için bir neden görmüyorlardı.

Aslında sayısı yüz binlere ulaşan hayvan türlerini benzerliklerine göre arka arkaya dizmek isteyenler, diledikleri hayvanları serilerinin dışında tutarak, işlerine gelen seriyi elde etme şansına sahiptirler. Yok olan türlerin, bütün türlerin % 90'dan fazlasını oluşturduğunu hatırlayalım. Günümüzde gördüğümüz fare, kedi, pars, kaplan, aslan gibi birbirlerine benzer hayvanların hepsinin yok olduğunu ve fosillerinin bulunduğunu ve fosil yaş sırasının fare, aslan, kedi, pars, kaplan sırası şeklinde olduğunu düşünelim. Doğrusal at sıralaması yapan bir fosilbilimcinin eline bu sıra geçse, muhtemelen aslanın ayrı bir tür canlı olduğunu iddia eder, fakat kaplana aslandan daha az benzeyen fareyi sıralamanın başına koymakta sorun görmezdi. Nitekim at fosillerinde de aynısı yapılmış, sıralamayı bozan fosiller dışta bırakılarak doğrusal sıralama oluşturulmuştur. Örneğin boy olarak, tilki büyüklüğündeki eohippus'a çok yakın olan, fakat çok sonra yaşamış olan Nannipus'u ele alalım. Bu tür, kendinden önce yaşamış birçok at benzeri türden kısadır. Eğer günümüzün atı Equus korkunç bir hastalık yayan bakteri türünün kurbanı olsaydı ve yaşayan tek at benzeri tür Nannipus olarak kalsaydı, at sıralaması nasıl olacaktı? Üstelik Nannipus üç tırnaklıdır ve bilinen at benzeri tüm türlerin en uzun dişlisidir. Sonuçta boyu açısından önceki benzerlerinden kısa, dişleri açısından kendinden sonraki günümüz atından uzun dişlere sahip oluşuyla; atın evrimi ile ilgili gösterilen doğrusal eğilimlerin en önemlileriyle tezat teşkil etmektedir. Birçok fosilbilimcinin kendi at serisini sunmasının yarattığı karmaşa, sürekli artan yeni fosillerle klasik at sıralamasını savunmanın mümkün olmaması ve daha da önemlisi doğrusal sıralamanın 'metafizik' unsurların

Evrim Teorisi'ne sokulmasını gerektirdiğinin anlaşılması sonucunda klasik at serileri itibarlarını kaybetti.

Gould gibi evrimci bir fosilbilimcinin at serilerini eleştirme nedeni de budur. Bu yüzdendir ki Gould, doğrusal artışla hiyerarşik bir merdivene fosilleri dizmek yerine, çalı gibi dallanan evrim modelini savunmakta ve kendi yaklaşımını 'merdivenlere karşı çalılar' (*ladders versus bushes*) olarak sunmaktadır. İşte tam bu noktada, Gould'un bu kaçışı niye yaptığını iyi tespit etmek gerekir. Eğer canlıların, doğrusal eğilimlerle evrimleştikleri söylenseydi Cope Yasası (*Cope's Law*) gibi bir evrim yasasının olduğu söylenebilirdi. Aslında böylesi bir Evrim Teorisi sunumu, bu teorinin yanlışlanabilir unsurlar taşıması anlamına da gelirdi, çünkü doğrusal artışla uyuşmayan fosiller teoriyi yanlışlayabilirdi. Böylesi bir sunum başarılı olsaydı -tüm orthogenesis imalarına rağmen- hiç şüphesiz ki evrimciler de mutlu olurlardı; fakat yanlışlanmaya açık olmasına rağmen teorileri yanlışlanamadığı sürece bu mutluluk sürerdi. Bugün biliyoruz ki, bu şekilde bir Evrim Teorisi savunması, teorinin yanlışlanmasını da beraberinde getirecektir. Fosil kayıtları evrimcilerin önceden önerdikleri doğrusal eğilimlerin aykırı örnekleriyle doludur. Gould da bunun farkındadır; bu yüzden (ara formların yokluğu gibi sebeplerden de) o ve onun gibi düşünenler, 'çalılı evrim modeli'ni benimseyeceklerdir. Böylesi bir modelde siz geçmişte tek toynaklı at benzeri bir canlı gösterseniz de, Mesohippus'un bulunduğu dönemde günümüzdeki atın aynısını gösterseniz de teoriyi yanlışlaya-mazsınız. Bir anda Mesohippus ile günümüz atı ayrı çalılara yerleştirilir ve 'çalılı model'in zaferi kutlanır. Aslında 'çalılı model', Evrim Teorisi'ni yanlışlanmaktan koruyan, bulunan yeni fosillere karşı teorinin zor duruma düşmesini engelleyen, her duruma uymayı kolaylaştıran elastiki bir modeldir. Fakat bilimselliğin ölçütünü, bir teoriyi mümkün olan en açık biçimde yanlışlanmaya imkân tanıyacak şekilde formüle etmek olarak gören anlayış açısından, 'Evrim Teorisi'nin çalılı modeli' bilimselliğin ölçütlerini başarıyla karşılayamamaktadır. Doğrusal merdivenli at sıralaması ise yanlışlanmış, tarihteki yerini yanlış bir model olarak almış olsa da, kimi kitaplarda hâlâ günümüz atının oluşum hikâyesi olarak yerini korumaktadır. At-benzeri bir türün, kimi eski türlerin melezi olduğu olasılığı, bu türün bağımsız oluştuğu olasılığı ve eski bir türün evrim geçirmiş hali olduğu olasılığından (at-benzeri canlıların bu üç şıkkın bileşimiyle oluştuğu da düşünülebilir) hangisinin doğru olduğunu test edecek bilimsel bir düzeneği kimse sunamamaktadır. Bilimsel düzeneklerden çok önkabuller ve önkabullerden hangisinin daha rasyonel olduğuyla ilgili değerlendirmeler at-benzeri canlıların nasıl oluştuğuna dair anlatımların temelini teşkil etmektedir.

UÇUŞUN ORTAYA ÇIKIŞI VE FOSİLLER

Eğer evrimci biyologların iddia ettiği gibi canlıların evrimi yüz milyonlarca yıl boyunca sürdüyse ve milyonlarca canlı türü bu süreçteki ufak aşamalarla oluştuysa, milyonlarca türün büyük kısmının, bu ara geçişleri açıklayabilecek mahiyette olması gerekirdi. Örneğin Evrim Teorisi'ne göre, canlılardaki uçma özelliği dört kere birbirlerinden bağımsız olarak evrimleşmiştir. Bunlardan birincisi böceklerde, ikincisi kuşlarda, üçüncüsü yarasa gibi memelilerde, dördüncüsü pterosaurs gibi yok olan sürüngen türlerindedir. Olasılık hesapları açısından bir kere bile ortaya çıkmasının açıklanamadığı uçma gibi bir özelliğin, en az dört kez birbirlerinden bağımsız olarak ortaya çıktığını savunmak, tesadüfçü Evrim Teorisi açısından çok büyük bir sorundur. Bu dört defanın üçü için fosil delili göstermekte ciddi sıkıntılar vardır: Böceklerin uçuşu ile ilgili geçiş formlarında, uçan memelilerle ilgili olarak yarasaya geçişi sağlayan ara formlarda, yok olan pterosaurslar öncesi ara formlarda sıkıntı mevcuttur. Bir de, 2006 yılında, daha önceden 50 milyon yıl kadar önce yarasayla uçan ilk türünün ortaya çıktığı zannedilen memelilerin, 130-160 milyon yıl kadar önce de uçan türlerinin olduğunu gösteren sincaba benzer bir memelinin (yok olan bir tür) fosil bulgularının Çin'de bulunmasıyla, memelilerde uçmanın ortaya çıkışı meselesi iyice karışmış ve 80 milyon yıl kadar bir boşluk ortaya çıkıvermiştir.

Canlılarda uçuşun ortaya çıkışında, Archaeopteryx ara formların en temel delili olarak gösterilmiştir; bu ise dört defa ortaya çıktığı iddia edilen uçuşun, sadece biri ile ilgilidir. Archaeopteryx sadece uçuşun ortaya çıkışının değil, belki de bütün fosillerin en ünlülerinden biridir ve 'evrim ile fosiller'den bahseden hemen hemen her kitapta yer alır. Archaeopteryx'in kuş gibi tüylerinin olmasına karşılık, dişleri ve pençeleri gibi özellikleriyle sürüngenlere benzediğinden, sürüngenler ile kuşlar arasında ara geçiş formu olduğu ileri sürülmüştür. Günümüzde Güney Amerika'da yaşayan 'Opisthocomus hoazin' adlı kuş Archaeopteryx'e, pençelere sahip olmak gibi özelliklerle benzer olmasına rağmen tamamen kuştur. Evrim Teorisi'ni reddedenler bu sorundan dolayı "Küçük bir omurgayla uçan, pençeli bu canlı kuş kabul ediliyorsa, neden Archaeopteryx sürüngenler ile kuşlar arasında bir ara form olarak kabul edilmektedir" tipinde sorular sormaktadırlar.

Modern kuşlar dişlere sahip olmasa da, % 100 kuş olarak nitelenen eskiden yaşamış birçok kuşun da dişleri vardı. Bazı sürüngenlerin ve memelilerin de dişleri yoktur. Eğer dişlere sahip olmak ilkellik ölçütü ise, insanın birçok memeliden ilkel olduğunun kabul edilmesi gerekmez miydi?

Archaeopteryx'in tam yetkin bir uçuşa muktedir olması, onun, kuşlarla sürüngenler arasında bir ara form olmaktan ziyade bir kuş olduğunu gösterir. Darwinci, mikro değişimlerle gelişimi açıklayan genel yaklaşıma göre uçmak gibi kompleks bir özellik, uçmayı beceremeyen yüz binlerce ara formun aşılmasından sonra mümkündür. Buna göre uçmaya yaramayacak gelişmemiş tüyler, çifti olmayan tek bir kanat veya uçmaya elverişsiz gelişmemiş kanatlar gibi özellikleri taşıyan birçok ara formun bulunması gerekirdi. Oysa Archaeopteryx böylesi bir ara form değildir.

Londra'daki Doğa Tarihi Müzesi'nin araştırmacılarının, Archaeopteryx'in kafatası ve içkulağı üzerinde X ışınları aracılığıyla yaptıkları araştırmalar da, onun, modern kuşlar gibi uçabilen bir canlı olduğunu desteklemektedir. Bu araştırmalarda, Archaeopteryx'in beyninin büyüklüğü, şekli ve hacminin günümüz kargalarınınkine benzer olduğu saptanmıştır. İçkulak üzerindeki incelemeler de, onun rahatlıkla uçabilen bir kuş olduğunu göstermiştir. Tüm bunlar, iskelete bağlı kalınarak yapılan tartışmalara açık öngörülerin bile, Archaeopteryx'in uçabilen tam bir kuş olduğunu, sürüngenlerle kuşlar arasında bir geçiş formu olarak ileri sürülemeyeceğini gösterir.

Daha önce değinildiği gibi fosiller, canlıların kemik yapısı ve dişleri hakkında bilgi verirken (birçok zaman bu yapılar da tam olarak bulunamaz), birçok zaman yumuşak dokular hakkında bilgi verememekte ve de bu yüzden fosiller hakkında birbirinden çok farklı yorumlar yapılabilmektedir. Archaeopteryx'in uçabilen bir canlı olması, onun kuşlar gibi bir kalbe, dolaşım ve solunum sistemine sahip olduğunu düşündürmektedir ki, bu yapılar kuşlarda sürüngenlerden çok farklıdır. Fosillerin bu tip konularda tam bilgi verememesinin, canlıların anatomik yapısını birçok spekülasyona açık bıraktığı unutulmamalıdır. Canlıların biyolojik yapısında yumuşak dokular -bunlarla ilgili fosil kayıtlarından bilgi edinmek çok zordur- fosil kayıtlarının temelini oluşturan kemik ve dişlerden çok daha önemlidir. Ayrıca, Archaeopteryx'in yaşadığı dönemden 75 milyon yıl öncesine ait (225 milyon yıllık) Protoavis denen bir kuş türü, Texas'ta, Sankar Chatterjee ve arkadaşları tarafından bulunmuştur. Bu dönem, dinozorların ilk ortaya çıktığı dönem olduğu için, kuşların dinozorlardan evrimleştiği iddiası bu keşifle anlamsızlaşmıştır. Kuşların atasının Archaeopteryx olduğunu söylemek, kimi zaman torunların dedelerinden daha yaşlı olabileceği ile aynı anlama gelmektedir.

Uçuşun kökeni ile ilgili çözülemeyen bir tartışma ise, uçuşun 'ağaçlardan aşağı' (*trees down*) mı, yoksa 'yerden yukarı' (*ground up*) mı başladığı hakkındadır. Her iki yaklaşımın da kendisine göre sorunları olmakla beraber, yerçekiminin daha az sorun oluşturduğu 'ağaçlardan aşağı' yaklaşımının daha çok benimsendiği söylenebilir. Bu iki yaklaşımdan 'ağaçlardan aşağı' yaklaşımını benimseyenler, Archaeopteryx'in atasının ağaçlara tırmanan dört ayaklı bir sürüngen olduğunu; 'yerden yukarı' yaklaşımını benimseyenler ise avını ön uzuvlarıyla yakalamaya çalışan iki ayaklı bir sürüngen olduğunu savunurlar. 'Yerden yukarı' yaklaşımına göre Archaeop-teryx'in atası olması beklenen iki ayaklı sürüngenler Archaeopteryx'ten sonraki fosil tabakalarında göründüğü, buna karşın ağaca tırmanan dört ayaklı sürüngenler daha önceki fosil tabakalarında mevcuttur; bu olgular 'ağaçlardan aşağı' yaklaşımını güçlendirmiştir. Fakat diğer yandan, son yıllarda gittikçe popüler olan, canlıları benzerlikleri temelinde sınıflandıran 'cladistic sınıflama' temelli yorumlara göre Archaeopteryx'in atası iki ayaklı dinozorlardır (buna göre ise 'yerden yukarı' yaklaşımın benimsenmesi gerekir). Cladistler sınıflandırmalarını sadece canlıların benzerlikleri temelinde yaptıkları için 'yerden yukarı' yaklaşımın sorunlarına veya hangi canlının fosil tabakalarında önce göründüğü sorununa ciddi bir önem atfetmezler. Bu yüzden bu sınıflandırmandan hareket edenler Archaeopteryx'in atası olarak, ondan on milyonlarca yıl sonra yaşamış olan kuşa-benzer dinozorları göstermekte bir sorun görmemişlerdir. Bu, son yıllarda popüler olan 'cladistic' canlılar sınıflamasının (bu sınıflamayı yapanların çoğu da evrimcidir) Evrim Teorisi'ne açtığı sayısız sorunlardan sadece birine örnektir.

İNSANIN KÖKENİ VE FOSİLLER

Biyolojik ya da fiziksel antropoloji insanın zaman ve mekân içindeki çeşitliliğini incelerken, bir alt ilgi alanı olan paleoantropoloji ise fosil kayıtlarına dayanarak insanın kökeni konusunu ele alır. Bulunan fosiller kafatası, iskelet, dişler gibi sert organlar hakkında bilgi verdiği için, hiçbir zaman fosillere dayanarak elde edeceğimiz bilgiler, yaşayan bir canlıyı inceleyerek elde edeceğimiz bilginin yerini tutmamaktadır. Ayrıca, evrimci bilim insanlarının da belirttiği gibi, insanın köküyle ilişkilendirilen fosil belgelerin sayısı; yüz binlerce bitki ve deniz hayvanı kalıntısına, on binlerce tükenmiş sürüngen ve binlerce memeli hayvan fosiline karşın çok az sayıdadır. Evrimci bilim insanları, insan türünün, dünyanın ömrüne göre çok kısa bir zaman dünyada var olmasını, bataklıklarda fosil bırakmayışını, açık alanlarda yaşamasından dolayı cesetlerinin diğer canlılarca daha kolaylıkla yok edilmesini, insana dair bu fosil yetersizliğinin sebepleri olarak göstermektedirler. En temelde fosillere dayalı evrim çıkarımı homolojiden evrime varmaya dayalı bir çıkarım olduğu ve desteğe sahip olamayacağı için eleştirilere açıktır; fakat insan türünün fosillerinin yetersizliği, bu türe mahsus daha fazla sorunun var olduğunu gösterir.

Fosil bulgularda bulunan Australopithecus türleri ve Homo erectus gibi türler, kimi evrimci fosilbilimcilerce insanlığın atası olarak gösteriliyorken, evrimi reddeden fosilbilimciler bunları insanın atası olmayan maymun gibi türler olarak görmektedirler. Sorun bu kadarla da kalmamakta, evrimi kabul eden bilim insanlarının içlerinde de birbirinden çok farklı ve birbirine zıt görüşler savunulmaktadır. Örneğin Australopithecus'un insansıların atası olduğunu Louis Leakey gibi ünlü paleoantropologlar da reddetmiştir. Richard Leakey'in bulduğu Homo habilis'in bir Homo türü olup olmadığı, Homo erectus'un doğrudan Australopithecus'tan türeyip türemediği, Neanderthal'in modern insanın atası olup olmadığı evrimciler arasında süren birçok tartışmanın sadece ufak bir kısmıdır.

Allan Wilson ve Vincent Sarih'in 'insan soyu' ile ilgili çalışmalarda moleküler yaklaşımı öne çıkarmaları ve mutasyonların düzenli bir hızda gerçekleştiği önkabulüne dayanan 'moleküler saat' hipotezi ise yeni bir bakış açısıyla beraber yeni sorunları beraberinde getirmiştir. Evrim Teorisi'ne tesadüfçü bir bakış açısıyla yaklaşanlar mutasyonları rastgele oluşan değişimler olarak değerlendirir; bu anlayışla mutasyonların düzenli bir hızda gerçekleştiği anlayışı arasında bir çelişki olduğunu ifade edip 'moleküler saat' yaklaşımına soğuk bakanlar olmuştur, fakat tesadüfçü mutasyonlarla 'moleküler saat' yaklaşımını beraber kabul edenler de olmuştur. Moleküler saat yaklaşımıyla varılan sonuçlar ile fosillere dayalı sonuçlar arasında çıkan farklılıklar yeni tartışmaların kaynağı olmuştur. 1970'li yıllarda insansıların (Hominidae) 15 milyon yıl kadar önce ortaya çıktığı,

Ramapithecus'un fosil kalıntılarına dayanılarak savunuluyordu. Ama moleküler saat yaklaşımını benimseyenler, ilk Homini-dae'nin 5 milyon yıl önce ortaya çıkmış olması gerektiğini savundular. 1976 yılında Pilbeam'ın, Pakistan'daki araştırma ekibi, bir Ramapithecus alt çene fosili buldu. Bu fosilin değerlendirilmesi sonucu 1932 tarihli ilk çene kurgusunun (*reconstruction*) yanlış olduğu anlaşıldı. 1980'lerde Türkiye ve Pakistan'da bulunan Sivapit-hecus fosillerinin yorumu sonucunda da Ramapit-hecus'un bir insansı değil, bir Miosen kuyruksuz maymunu olduğu anlaşıldı.

Bu örnek de, Evrim Teorisi'ne olan yaklaşımın, fosilleri yorumlama şeklini öncelediğinin bir göstergesidir. Yeni bulguların Ramapithecus'un insansılar kategorisinden çıkarılmasını gerektirdiği bir dönemde, diğer fosiller ve Ramapithecus'un daha önce farklı kurgulanan dişleri öyle bir yorumlanmıştır ki; Ramapithecus, soy ağacında doğrudan insanın atası olan eski yerinden yeni bir dala nakledilmiştir. Ünlü paleoantropoloji yazarı Roger Lewin kuramsal önyargıların, kanıtların yorumlanışına tüm bilim dallarında gölge düşürebileceğini, ama buna özellikle paleoantropoloji alanında sıklıkla tanık olunduğunu belirtir. Kırk yıl boyunca -daha önce değinilen- Piltdown adamı ile ilgili sahtekârlığın anlaşılmasını engelleyen de kuramsal önyargılar olmuştur.

Paleoantropolojide çoğu zaman kemiklere ve dişlere dayalı çıkarımlar yapılmaktadır. İnsanın en ayırt edici yönünü ifade eden diline, törenlerine, davranış şekillerine dair kalıntılar (çok yakın tarihler dışında) bulmak mümkün olmadığı gibi; beyin ve karaciğer gibi kemikler ve dişlerden daha önemli olan yumuşak organların fosilini de bulmak kolay değildir. Bu geniş boşluk ise paleoantropolojideki kuramsal önyargılara daha çok dikkat edilmesini gerektirmektedir. Sonradan domuz dişi olduğu anlaşılan tek bir dişe dayanılarak, hayali Nebraska adamının; maymun-insan arası bir form olarak sunulup, birçok resmiyle ve günlük yaşantısıyla birçok yayında halka tanıtıldığını trajikomik bir örnek olarak anımsayabiliriz. Sonuçta 'insan soyu'na dair anlatımların asıl temeli hâkim olan paradigmadır; bu paradigma, fosillerin yorumunu belirlemekte ve yüz binlerce yıl öncesine dair çizim ve hikâyeleri şekillendirmektedir.

Fosil bulguların, birçok zaman yumuşak organları ihtiva etmemesinin yanında, kimi zaman kafatası, kemik ve diş gibi organların çoğunun da eksik olması yüzünden, az bir parça bulgu ile canlının bütünü hakkında çıkarım yapılmak zorunda kalınması birçok soruna yol açmaktadır. Örneğin ünlü bir fosil olan 'Kafatası-1470'i tarif eden paleoantropologlar, bu kafatasının çenesini kaldırıp yüzünü uzatabileceğimiz gibi, çeneyi içeri sokup yüzü kısaltabileceğimizi de söylerler... Aynı kafatası ile aynı türe ait olduğu düşünülen bazı kemikleri, dört sanatçıya veren *National Geographic* dergisi, bu sanatçılardan, bu canlıyı gösteren dişi bir figür yapmalarını istedi. Dört sanatçının her biri birbirleriyle alakasız çizimler yaptılar. Biri modern Afro-Amerikan görünümlü bir kadın, biri alınsız ve dinozor çeneli bir yaratık, birisi goril kollu sıska bir dişi, birisi ise vücudu kıllı, ağaca tırmanan bir canlı çizdi. Bu sonuç, tek bir fosil takımının, nasıl farklı şekillerde sunulabileceğinin, fosil yorumunun ne kadar sübjektif bir 'sanat' olduğunun göstergesidir. Fosiller, en iyi ihtimalle, eğer doğru kurgu yapılırsa, bir türün diğerine iskelet ve dişlerinin ne kadar benzediğini gösterebilir. Hiçbir fosille, hangi türün hangi türden türediği, eğer bu fosilleri değerlendirmeniz gereken bir düşünce çerçevesini başka bir zeminde temellendirmemişseniz, gösterilemez. Bu çıkarım, ancak, Evrim Teorisi'ni en iyi açıklama olarak kabul eden bir görüşle fosiller yorumlandığında mümkündür. Aslında fosiller, Evrim Teorisi'ne inancın yerleşmesinde, genel kitlelerin zannından çok daha az etkili olmuşlardır. Bu yüzdendir ki, günümüz fosillerinin % 1'inin bile bulunmamış olduğu Darwin'in döneminde de bu teoriye birçok kişi inanmıştır; pek çok fosil türünün bulunduğu günümüzde de teoriyi inkâr edenler vardır. Eğer Evrim Teorisi'nin doğru olduğuna dair oluşmuş bir kanaat olmadan bahsedilen fosiller yorumlansaydı 'insanın soyu' olarak gösterilen fosillerin birçoğu orangutan, maymun veya benzeri türler olarak sınıflanacaktı.

Nature dergisinin bilim başyazarı Henry Gee, karamsar bir şekilde şu yorumu yapmıştır: "Fosiller nüfus kâğıtlarıyla gömülmezler. Fosilleri ayıran zaman sürecinin uzunluğu, onlar hakkında ata ve soy yoluyla bir şey söylememize imkân tanımaz... İnsan evrimine dair tüm kanıtlar küçük bir kutuya sığabilir... Mevcut evrim şeması, olgudan sonra yaratılmış, tamamen insan ürünü olup, insani önyargılarla şekillendirilmiştir... Bir fosil dizisinin, bir nesli temsil ettiğine dair iddia, bilimsel bir hipotez değil, çocuk uyutmak için anlatılan; masal değerinde, eğlenceli, hatta öğretici olabilen, fakat bilimsel olmayan bir niteliktedir."

İnsanın kökenine dair tartışmaların en çok odaklandığı konuların biri; insanın hayvanlardan mahiyet olarak mı, derece olarak mı farklı olduğudur. Bu tartışma açısından ise insanın dil kullanma ve matematiksel düşünme yeteneği gibi özellikleri; dik yürüme, belli şekildeki azı dişleri veya başparmağı gibi özelliklerden çok daha önemlidir. İnsanın doğuştan 'dil öğrenecek yetenekte' doğduğunu gösteren çalışmalar, insanla maymunumsular arasındaki uçurumu iyice açmıştır. Böylesi bir yeteneğe benzerlikte yakın olan, ne yaşayan maymunumsulardan bir ara form, ne de fosillere dayanarak bir ara form göstermek mümkün değildir. Bu farklılık ister bir derece farkı, ister mahiyet farkı olsun; dil kullanma becerisi ve matematiksel düşünme yeteneği gibi zihinsel özelliklerde, insanın bir sıçrama olduğunu, bu özelliklerin 'tesadüfi küçük mutasyonlar' ile açıklanamayacağını tasarım delili bölümünde savunacağım. 'Mahiyet farkı-derece farkı' tartışmasına, teoloji açısından da özel önem verildiği için, bu konuyu ise kitabın dinlerle ilgili bölümünde inceleyeceğim.

FOSİL-OLASILIK İKİLEMİ VE KESİNTİLİ DENGE KURAMI

Evrim Teorisi'nin ortaya konduğu dönemin başından itibaren Huxley'le ve daha sonra başkalarınca da ortaya konan sıçramacı modellere, özellikle ateist evrimciler tarafından ciddi itirazlar gelmiştir. Sıçramacı modeller özellikle fosil kayıtlarının eksiklikleri yüzünden ileri sürülmüştü; sıçramalı bir şekilde türler değişiyorsa, bu kadar çabuk değişen türlerin değişimini belgeleyen fosiller elbette ki bulunamazdı.

Richard Dawkins, büyük değişikliklerle evrimin oluştuğunu savunanların, Fred Hoyle'nin benzettiği gibi, "hurdalıkta esen bir kasırganın Boing 747 uçağını yapmış olabileceğine" benzer bir görüşü savunduklarını söyler. Bu tarz değişimlerin olasılık açısından imkânsız olduğunu vurgular. Ayrıca değişim ne kadar büyükse, zararlı etkisinin o kadar çok olacağını ve böylesi bir değişimle yeni bir tür oluşabilseydi bile, bu türün kendine eş bulmakta çekeceği zorluk nedeniyle, bu değişimi yeni nesillere aktaramayacağını söyler. Eğer Dawkins'in benimsediği gibi ateist bir Evrim Teorisi savunulacaksa, Dawkins'in büyük değişimli (makro mutasyonlu) Evrim Teorisi'ni savunanlara yaptığı itirazlar tamamen yerinde görünmektedir. Huxley'in ve sonraki sıçramalı evrim savunucularının birçoğu, teistik bir evrimi savunmayı düşünmemişlerdi. Huxley'in yaşadığı dönemde, canlıların biyolojik yapısının moleküler seviyede ne kadar karmaşık olduğu bilinmiyordu, bu yüzden Huxley'in büyük değişimli evrim görüşünü savunduğu söylenebilir. Fakat moleküler seviyedeki karmaşıklık anlaşıldıktan sonra da bu görüşe yakın fikirleri benimseyenler olmuştur. Bunun en önemli sebebi, fosil kayıtlarında yüz binlerce türün varlığı tespit edilmiş olmasına rağmen; türden türe yavaş aşamalı geçişleri gösteren fosillerin bulunamamış olmasıdır.

Yakın dönemde fosil kayıtlarındaki bu boşlukları açıklamak için ünlü evrimci biyolog ve fosilbilimciler Niles Eldredge ve Stephen Jay Gould 'kesintili denge' (*punctuated equilibrium*) kuramını ortaya attılar. Bu kuramı onlar dışında Hallam, Raup, Stanley, Vrba gibi ünlü bilim insanları da onaylamaktadır. Bu görüşe göre yeni özelliklere sahip türler, Darwin'in ve takipçilerinin zannettiği gibi küçük değişikliklerin bir araya gelmesiyle oluşmaz. Türler uzun süreli değişmezlik dönemlerinden (*stasis*) sonra hızlı değişimler gösterirler. Bu hızlı değişim genelde izole olan küçük popülasyonlarda gerçekleşir. Coğrafi izolasyonun türleşmedeki öneminin en ayrıntılı ve sofistike açıklamasını Eldredge ve Gould teorilerini ortaya koymadan önce Ernst Mayr yapmıştı. Bir türün popülasyonu, içinde yapılan çiftleşmelerle belli bir gen havuzunun paylaşıldığı bir birimdir. Eğer bu toplumun belli bir bölümü ayrılıp coğrafi olarak izole olursa, bu gen havuzunda küçük de olsa bir değişiklik olur. Bu yeni gen havuzunu paylaşan gruplarda ortaya çıkan değişikliklerle, bu gruplar, yeni bir tür veya bir alt-tür olarak adlandırılabilecek değişimlere de uğrayabilirler. Hawaii'nin honeycreeper'ında olduğu gibi bir kuşun gagası bu şekilde değişebilir, değişik bölgelerdeki insanların dış görünümlerindeki farklılıkları da bu şekilde açıklayabiliriz. Fakat bir kuşun kanadının veya insan beyninin ortaya çıkışını bu şekilde açıklanabildiğini söyleyemeyiz.

Türlerin melezleşme ve coğrafi izolasyon gibi faktörlerle kısmi değişimlere uğrayacakları yadsınamaz bir gerçektir. Katırın farklılığını inkâr edemeyeceğimiz gibi Hawaii'nin honeycreeper'ındaki farklılaşmayı da inkâr edemeyiz. Fakat daha önce belirttiğim gibi, Evrim Teorisi'nin ayırt edici yönü, türlerdeki ufak farklılaşmaları savunması değildir. Bu, ancak, Linnaeus gibi türlerin sabitliğini savunmuş birine karşı ileri sürülecek bir argümandır; günümüzde, bu anlamda, Linnaeus'un takipçisi ciddi tek bir bilim insanının olduğunu zannetmiyorum.

Evrim Teorisi'nin ayırt edici yönü büyük değişimlerin (görmenin ortaya çıkışı veya deniz memelilerinin oluşumu gibi) evrimle oluştuğunu söylemesidir ki, bu şekildeki değişimlerin coğrafi izolasyonla oluştuğunu destekleyecek bilimsel bir delil sunmak mümkün gözükmemektedir. Bunların gösterilememesinden daha büyük sorun ise, bu şekildeki oluşumların tesadüfen (rastgele mutasyonlarla) gerçekleşmesinin -olasılıksal açıdan- imkânsız oluşudur.

Ateist Darwincilik ara geçiş formlarının fosillerinin eksikliği ve kompleks organların bir anda ortaya çıkmasının olasılıksal imkânsızlığı arasında bir ikileme düşmüştür. Ben bu ikileme 'fosil-olasılık ikilemi' diyorum. Darwin, 'fosil-olasılık ikilemi'nde, Huxley'in fosil sorununu çözmeye öncelik veren sıçramalı yaklaşımına karşı olasılık sorununun çözümüne öncelik vermişti. Yeni-Darwincilerin ana doğrultusu, bu ikilemde Darwinci çözüme ağırlık verirken; fosilbilimci Gould, Huxleyci görüşe yaklaşmıştır. Darwin, fosillerdeki eksikliği araştırmaların yetersizliğine dayanan bir savunmayla karşılamaya çalışmıştı. Günümüzde ise bu savunmayı yapmak zorlaşmış ve 'kesintili denge' kuramı ortaya atılmıştır.Yeni-Darwincilerin birçoğunun soğuk baktığı bu kuram, beraberinde bahsettiğimiz olasılıksal sorunları getirmektedir. Fred Hoyle'nin bahsettiği kasırgayı daha dar bölgede ama biraz daha uzun estirmek (Richard Goldschmidt'in 'umulan canavar'ı gibi tek bir bireyde büyük değişiklik yerine, dar bir bölgede küçük bir toplulukta büyük değişimi beklemek) olasılık sorununu ortadan kaldırmaz. Goldschmidt mikro mutasyonların birikimiyle makro değişikliklerin oluşamayacağını savundu. Bu görüşün en bilinen örneklerinden biriyle açıklamak gerekirse; bu yaklaşıma göre bir sürüngenin yumurtasından bir gün bir kuş çıkmıştır. Bu makro mutasyonla oluşan canlı için 'umulan canavar' (*hopeful monster*) tanımlaması yapılır. Gould bir yandan Yeni-Darwincilerin Goldschmidt'i karikatürize ettiğini söylerken, bir yandan da kendi teorisini 'umulan canavar' görüşünden ayırt etmeye çalışır. 'Umulan canavar' beklentisi ile türleşme, bir türün tek bir bireyinde iken; 'kesintili denge' kuramında türleşme, coğrafi olarak izole bir grubun içinde dar bir zaman aralığındadır. Gould, bu dar zaman aralığının, türün sabit kaldığı uzun zaman diliminin % 1'i kadar bir süre olabileceğini söyler. Her ne kadar Gould, görüşlerini, Goldschmidt'in görüşlerinden ayırt etmeye çalışsa da, sonuçta bu görüş de türlerin bir anda fosil tabakalarında görünmesinden ve ara fosil formlarının olmamasından kaynaklanan sorunu çözmeye yönelmiştir.

'Kesintili denge' kuramı fosil sorununu çözmeye ağırlık verdiği için olasılık sorunu ile karşı karşıyadır. Kitabın tasarım delili bölümünde, belli bir fonksiyonu olan tek bir proteinin oluşumunu izah etmeye tüm evrendeki maddenin, tüm evren-zamanı boyunca yaptığı bileşimlerin bile yetmeyeceğini göstereceğim. Oysa 'kesintili denge' kuramında yeni bir proteinin oluşumu şu şekilde açıklanacaktır: "Uzayın çok küçük bir bölümü olan Dünya'nın, küçük bir izole alanında, zaman olarak küçük bir dilimde, küçük bir toplumun genlerinde oluşan değişimlerle yeni protein ortaya çıkmıştır." Çok daha geniş bir alanda ve zamanda olasılık olarak oluşumu izah edilemeyen yapıları, çok daha dar bir alanda ve zamanda, hem de canlıların üreme hücrelerindeki

DNA'lar gibi çok hassas yapılar üzerinde oluşan rastgele değişimlerle açıklamak mümkün değildir. Sonuçta türler arası geçişe dair ara fosil formlarının, dar bir alanda hızlı geçişlerle evrim olduysa bulunmaması elbette daha normal karşılanacaktır. Ama terazinin öbür tarafını bu yaklaşım iyice havaya kaldırır: Olasılık sorunu havadadır.

'Kesintili denge' ile ilgili tartışmalar özellikle birçok ateist Yeni-Darwinciyi rahatsız etmiştir. (Aslında bu kuramı ortaya koyanların ve savunanların çoğunun da teizm ile bir ilişiği yoktur.) Ateist kanadın sözcüsü gibi hareket eden Richard Dawkins rahatsızlığını şu satırlarında dışa vurmaktadır: "Eldredge ve Gould derinden yüzeyseller. Sanatsal, edebi bir tavırla çok etkileyici konuşuyorlar, ama ciddi bir evrim anlayışı yerleştirecek hiçbir şey yapmıyorlar ve günümüz yaratılışçılarına, Amerikan eğitimi ve ders kitabı basımını altüst etme amacıyla yaptıkları rahatsız edecek denli başarılı mücadelelerinde düzmece bir yardım ve rahatlık sağlayabiliyorlar."

Dawkins'in bu ifadeleri, objektif bilimsel bir tartışma ortamının oluşmasından çok, 'evrim anlayışını yerleştirecek' bir misyonerlik faaliyetinin arzusunu dile getirir gibidir. 20. yüzyıl ateizminin diğer ünlü bir ismi olan Dennett de Dawkins gibi 'kesintili denge' kuramından o kadar rahatsızdır ki, ünlü kitabı '*Darwin's Dangerous Idea*'da (*Darwin'in Tehlikeli Görüşü*) bu görüşe cevap vermeye çalışmak için uzun bölümler ayırmıştır. Evrimciliği tartışılmayacak Eldredge ve Gould gibi iki kişinin, Yeni-Darwinizm'in mikro mutasyoncu yaklaşımına ve adaptasyona getirdikleri eleştiriler ve geçiş formlarının eksikliğine dikkat çekmeleri şok etkisi yaratmıştır. Türlerin bağımsız yaratılışını savunanlar, yeni türlerin veya cinslerin veya familyaların bir anda ortaya çıktığını söylemektedirler. 'Kesintili denge' kuramında ise dar bir bölgede kısa bir zaman diliminde türlerin oluştuğu söylendiği için; fosillerin incelemesi ile bu iki görüşten hangisinin daha doğru olduğunu ortaya koyacak bilimsel bir düzenek ve test imkânı oluşturulamaz. 'Kesintili denge' kuramıyla ortaya çıkan tartışmalardan da iyice anlaşılmaktadır ki, önce fosiller incelenip sonra Evrim Teorisi'nin doğruluğu ortaya konmamakta; tam tersine, önce Evrim Teorisi en iyi açıklama olarak kabul edilmekte ve fosillerin yorumunda bu kabul tümdengelim kaynağı olmakta, canlıların evrimci sınıflandırılmaları bu kabul doğrultusunda oluşturulmaktadır.

'Kesintili denge' kuramının hangi ihtiyaçtan ortaya çıktığını incelediğimizde, fosil sorununun Evrim Teorisi açısından önemi ortaya çıkmaktadır. Bu kuram, fosillerle ara geçiş formlarını ortaya koymaktaki yetersizliklerden dolayı ortaya atılmıştır. Bu durumuyla da bu yaklaşım mevcut fosilleri açıklayan bir kuram değil, mevcut fosillerden Evrim Teorisi'ni destekleyecek delilleri neden bulamadığımızı açıklamaya çalışan bir kuramdır. 'Kesintili denge' kuramının bu anlatımı, kendisinin yanlışlanabilmesine olanak tanıyacak bir görüş olmadığı için bilim felsefesinde ortaya atılmış olan yanlışlanabilir olmak kriterini karşılamaz. Bu teorinin asıl mahareti, mevcut fosil bulgularının Evrim Teorisi'ni yanlışlamasını önlemeye çalışmaktır. Diğer yandan ise 'fosil-olasılık ikilemi'nde fosil sorununu çözmeye çalışan bu teori, kefenin öbür yanındaki olasılık sorununu daha yukarı taşımaktadır. Gerçi olasılık sorununu, tesadüfi ufak değişimlerle (mikro mutasyonlarla) evrimin oluştuğunu savunan görüşün de aşamadığını kitabın tasarım delili bölümünde göreceğiz. Fakat mikro mutasyoncu yaklaşımı savunanlar, daha geniş bir popülasyona ve zamana evrimi yaymanın, işlerini kolaylaştıracağını düşünmektedirler. Diğer yandan mikro mutasyoncu bir yaklaşım da olasılık sorununu aşmakta yetersiz olduğundan, hiç olmazsa fosillerden gelecek sorunu aşmada kolaylık sağlaması 'kesintili denge' kuramının bir avantajıdır. Bence bu bile bu kuramın göz önünde bulundurulması gerekli ilginç bir kuram olarak değerlendirilmesi için yeterlidir. Fakat bu kuram fosilleri, Evrim Teorisi'nin en önemli destekçisi zanneden yaygın kitle görüşünün aksine; fosilleri, halledilmesi, tevil edilmesi gerekli bir sorun olarak gören bir yaklaşımın eseridir. Bu kuramla beraber, en ünlü evrimci fosilbilimcilerin ifadelerinden yola çıkılarak ara fosillerin yokluğu sorununa dikkat çekilmiştir. Oysa Gould'un ifadesine göre, ara geçiş formlarının fosillerinin yokluğuna dair sorun daha önce 'fosilbilimin ticari sırrı' (*the trade secret of paleontoloji*) idi. Dawkins ve Dennett gibi ateist evrimcileri kızdıran da bu 'ticari sır'rın açığa çıkartılıp, hasım olarak gördükleri kampa koz verilmesi olsa gerek!

KAMBRİYEN PATLAMASI VE EDİACARA FAUNASI

Klasik Darwinci Evrim Teorisi anlatımına göre başta tek-hücreli bir canlı oluşmuş, canlılar önce türlere, sonra cinslere, sonra familyalara, sonra takımlara, sonra sınıflara, sonra filumlara ayrılmışlardır. Yüz milyonlarca yıl süren bu ayrışmadaki safhalar hep yavaş yavaş aşılmıştır. Fosil bulgulardan beklenen de, bu yavaş yavaş ayrışmayı doğrulayan, 'Darwinci soy ağacı'nı destekleyen delilleri sunması olmuştur. Oysa Kambriyen Patlaması ve Ediacara Faunası, yavaş adımlarla ilerleyen evrimle ilgili klasik beklentilerle en zıt olguları oluşturmaktadırlar. Prekambriyen (Kambriyen öncesi dönem) dönemde 3 milyar yıl kadar sadece bakterilerin ve mavi-yeşil alglerin hüküm sürdüğünü fosil kayıtları söylemektedir. Oysa Kambriyen dönemine gelindiğinde (530 milyon yıl kadar öncesi), bir sürü birbirinden farklı çok-hücreli canlı, aniden, fosil kayıtlarında kendini gösterir. İçinde sınıf, takım, familya, cins ve türü barındıran filumların yarısından fazlası bu dönemde ortaya çıkmıştır. Yirmi bin gözlü 'trilobit' de, beş gözlü 'opabinia' da, hep bu dönemde, aniden, fosil kayıtlarında gözükmüşlerdir. Darwinci biyologların ve fosilbilimcilerin fosillerden bekledikleri, fosillerin 'aşağıdan-yukarıya' bir evrimi göstermesiydi. Buna göre, türler ancak yüz milyonlarca yıl içerisinde sınıflara ve filumlara ayrılmalıydı. Oysa fosil bulgular, Kambriyen'de, bir anda, filumların ortaya çıktığını göstermiştir. Bu da 'aşağısı' ile ilgili kayıtlar olmadan 'yukarı'nın ortaya çıkmış olmasıdır ki evrimci beklentileri karşılamamıştır.

Darwin de Kambriyen dönemde birçok canlının aniden gözükmesiyle ilgili sorunun farkındaydı. O, teorisinin gerektirdiği gibi, bu dönemden önce binlerce çok-hücreli canlı olduğuna inanmaktan vazgeçmedi ve bu olguyu fosil kayıtlarındaki ve araştırmalarındaki yetersizliklerle açıkladı. Darwin'in döneminde bugüne kadarki fosil araştırmalarının % 1'inden azının yapıldığını düşünürsek, bu mazaret, o dönem için yerinde gözükmektedir. Fakat günümüze kadar yapılan araştırmalar, 'Kambriyen Patlaması'nı

-yanlışlamak bir yana- desteklemiştir. 1909'da Charles Doolittle Walcott'un, Burgess Shale'de bulduğu fosiller, 1980'lerde Sirius Passet ve Chengjiang'da bulunan fosiller, Kambriyen dönemde, bir anda birçok canlı türünün ortaya çıktığını desteklemektedirler. Artık, fosil araştırmaların yetersizliği bir mazeret olarak ileri sürülemez. Kambriyen Patlaması yeni araştırmalarla destek kazanmıştır, fakat bu dönemden önce mikro mutasyoncu Darwinci yaklaşıma göre olması gereken ara formlar, bu kadar çok yapılan kazıya rağmen bulunamamıştır. Bu fosillerin bulunamaması, artık eksik araştırmaya bağlanamayacağı gibi, Kambriyen dönemden önceki fosillerin 'tortu bırakmaması' gibi Darwin tarafından ileri sürülen sebeplere de bağlanamaz. Nitekim Kambriyen Patlaması'ndan önceki üç milyar yıl boyunca Dünya'da hüküm sürmüş yegâne canlı olan tek-hücreli bakterilerin ve mavi-yeşil alglerin fosilleri bulunmuştur. Birçok ünlü fosilbilimcinin de söylediği gibi elimizdeki fosil kayıtları önemli ölçüde güvenilirdir. Bu da göstermektedir ki Kambriyen Patlaması bir yanılsama değil, fosilbilimin ortaya koyduğu en enteresan olgulardan biridir.

Bir aralar Ediacara Faunası'ndaki canlıların, Kambriyen dönemde ortaya çıkan canlıların atası olabileceği düşünüldü. 1947'de, Avustralya'da, R. C. Sprigg tarafından Ediacara Faunası bulundu. Burada Kambriyen Patlaması'ndan 40 milyon yıl kadar önce (Prekambriyen dönemin sonlarında) çokhücreli canlılar bulundu. Fakat fosilbilimcilerin de dikkat çektiği gibi, Ediacara Faunası'nın canlıları Kambriyen canlılarından o kadar farklıdır ki, bu canlıların Kambriyen dönemindeki canlıların atası olduğu söylenemez. Ediacara Faunası'nda ve Kambriyen dönemde ortaya çıkan canlılar, ilk çok-hücreli canlı türleridir ve büyük bir çeşitlilik göstermektedirler. Kambriyen Patlaması'nın on milyon yıl kadar sürdüğü tespit edilmiştir; bu on milyon yıllık zaman dilimi tüm Kambriyen çeşitliliğin oluşma tarihidir. Dünyamızın 4,5 milyarlık yaşını göz önüne alırsak, bu süre dünyanın yaşının 1/450'sine karşılık gelmektedir. Eğer bu on milyon yılı, Ediacara Faunası'ndaki canlıların 40 milyon yıl önce ortaya çıkışı ile birleştirirsek, 50 milyon yılda dünyamızın çok-hücreli canlılarla dolduğunu söyleyebiliriz. Bu da dünyanın yaşının 1/90'ı gibi çok küçük bir dilime karşılık gelmektedir. Bu dönemden önce ne 'kesintili denge' kuramında ileri sürülen 'coğrafi olarak izole olacak' türler vardır, ne de bu dönemde ortaya çıkan çok-hücreli canlılara az da olsa benzeyecek, herhangi bir 'ata form' vardır. Hem 'kesintili denge' kuramının izole olacak 'hammaddesi', hem Yeni-Darwinciliğin mutasyona uğrayarak yavaşça değişecek 'hammaddesi' önceki dönemde yoktur. (Yavaş adımlarla, yani mikro mutasyonlarla canlıların oluştuğunu düşünenler için bu tablonun açıklanmasının 'kesintili denge' kuramcılarına nazaran daha zor olduğunu görmek de gerekir.) Önceden tek hücreliler gibi canlılar vardı ama bunlarla Kambriyen Patlaması'nda ortaya çıkanlar arasındaki fark çok büyüktür. Sonuçta 'kesintili dengeciler' de 'yavaş aşamacılar' da hammaddesi olmadan bir mönü hazırlamışlardır; bu farklı mönülerin talibi çok olsa da, Prekambriyen dönemin boşluğu, adeta unsuz-peynirsiz-domatessiz pizza yapımına mönü hazırlayıcılarını mecbur etmektedir!

Ediacara Faunası'nın ve Kambriyen çeşitliliğinin ortaya çıkışı 'fosil-olasılık ikilemi' açısından en büyük soruna sebep olmaktadır. Her şeyden önce fosillerden gelen bilgiler, tevil edilemeyecek kadar açık bir şekilde çok-hücrelilerin aniden, çok hızlı bir şekilde ortaya çıkışını göstermektedir. Darwin'in, klasik, uzun dönemde yavaş gelişimi savunan çizgisini devam ettiren ve olasılık sorununun çözümüne ağırlık veren bilim insanları bile bu olguyu reddedememektedirler. Bir sonraki bölümde göstereceğim gibi, tek bir proteinin tesadüfi oluşumu için tüm evren-zamanı boyunca, tüm uzaydaki maddenin bileşimler yapması yetersiz kalacaktır. Oysa Ediacara Faunası ve Kambriyen Patlaması ile ortaya çıkan canlıların vücutlarında; on binlerce yeni protein, yepyeni hücreler, yepyeni organlar, yepyeni beden tasarımları ve yepyeni genetik bilgiler dünya sahnesinde görülmüştür. Eğer en iyimser şekilde Ediacara Faunası'nın başlangıcından Kambriyen Patlaması'nın bitimine kadarki süreyi toplasak bile, ortaya çıkan elli milyon yıllık süre; milyarlarca yıllık sürenin bile tek bir proteini açıklamakta yetersiz kaldığı düşünülünce, bu kadar büyük bir çeşitliliği açıklamakta çok yetersiz kalacaktır.

Kısa dönemde ortaya çıkacak tüm bu canlılardaki proteinler hücre içinde yeni fonksiyonları gerçekleştirecek şekilde organize olacaklardır, yeni hücreler ise yeni doku, organ ve beden bölümleri olarak organize olacaktır. Yeni bedenler, hiyerarşik olarak organize olmuş, her vücut bölümünün kendi fonksiyonlarını bildiği birer bütün olacaklardır. Sonuçta, Kambriyen Patlaması ve Ediacara Faunası ile birçok yeni vücut tasarımı ortaya çıkmıştır ve birçok 'özelleşmiş kompleks' beden bölümlerinden oluşan bu tasarımlar, 'belirlenmiş kompleks bilgileri' gerektirirler ki bunun da bir açıklamasının yapılması gerekir. Kambriyen Patlaması ve Ediacara Faunası'nın yavaş aşamalı Evrim Teorisi'ne açtığı sorunlar beş maddede özetlenebilir:

1- Çok-hücreli canlılığın aniden ortaya çıkışı.

2- Çok büyük bir çeşitliliğin aniden ortaya çıkışı.

3- Evrimci 'aşağıdan-yukarı' beklentinin aksine birçok filumun aniden ortaya çıkışı.

4- Dünya tarihinin bu kadar dar bir aralığında, mikro düzeyde ortaya çıkan on binlerce protein gibi yapının tesadüfi oluşumunu açıklamanın olasılıksal imkânsızlığı.

5- Dünya tarihinin bu kadar dar bir aralığında, makro düzeyde ortaya çıkan özelleşmiş organlarıyla beden planlarını izah etmenin olasılıksal imkânsızlığı.

Türlerin bilinçli bir şekilde bağımsız yaratıldıkları veya evrimin bilinçli bir şekilde yaratılan bir süreç olduğu görüşü, Kambriyen Patlaması'nı ve Ediacara Faunası'nı açıklamakta zorluk çekmez. Çünkü bilinçle ve kudretle oluşturulmuş bir yaratılışı savunanlar için, türlerin aniden ortaya çıkışları -ister evrimle, ister bağımsız yaratılışla olsun- sorun değildir. Bilinçli, kudret sahibi, olaylara hâkim bir Güç'ün tasarladığı süreçlerde olasılık sorunu olmaz. Bir zarın milyon kere üst üste tesadüfen altı gelmesi olasılık olarak hemen hemen imkânsızdır; fakat bilinçle, zarları altı olarak koyabilen biri için bu imkânsızlık söz konusu değildir. Bu yüzden, bahsedilen beş maddedeki sorun sadece dış bir Güç'ün müdahalesini kabul etmeden, tesadüfi bir evrimi savunanlar için geçerlidir. Asıl sorun evrimin olup-olmadığı değildir; asıl sorun, canlıların tesadüfen mi oluştukları, bilinçli bir şekilde mi yaratıldıklarıdır.

ONİKİNCİ BÖLÜM:

"EVRİM KURAMI" OLMADAN BİYOLOJİ OLUR MU?

EVRİM TEORİSİ OLMADAN BİYOLOJİ BİLİMİ OLUR MU?

Dobzhansky, Evrim Teorisi olmadan biyoloji bilimindeki hiçbir şeyin anlam ifade etmeyeceğini söylemiştir. Bu iddia, biyoloji bilimine büyük bir haksızlık olarak görünmektedir. Canlıların tüylerinin, kalplerinin, beyinlerinin, kaslarının, kemik yapılarının, kanatlarının, dişlerinin veya moleküler yapılarının hepsi; mevcut türlerin -tarihlerinden bağımsız olarak ele alınmalarıyla- incelenmeleriyle tespit edilmiştir. Bir kimsenin, insanın maymunumsu canlılardan evrimleştiğine inanmasaydı, insan kalbi hakkında daha farklı bir bilgiye sahip olacağını veya kuşların sürüngenlerden evrimleştiğine inanmasaydı, kuşların kanatları hakkında daha değişik bir bilgiye sahip olacağını söyleyemeyiz. Tüm organların gerek moleküler yapıları, gerekse diğer organlarla bağlantıları mevcut türler üzerindeki gözlemlere dayanır. İşte biyolojinin en önemli bölümü gözlemsel ve deneysel desteğe sahip olan bu alandır.

Bir veterinerin, kuşun kanadı kırılırsa uygulayacağı tedavinin veya bir doktorun, insanın kalp bölgesinde yapacağı ameliyatın, bu teoriye inanmasından veya inanmamasından kaynaklanan bir farklılığı olmayacaktır. Evrim Teorisi'nin doğruluğuna inanç, doğal seleksiyonun türlerin yok olmasında en önemli mekanizma olduğu ve mutasyonlar ile coğrafi izolasyonun türlerin değişiminde çok önemli olduğu hususlarını kabul etmek için bile zaruri değildir. Bir biyolog, tüm bunların önemini kabul etmesine karşılık, bunların, canlılardaki özelliklerin ortaya çıkışını açıklamada yetersiz olduğunu düşünebilir. Nitekim günümüzdeki, Evrim Teorisi'ni reddeden veya bilimsel yetersizliğini savunan bilim insanlarının hemen hepsi; doğal seleksiyon, mutasyon ve coğrafi izolasyonun canlılar dünyasındaki önemini kabul etmektedirler.

Evrim Teorisi'nin ortaya koyamadığı bilimsel yasalara karşı, 'insan türünün her bireyinin kan dolaşımının kalple sağlandığı' şeklinde, her bir tür için mutlak bir biyolojik yargının veya 'insan türünün bireylerinde kalbin genelde solda olduğuna (bazen sağda olabilir)' dair olasılıksal bir biyolojik yargının varlığı ileri sürülebilir. Bu yargılar, fiziğin yasaları gibi, örneğin yerçekimi yasaları veya hareket kanunları gibi bütün evrene ait yasalar değildir. Biyolojinin incelediği canlılar, salt bu dünyaya ait olduğu için bu tarzda evrensel bir biyoloji yasası mümkün değildir. J. C. Smart, bir yasanın, uzay ve zamanla sınırlandırılmamış olması gerektiğini, bu yüzden biyolojide hiçbir yasanın bulunmadığını söylemiştir. Bilim felsefesinde neye yasa denip denemeyeceği üzerinde çok tartışma yapılmıştır. Bu tartışmalara girmemek için, biyolojik türlere dair elde edilen bilgilere 'yargılar' dedim. Bu yargılar, gözlemlerden yola çıkılarak yapılan genellemelerdir; karşınızda oturan kişi insan ise, onun kan dolaşımını sağlayan bir kalbinin olduğunu, teknolojik bir cihazla görmeden de öngörebiliriz. Biyolojideki bu yargılar sayesinde ameliyatlar ve tedaviler yapılır, gerekirse yapay organlar ve protezlerle canlı türlerindeki sorunlar çözülmeye çalışılır. Evrim Teorisi'nin doğruluğu veya yanlışlığı gibi bir önkabulden tamamen bağımsız olarak geniş bir biyoloji alanı mevcuttur. Bu alanlardaki bilgilerin, bilimselliğin; gözlemsellik, deneysellik ve öngörü gibi kriterlerinin hepsini karşıladığını söyleyebiliriz. Biyolojideki mevcut türlerin incelenmesine dayalı bilimsel bilgiler; Popper gibi filozofların ve Michael Denton gibi biyologların, Evrim Teorisi'ne yönelttikleri bilimsel kriterleri karşılayamama eleştirisinden de uzaktırlar.

Evrim Teorisi'ni apriori olarak doğru kabul edip tümdengelim kaynağı yapmadan da, canlıların sınıflaması gibi birçok bilimsel çalışma gerçekleştirilebilir. Darwin'den önce birçok ünlü biyolog canlıları homoloji temelinde, ama evrimi öngörmeden sınıflandırmışlardı. 1980'li yıllardan itibaren ön plana çıkan 'cladism'in canlılar sınıflandırmasında da, fosilbilimden gelen bilgiler göz önünde bulundurulmadan canlılar sınıflandırılması yapılmaktadır. Cladism, Wilma George tarafından 'evrim-dışı sınıflandırma' olarak nitelendirilmiştir. Cladism, Aristoteles'ten beri canlılar sınıflamasına hâkim olan, canlıları birbirinin devamı olarak algılamayan yaklaşımı esas almıştır. Günümüzde birçok müzede de sınıflama 'cladism'in yaklaşımı çerçevesinde yapılmaktadır.

Türlerin karmaşık yapısı, gerçekte 'tür'ün ne olduğunun tarifinde önemli güçlükler çıkarmış ve canlılar sınıflaması ile ilgili hiçbir model tüm güçlüklerin üstesinden gelememiştir. Evrim Teorisi mutlak bir gerçek olarak kabul edilmeden de (Evrim Teorisi'ne karşı agnostik yaklaşıp) canlılar, benzerlikleri temelinde sınıflandırılabilirler. Bütün canlı sınıflamaları salt zihnin projeksiyonlarından ibarettirler; bu sınıflamalar ancak canlıları daha kolay tanımamız gibi pratik faydalara hizmet ederler. Zihnimizin bu projeksiyonlarının, canlılar dünyasında tam bir ontolojik karşılığının olduğunu düşünmek büyük yanılgıdır. Bu hatanın tarihteki en ünlü örneği Linnaeus'tur, üstelik o yaptığı canlılar sınıflaması ile Tanrı'nın düşüncelerini çözdüğünü söyleyecek kadar ileri gitmişti. Linnaeus'un sınıflaması Tanrı'nın düşüncelerinin keşfi olmadığı gibi, Darwinci sınıflamalar da canlıların kökeninin mutlak bilgisini vermekten uzaktır. Canlılar hiçbir sınıflamaya tam oturamayacak kadar istisnayı, çeşidi ve sürprizi barındırmaktadırlar. Belki de canlı türlerini anlamanın en iyi yolu, her bir türü, sınıflamalara bakmaksızın kendine has özellikleriyle ele almak ve sınıflandırmaların getirdiği kolaylıkların yanında yol açtıkları zararlardan korunmaktır.

Evrim Teorisi'nin bir teorinin doğru kabul edilmesi için gerekli bilimselliğin birçok kriterini karşılayamadığı, bu bölümün başından buraya dek ayrıntılıca gösterildi. Bu, Dobzhansky'nin dediği gibi bütün biyolojinin anlamsızlaşacağı anlamına gelmez, sadece 'doğa tarihi' üzerine bilgimizin çok sınırlı olduğunu kabul etmemiz gerektiği anlamına gelir. 'Biyoloji' canlılar üzerine bir çalışmadır; 'Evrim Teorisi' ise bu canlıların kökeni ve tarihi ile ilgilidir. Biyoloji biliminin birçok verisi, gözlem ve deney destekli olmasına karşın, Evrim Teorisi'nin bu tarz dayanakları yoktur. Canlılar sınıflaması, morfoloji, ekoloji gibi çalışma alanları için, canlıların kendi aralarında ve çevreleriyle sabit, istikrarlı ilişkileri 'canlıların tarihi'ne ilişkin bilgilerden çok daha değerlidir. 'Canlıların tarihi'nin yaratıcısı olduğu bazılarınca iddia edilen tesadüfi mutasyonlar, analiz edilemeyen yapıları ile bilimin araştırma alanına giremezler; fakat türler hem bedenleri, hem üremeleri, hem davranışları, hem moleküler yapıları gibi gözlenebilen ve sabit özellikleriyle (gözlemlenemeyen tarihsel hikâyeleriyle değil) biyoloji açısından gerçekten değerli olan bilgileri sunarlar. Evrim Teorisi mutlak bir gerçek olarak kabul edilmeyince; ne kuşların uçuşu, ne balıkların yüzgeçlerinin vazifesi, ne ipekböceğinin ipek üretmesi, ne memelilerin üremesi üzerine bilgilerimizin hiçbirisi yok olmaz. Canlıların sınıflandırılması da mümkündür; doktorların ve veterinerlerin faaliyetleri de aksamaz. Sadece 'doğa tarihi' üzerine bilimsel cehaletimizi kabul ederek, bu konudaki araştırmaların daha devam etmesi gerektiği sonucuna varırız.

Bu araştırmalarda, Evrim Teorisi'nin, türleri birbirlerinin ardılları kabul eden yaklaşımı da göz önünde bulundurulması gerekli önemli bir hipotez olarak iş görebilir, hatta görmelidir. Fakat mevcut veriler, 'doğa tarihi' konusunda nihai mutlak yargıya varmayı mümkün kılmamaktadır. Daha önceki sayfalarda ayrıntılıca göstermeye çalıştığım gibi, mevcut paradigma, Evrim Teorisi'nin doğruluğunu eğitim sistemleri aracılığıyla empoze ettirerek, canlılarla alakalı bütün olguların bu teoriye göre yorumlanmasını istemekte; bu teorinin bilimsel kriterleri karşılamadaki zaafları, paradigmada gedik açılmaması için tartışma konusu bile yaptırılmamaya çalışılmaktadır. Ne yazık ki fizik gibi alanlarda muhalif görüşlere gösterilen hoşgörü, biyoloji alanında, özellikle Evrim Teorisi söz konusu olunca gösterilmemektedir. Bu hoşgörüsüzlüğün bir kaynağı Evrim Teorisi'ni dinsizlik olarak algılayıp bu teoriye adına din adına 'cihad' ilan edenlerdir. Diğer bir kaynak ise bu teoriyi ateizmleri adına araçsallaştırmaya çalışanlardır.

'Doğanın içinde kalma'yı felsefi bir ilke olarak benimseyen natüralist-materyalist bir ontoloji sahibinin, Evrim Teorisi'ne inanmak dışında görünür hiçbir çaresi yokken; Tanrı'nın merkezde yer aldığı bir ontolojiyi benimseyen biri, 'Tanrı için her şey mümkündür' ilkesince, Evrim Teorisi'ni de, türlerin bağımsız yaratılışını da kabul edebilir. Tanrı merkezli ontoloji, Evrim Teorisi dışında da imkânları mümkün kıldığı için, 'sadece doğanın içinde kalmak' gibi apriori bir ilkeyi benimsememek yüzünden, teistlerin tavrı, Evrim Teorisi'ni kabul edenlerden farklı olacaktır. Aslında teist ontolojinin sunduğu alternatif imkânlar, bir teistin daha objektif bir şekilde Evrim Teorisi'ne yaklaşmasını sağlayabilir. Çünkü teist, Tanrı merkezli ontolojisini Evrim Teorisi ile uzlaştırabilir, oysa günümüz biyolojisinin 'kendiliğinden türeme' ile türlerin oluşamayacağını göstermesinden sonra; bir ateistin, türlerin birbirlerinden bağımsız oluşumunu, ontolojisini değiştirmeden kabul etmesi mantıken mümkün değildir. Bu yüzden Richard Dawkins, ancak Evrim Teorisi ile rasyonel bir ateizmin mümkün olabildiğini savunmuştur. Fakat bir teist için bunun tam tersi, yani türlerin bağımsız yaratılışının kabulü, mutlak bir ihtiyaç değildir.

DOĞAL SELEKSİYON NEDİR?

Doğal seleksiyon, Darwin'den önceki biyologlar tarafından da bilinen, ancak "türlerin bozulmadan sabit kalmalarını sağlayan bir mekanizma" olarak tanımlanan bir doğal süreçtir. İlk kez Darwinbu sürecin evrimleştirici bir gücü olduğu iddiasını ortaya atmış, tüm teorisini de bu iddiaya dayandırmıştır. Kitabına verdiği isim, doğal seleksiyonun Darwin'in teorisinin temeli olduğunu gösterir: Türlerin Kökeni, Doğal Seleksiyon Yoluyla...

Oysa Darwin'den bu yana, doğal seleksiyonun canlıları evrimleştirdiğine dair tek bir bulgu ortaya konamamıştır. Ünlü bir evrimci olan İngiltere Doğa Tarihi Müzesi baş paleontoloğu Colin Patterson, bu gerçeği şöyle kabul etmektedir:

Hiç kimse doğal seleksiyon mekanizmalarıyla yeni bir tür üretememiştir. Hiç kimse böyle bir şeyin yakınına bile yaklaşamamıştır. Bugün neo-Darwinizmin en çok tartışılan konusu da budur.

Doğal seleksiyon, içinde bulunduğu doğal şartlara uygun olan güçlü canlıların hayatta kalması demektir. Örneğin aslanlar tarafından tehdit edilen bir zebra sürüsünde, daha hızlı koşabilen zebralar hayatta kalacaktır. Ama hızlı koşan zebraların hayatta kalması demek, bu zebraların bir süre sonra bir başka türe dönüşecekleri, örneğin çita haline gelecekleri anlamına gelmez. Doğal seleksiyon sadece bir canlı türü içindeki sakat, zayıf ya da çevre şartlarına uymayan bireyleri ayıklar. Yeni canlı türleri, yeni genetik bilgi ya da yeni organlar yaratamaz.

Bu önemli gerçeğin yanı sıra Darwinistlerin, doğal seleksiyon ile ilgili açıklamalarında ihmal ettiği veya düşünmek istemediği bir gerçek vardır. Bir kaplan, sürüdeki en zayıf geyiği seçerken muazzam bir akıl kullanır. Oradaki zayıf ve güçsüz hayvanı "özel olarak" seçer. Şuursuzca sürünün başına doğru yönelmez, en sonda kalan, en çaresiz olana yönelir. Yani açıkça bilinç kullanır. Darwinistlerin burada kaplanı yönlendiren bilincin ne olduğunu açıklaması gerekmektedir. Kaplana en akılcı seçimi yaptıran aklın ve şuurun nereden geldiğini izah etmelidir. Burada doğal seleksiyon gibi sahte mekanizmalar değil, açıkça detaylı değerlendirilmiş ve tek doğru sonuca götüren bilinçli bir tercih vardır. Şu durumda evrimcilerin şu soruya cevap vermesi gerekmektedir: Canlıya şuurlu, akılcı, bilinçli ve en doğru seçimi yaptıran kimdir?

Darwinistlerin evrimle yanıt vermeye çalışacağı ve dolayısıyla kesin olarak cevapsız kalacağı bu sorunun tek cevabı vardır: Bu bilinci canlıya Allah verir. Burada hedef alınan canlı, kaplanın ona yaklaşacak en doğru anı seçmesi, ona en zayıf düştüğü anda saldırması ve onu oldukça kısa bir sürede etkisiz hale getirecek muhteşem bir yetenek kullanması gibi unsurların her biri, müthiş bir bilinç gerektirir ve tümü Allah'ın ilhamıyladır.

Doğal seleksiyon denen hayali sisteme bir güç atfederek onu bilinçli bir mekanizma haline getirmeye çalışan bir zihin, oldukça kör bir zihindir. Bir gen, bir organ veya bir canlı hayatta kaldığı için o canlı hiçbir zaman evrimleşmeyecektir. Hayatta kalan geyikler hiçbir zaman hayatta kaldıkları için daha güçlü canlılara örneğin kaplanlara dönüşmeyeceklerdir. Doğal seleksiyon denen hayali mekanizma, bir kolu kanada dönüştürmemiş, yüzgeçleri ayak yapmamıştır. Hiçbir zaman bir canlıyı bir başka canlıya, hatta tek bir geni başka bir gene dönüştürme gibi hayali yetenekleri yoktur.

Darwin'in Hayal Gücü

Bugünkü savunulduğu şekliyle evrim teorisini ortaya atan kişi, amatör bir İngiliz doğabilimci olan Charles Robert Darwin'dir.

Darwin hiçbir zaman gerçek bir biyoloji eğitimi almamıştı. Doğa ve canlılar konusunda sadece amatör bir ilgiye sahipti. Bu ilgisinin bir sonucu olarak, 1832 yılında İngiltere'den yola çıkan ve beş yıl boyunca dünyanın farklı bölgelerini gezen H.M.S. Beagle adlı resmi keşif gemisinde gönüllü olarak yer aldı. Genç Darwin, bu gezi sırasında gördüğü farklı canlı türlerinden, özellikle de Galapagos Adaları'nda gördüğü farklı ispinoz türlerinden çok etkilenmişti. Bu kuşların gagalarındaki farkların, çevreye uyum sağlamalarından kaynaklandığını düşündü. Bu düşünceden hareketle canlılardaki bütün çeşitliliğin kökeninde "çevreye uyum" kavramının olduğunu varsaydı. Darwin bu düşüncesi ile, Allah'ın canlı türlerini ayrı ayrı yarattığı gerçeğine karşı çıkmış ve canlıların ortak bir atadan gelerek doğa şartları sonucunda birbirlerinden farklılaştıklarını öne sürmüştür.

Darwin'in bu varsayımı hiçbir bilimsel bulgu ya da deneye dayanmıyordu. Ancak Darwin, dönemin ünlü materyalist biyologlarından aldığı destek ve teşviklerle, bu varsayımlarını zamanla iddialı bir teori haline getirdi. Bu teoriye göre canlılar tek bir ilkel atadan geliyorlardı ama çok uzun bir süreç içinde küçük küçük değişimlere uğramışlardı ve böylece farklılaşmışlardı. Ortama en iyi şekilde uyum sağlayanlar özelliklerini gelecek nesillere aktarıyor, böylece bu yararlı değişimler zamanla birikerek bireyi, atalarından tamamen farklı bir canlıya dönüştürüyordu. (Bu "yararlı değişimler"in kökeninin ne olduğu ise meçhuldü.) Darwin'e göre insan da, bu hayali mekanizmanın en gelişmiş ürünüydü.

Darwin hayal gücünde canlandırdığı bu mekanizmaya "doğal seleksiyonla evrim" adını verdi. Artık, "türlerin kökeni"ni bulduğunu düşünüyordu: Bir türün kökeni başka bir türdü. Bu fikirlerini 1859 yılında Türlerin Kökeni adlı kitabında açıkladı.

Ancak Darwin teorisinin pek çok açmazla karşı karşıya olduğunun farkındaydı. Bunları kitabının "Teorinin Zorlukları" (Difficulties on Theory) adlı bölümünde itiraf ediyordu. Bu "zorlukların" başında, fosil kayıtları, canlılardaki tesadüfle açıklanması mümkün olmayan kompleks organlar (örneğin göz), canlıların içgüdüleri gibi konular geliyordu. Darwin bu zorlukların ileride yapılacak yeni keşiflerle çözüleceğini ummuş, bazılarına da çok yetersiz açıklamalar getirmişti. Amerikalı fizikçi Lipson, Darwin'in bu "zorlukları" hakkında şu yorumu yapar:

Türlerin Kökeni'ni ilk okuduğumda Darwin'in genelde sunulan tablonun aksine, kendisinden pek de emin olmadığını fark etmiştim. "Teorinin Zorlukları" başlıklı bölüm, örneğin, çok belirgin bir güvensizlik yansıtmaktadır. Bir fizikçi olarak, gözün nasıl ortaya çıkmış olabileceği yönündeki yorumları karşısında şaşkınlığa düştüm.

ONÜÇÜNCÜ BÖLÜM:

"TÜRLERİN KÖKENİ"

TÜRLERİN KÖKENİ

"..1860 yılında yayınlanan bir kitap bir anda bilim camiasını karıştır. Bu kitabın adı Türlerin Kökenidir..."

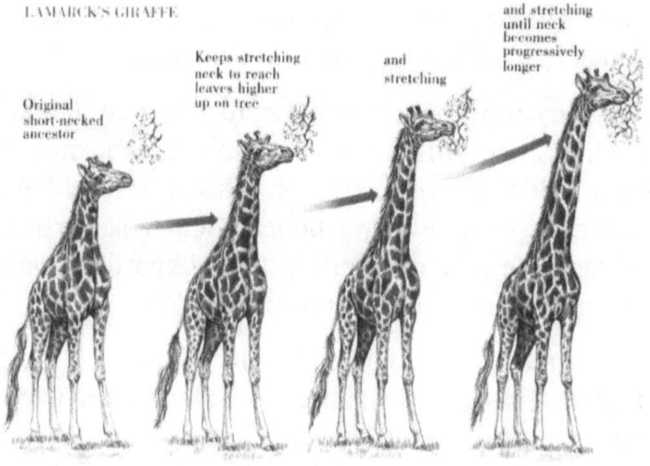

İnsanlar her zaman nereden geldikleri ve ataları konusunda veya çevrelerindeki canlıların ataları konusunda araştırmalar yapmışlardır. İncelemişler ve değişik fikirler ortaya atıp, çalışmışlardır. Bu fikirlerden en çok yaygını ise evrimleşme yani bir canlının ilkel bir canlıdan evrimleşip daha gelişmiş bir canlı olması. Bu konu hakkında bir çok kitap yazılmış ve araştırma yapılmıştır ama bu konuda ki en kusursuz çalışma Charles Darwin'in kitabı olan Türlerin Kökeni.

Bu kitap yayınlandığı yıllarda insanların doğaya bakış açısı "Tanrı, evreni, gezegenimizi, üstündeki tüm hayvan ve bitkileri ve en sonunda ve en yaratıcı anında da türümüzü, insanları yani Homo sapiens'i yaratmıştı... Ayrıca yaratılan bu varlıklar kesinlikle değişmiyor ve hep aynı kalıyordu.Yani şu an dışarıda gördüğümüz bir köpek Tanrının o zaman yarattığı bir köpekten geliyordu." Ama Darwin böyle düşünmüyor ve canlıları " yoktan var edilen varlıklar değil, çok yavaş ve uzun zaman dilimleri boyunca yavaş yavaş farklılaşan ve bu süreç içinde arada bir yeni bir tanesinin oluştuğu, özünde değişken bir tür olan birimler " olarak düşünüyordu. Bu düşüncesi o zaman için bir düşünce devrimi demekti...

Darwin'in bu konuda o zaman için en tehlikeli düşüncesi ise "İnsanların, öncü bir türden, milyonlarca yılda türeyen, bir çok türden biri olduğu" idi.Bu düşünce Victoria dönemi için çok sarsıcıydı.Darwin'e göre insanlar kutsal varlıklar değil sadece maymun soyunun son noktası idi.

Darwin kitabını yazarken Koyunlar ve Güvercinlerden başlamıştı anlatmaya, çünkü o zamanlar en çok uğraşılan şey güvercinlerdi ve bu kitabı okuyan herkes Darwin'in ne dediğini anlayabilecekti. Bu da Darwin'in akıl dolu zekasını örnekliyor.

Darwin aslında şu anda bile ret edilemeyen örnekler bulmuştu. Mesela tohum yiyen kuşlar. Bu kuşlar tohumu kırmak için gagalarını kullanıyorlar ve gagası kuvvetli olan daha kısa sürede daha çok tohum yiyebiliyordu.Çünkü dünyada hiçbir zaman bütün kuşlara yetecek kadar tohum olmadı.Bu yüzden sürekli rekabet içinde olan kuşlardan tabii ki galip olan gagası kuvvetli olan kuşladır.Ya peki bunların yavruları? Onların gagaları daha kuvvetli olacak. Bu böyle bir döngü ile şimdiye kadar gelmektedir. İşte buna Darwin "doğal seçilim" adını vermişti.

Darwin'e göre birde yapay seçilim vardı. Darwin kitabını yazdığı zamanlarda herkes kuşlarla uğraşıyordu ve onların hakkında birçok bilgileri vardı. Mesela daha uzun kuyruklu bir kuşları olmasını istiyorlarsa en uzun kuyruklu dişi ve erkeği çiftleştirerek en uzun kuyruklu yavruyu elde ediyorlardı. İşte bu da "yapay seçilim"'di.Aslında biraz dikkatli olursak ikisinin de aynı olduğunu sadece birinin insan yardımı ile diğerinin doğal olarak olduğunu görebiliriz.

Bugün yapay seçilimin en büyük örnekleri köpekler. İnsanlar yıllarca kurtlardan evcilleşen bu hayvanların nasıl olmasını istiyorlarsa öyle yapmışlar. Mesela bir Pekin köpeğinden Great Dane'e, porsuk zağarından Labrador'a ulaşabilmişlerdi. Yaptıkları sadece istediklerini bulana dek denemek. Farklı cinslerle çiftleştirmek...

Darwin'in Verileri

Darwin "türlerin transmütasyonu" adını verdiği evrim konusunda düşünmeye, İngiliz donanmasının inceleme gemisi Beagle'la yaptığı gezilerden dönüşünden kısa bir süre sonra başladı. Çünkü bu yolculukta karşılaştığı biyolojik çeşitliliğin fazlalığı onu çok etkilemiş hatta daha önce inandığı İncil'deki Yaradılış Öyküsü'ne olan inancını sarsmıştı.

Darwin yazdığı kitabı 1859 yılına kadar yayınlamadı. Bundaki en büyük etmen karısının dinsel inançları idi. Eğer Darwin bu kitabı yayınlarsa karısı ile karşı karşıya gelmek zorunda olacak, din karşıtları ile aynı tarafa geçecekti.

Darwin kitabı beklettiği 20 sene boş durmadı. Devamlı kanıtlar aradı, kuramını kusursuz sunmak için elinden geleni yaptı.Gelebilecek olan eleştirilere en iyi cevapları hazırladı.Zaten Türlerin Kökeni'nin ölümsüzlüğü bu sıkı çalışmadan geliyor.

Fosiller ve Aile Ağaçları Uyumlu

Bugün bir canlının kimden evrimleştiğini, kime akraba olduğunu ve dünyaya geliş sırasını modern bilimde DNA dizilimleri incelenerek yapılıyor. DNA dizilimleri birbirine yakın olanlar yakın akraba, farklar arttıkça ise uzak akraba oluyorlar.Örneğin, memelilerin de kuşlar gibi sürüngenlerden türediğini, balıklardan türeyen amfibilerinse ilk karasal omurgalılar olduklarını belirleyebiliyoruz.Dolayısı ile, memelilerin evrimini ele aldığımız zaman, evrimsel bir dizilim elde ediyoruz: balıklar – amfibiler – sürüngenler – memeliler. Böylece modern bilim ile omurgalıların aile ağacını oluşturmuş oluyoruz. Şimdi de fosil kayıtlarına bakarsak, her bir jeolojik döneme özgü farklı grupları zaman içinde donmuş bir şekilde kayalarda görebiliriz. Daha da önemlisi, belli bir grubun fosil kayıtlarında ilk defa ne zaman görüldüğünü bulabiliriz. İşte insanı şaşırtan olaysa yıllar önce Darwin'inde aynı şeyi belirtmesi, onun kuramı da şu sırayı öngörüyor, balıklar – amfibiler – sürüngenler – memeliler.

BENZEŞTİREN EVRİM VE "OLANAKLARIN DEĞERLENDİRİLMESİ"

THE MODERN THEORY OF THE DESCENT OF MAN.

Darwin'e göre doğal seçilim ırkları iyileştiriyor ve güçlendiriyordu. Örneğin doğal seçilim sayesinde daha hızlı koşan ceylanlar ortaya çıkacaktı. Çünkü hızlı koşan ceylanlar yavaş koşanlara göre aslanlara yakalanma ve yem olma riskini daha az taşıyor böylece hayatta kalma olasılıkları daha fazla böylece bu hızlı koşan ceylanlar çiftleşince ortaya daha da hızlı koşan bir ceylan çıkacaktır. Böylece yıllarca devam eden bu döngü içerisinde ceylanlar daha hızlı koşacaklardı.Ama Darwin doğal seçilimin başlangıç malzemesi ile sınırlı olduğunun farkındaydı.Darwin'in ünlü sözleriyle evrim "değişerek kalıtımı" içerir.Evrimin tek yaptığı var olanı değiştirmektir.Yok olanı var etmek değil.Kısaca evrim var olan türleri en iyi yönde geliştirmek için zorunlu bir süreçtir.

Homoloji

Evrim sürecinde benzer özellikler 2 ayrı şekilde ortaya çıkabilir. Ya ortak bir atadan türeme yoluyla, ya da benzeştiren evrim sonucunda.Bu özellikler birinci durumda "homolog", ikinci durumda "analog" olarak adlandırılıyorlar.

Homoloji Darwin'in kuramının önemli bir parçası. Kısa burada temel mantık iki tür birbirine ne kadar yakın olursa bazı özelliklerinin de o kadar benzeşeceği. Zaten doğal seçilimin gücünü ve bağlamını en iyi ortaya koyan olgulardan biri, homolog özelliklerin değişmesi. Örneğin denizlerden karaya çıkan ve balıklardan evrimleşen ilk amfibilerin atası olan balık grubunda bacaklar şu an bizdeki gibi uçlarında beş parmaklı (pentadaktil) idi. İşte zamanla öyle değişim geçirilip doğaya uyum sağlandı ki her şey şu anki halini aldı. Yarasa kanadı, kuş kanadı, at toynağı ve elimiz.Bunların hepsi aynı atadan geliyor, ama hepsi birbirinden farklı hepsi ihtiyaçlara uyum sağlayacak şekilde değişmiş.

Özetle Charles Darwin yüz yıllar öne inanılmaz bir başarıya imza atıp bu kitabı yazdı. O çağda yazılan bir kitap hala okuyanları hayrete düşürüyor. Kişilerin şu anda bile imkansız demesi zor olan bu kuram gün geçtikçe değer kaybetmek yerine değer kazanıyor ve daha da güçleniyor.

KÖK HÜCRELERİ

Bilim adamları uzun yıllardır insan ömrünü uzatmaya çalışıyor. Bu çalışmalar sırasında genelde yapılmak istenen ölen ve belli bir zamandan sonra yenilenmeyen beyin hücrelerinin yenilenmesinin sağlanması, ayrıca eğer bu sağlanırsa yani ölen hücrelerini yerini alabilecek yeni hücreler bulunursa birçok sinirsel hastalığın çözümüne ulaşılmış olacak.

Bu doğrultuda çalışmalarını yürüten bilim adamları farklılaşmış, yetişkin insan hücreleri de kişilik ve işlev değiştirip tümüyle farklı hücrelere dönüşebildiklerini keşfettiler.

Embriyonları dışında cenin dokusunda ve yetişkin canlıların bazı doklularında da bulunan bu kök hücrelerin özelliği, gelişme sürecinde kulvar değiştirip başka hücrelere dönüşebilmeleri örneğin, bir beyin hücresi adayı, nöron yerine bir kas hücresine dönüşebiliyor. Ya da bir karaciğer hücresi kemik iliği hücresi olabiliyor.

Fakat kısa süre önceye kadar bir kez farklılaşmış bir hücrenin tekrar görev ve kişilik değiştiremeyeceği kabul edilmiş bir düşünce idi ama bu günlerde bu düşünce yerini bu yeni düşünceye bırakıyor. Bunun nedeni ise son yıllarda yapılan deneyler. Özellikle son iki deney birçok şeyi değiştirdi. Bu deneylerde farelerde kemik iliğinden alınan yetişkin hücrelerin beyne girip sinir hücrelerini andırır hücrelere dönüşebildiklerini ortaya koyuldu. Her iki deney de, yetişkin dokulardan alınan hücrelerin doğru sinyallerle uyarıldıklarında eski kimliklerini terk edip yeni bir tanesine bürünebildiklerine olan inancı güçlendirmiştir.

Eğer bu deneyler insanlarda denenir ve aynı sonuç alınırsa, kemik iliğinden kolaylıkla alınabilecek olan hücreler, bir gün çok sayı ve çeşitteki sinirsel hastalıkların tedavisinde kullanılabilecek. Üstelik bu durumda, başarısız hamileliklerin sonucu ortaya çıkan düşüklerden elde edilebilen insan embriyon kök hücreleriyle yürütülen deneylerin takıldığı etik sorunlar da söz konusu olmayacak.Ancak, farelerde olumlu sonuç alınan deneylerin insanlarda da aynı sonucu verip vermeyeceği veya nasıl bir sonuç vereceği şu an belirsiz.

Amerika Birleşik Devletleri'ndeki Nörolojik Bozukluklar ve Felç Ulusan Enstitüsü'nden (NINDS) Éva Mezey ve ekibi, normal yetişkin erkek farelerden kemik iliği hücreleri alıp bunları bağışıklık sistemleriyle ilgili hücreleri üretemeyecek biçimde programlanmış yeni doğmuş diğer farelere nakletmişler. Normalde bu yeni doğan farelerin doğdukları gün ölmesi lazım ama yaşamlarına normal olarak devam etmişler ve gelişimlerini sürdürmüşler. Nakledilen hücrelerin ne olduğunu belirlemek için araştırmacılar, fareleri 1-4 ay içerisinde öldürmüşler ve beyinlerini incelemişler. Hepsinin beyninde de Y kromozomu görülüyordu. Bunlar söz konusu hücrelerin erkeklerden geldiğinin su götürmez bir kanıtı idi.

Aslında karşılaşılan bu durum çok fazla şaşırtıcı değil çünkü yıllardır kemik iliği içinde bulunan hücrelerin beyne girip burada astrosit ve glia gibi destek hücreleri oluşturabildikleri biliniyordu. Ama işin bilim adamlarını umutlandıran kısmı hücrelerin çok küçük bir yüzdesinin beynin sinyal iletişimden bulunan nöronlara özgü işaret proteinleri salgılaması. Bu işaret neyi ifade ediyordu? Beyne giren hücrelerin nöronlara dönüşebileceklerini ifade ediyor.

Bu şu an için çok ilginç bir bulgu çünkü daha birkaç yıl öncesine kadar bilim adamları memelilerde bırakın kemik iliğinin nörona dönüşmesini, çocukluktan sonra beyinde yeni nöron oluşamayacağını düşünüyorlardı.

Standford Üniversitesi'nden bir başka araştırma grubu da buna benzer bir araştırma yapmış ve aynı sonucu almış. Ama onlar önce sağlıklı ve yetişkin farelerden alınmış kemik iliği hücreleri radyasyonla daha önce kemik iliği hücreleri öldürülmüş farelere nakletmişler, tabi ikisi de aynı hücre olduğundan karışmaları için nakledilen hücreleri yeşil fosforlu protein içerecek biçimde programlayarak nakletmişler. Bu işlemden birkaç ay sonra araştırmacılar farelerin beyninde yaygın olarak yeşil fosforlu hücreye rastlamışlar.Ayrıca bir önceki deneydeki gibi bunda da nakledilen hücrelerin nöronlara salgılananlara bezer proteinlerden birçoğunu ürettiklerini görmüşler.

Bu heyecan verici sonuçlara karşın bu olaya temkinli yaklaşan araştırmacılarda mevcut. Mesela bazı araştırmacılar hücrelerin niteliğini gösteren işaret proteinlerinin yanıltıcı olabileceği uyarısında bulunuyorlar. Ayrıca az önce bahsedilen deneylerde görülen nöronlara benzer iletişim için gerekli olan ipliksi uzantılarıyla karakteristik sinir hücresi görünümüne sahip yalnızca birkaç hücre gözlemleyebilmişler.

Gene NINDS'den gelişimsel sinirbilimci Ron McKay, "nakledilmiş hücreler, nöronların bazı özelliklerini taşıyorlar ama bilmediğimiz daha pek çok şey var" diyor. İsveç'teki Lund Üniversitesi'nden Anders Bjorklund, alıcı farelerin yaşları ve nakil sırasındaki durumlarının da kemik iliği hücrelerinin beyine göç sürecini etkileyebileceği düşüncesinde. Lund'a göre, Mezey ve ekibi deneylerini yeni doğmuş farelerle gerçekleştirdiklerinden kök hücreler, denek farelerin gelişme sürecindeki beyinlerine görece kolay geçmiş olabilirler. Öteki deneydeyse farelerin kemik iliği hücrelerini öldüren yüksek dozdaki radyasyon, beyinde bölünmekte olan hücreleri de öldürmüş ve bu dışsal " saldırı" hücre göçünü tetiklemiş olabilir.

McKay de klinik uygulamalar başlamadan bu gibi faktörlerin iyice anlaşılması gerektiğini vurguluyor. Klinik uygulamalarının ufukta görünmemesine rağmen, son deneyler, yararlanma yöntemleri geliştirilememiş bile olsa insan kemik iliğinin farklı hünerleri bulunabileceği üzerinde yoğunlaşıyor.

Bu bulguların yanı sıra bazı kuşkuları körükleyici sonuçlar alan araştırma grupları da var. Mesela Kudüs'teki İbrani (Hebrew) Üniversitesi'nden Nissim Benvenisty, Harward Üniversitesi'nden Douglas Melton bir çalışmada, insan embriyon kök hücrelerine birden çok farklı kimlik ve işlev kazandırdıklarını açıkladı. Kasım ayında yaptıkları açıklamaya göre bazı hücrelerde, birden çok kök hücre soyunun işaretçi proteinleri ortaya çıktı. Sonuç, bazı hücre türlerinden, yedek organlar şöyle dursun, güvenli hücre tedavi yöntemlerine izin verilecek kadar saf "soylar" üretebilmenin kolay olmadığı görülüyor.

Hatta Bonn Üniversitesi'nden Oliver Brüstle bile çok iyimser değil bu konuda ki o farelerde nöronların miyelin kılıflarının eksikliğiyle ortaya çıkan bir hastalığı kök hücreleri yardımı ile tedavi etti.

Başka bir sorunsa insan embriyon kök hücrelerini canlı tutabilmenin güçlüğü. Melton'a göre, "insan hücreleri, farelerinkinden farklı; bunları üretebilmek çok daha yorucu"

Sonuç olarak bir çok araştırma grubu hala bu iş ile uğraşıyor. Amaçları insan kök hücreleri ile beyinde hücre oluşturmak.Şu an için çok zor görünen bu çalışmanın ne zaman gerçekleşeceği ve uygulanacağı tabi ki belirsiz.Ama şu söylenebilir ki eğer bu gerçek olursa birçok sinirsel hastalık ortadan kalkacak.

Darwin, Türlerin Kökeni'nin ilk kısmında Yapay Seçilim'e ve onun en büyük uygulaması olan "evcilleştirme" konusuna değinmiştir. Bu konuyla kitabına başlamak son derece zekice bir harekettir. Çünkü evcilleştirme yoluyla canlıların değişebildiği o döneme kadar hemen herkes tarafından bilinmekteydi. Kuşlar, köpekler, kediler ve benzeri evcil hayvanlar üzerinde yapılan evcilleştirme çalışmalarından herkes haberdardı, özellikle de bilim camiası bunun nasıl gerçekleşebildiğini anlayabilecek düzeydeydi.

Darwin, kitabının bu ilk kısmında ayrıntılı olarak bu konuya değinip, ne gibi mekanizmalarla evcilleştirme sonucu değişimin gerçekleştiğini ortaya koymakta ve farklı çaprazlamaların sonuçlarını ele almaktadır. Bu kısım, adeta hayvan yetiştiricileri için bir ders niteliğindedir.

İkinci kısımda ise Darwin yine zekice bir hareketle, kendi kuramına giriş yapar. Bu kısımda, ilk bölümde kullandığı örnekler üzerinden yola çıkarak canlıların doğada da, insan eli olmadan, doğal süreçlerin baskısı altında değişebileceğini açıklar. Bunun için doğadan onlarca örnek verir ve ayrıntılarıyla hepsini açıklar. Ancak Doğal Seçilim'in her ayrıntısına bu kısımda girmez, sadece okuyucu kuramına alıştırır, birden konuya atlamaz. Bu da son derece zekice ve iyi düşünülmüş bir hamledir. Elbette, Doğal Seçilim'e malzeme olarak sunulmuş ve sunulmakta olan çeşitliliklere geniş yer ayırır. Böylece okuyucunun hiçbir itiraz hakkı kalmaz: Çünkü Yapay Seçilim ile türlerin değişebildiğini kabul eden biri, Doğal Seçilim ile de türlerin değişebileceğini kabul etmek durumunda bırakılır. Darwin bunu başarıyla, kuşkuya yer bırakmayacak şekilde gerçekleştirir, sesleri çok çıkanlar ise kitabı bir defa dahi okumadan yorum yapmaya kalkan cahiller sürüsünden ibarettir.

Kitabının üçüncü kısmında, arkadaşı Herbert Spencer'ın Darwin'in fikirleri üzerine ileri sürdüğü "En İyinin Hayatta Kalması" metaforunu ele alır. Bu anlatımın bir benzetme olduğunu ve iyiliğin sadece "güç" ile alakalı olmadığını dikkatle vurgular. Bu kısımda, canlıların birbirleriyle olan mücadelelerini ele almaktadır. Bu mücadele sadece alansal değil, aynı zamanda eşeysel olarak da ele alınır. Bölümün sonlarında türler arası mücadeleyi ve karmaşık ilişkileri ortaya koyarak, doğanın denge içerisinde görünmesine rağmen aslında çok koyu bir mücadeleye sahne olduğunu gösterir. Darwin, doğayı bir savaş alanına benzetir.

Bu varolma mücadelesini ortaya koyup, yine itiraz hakkı bırakmadıktan sonra, artık kendi kuramına giriş yapar: Doğal Seçme; Ya Da En Uygunların

Kalımı olarak isimlendirdiği dördüncü bölümünde, sadece doğadaki seçilime değil, cinsel seçilime de değinir. Böylece, doğal seçilim ile cinsel seçilimi açık bir şekilde ayıran ilk bilim insanı olur. Eşeysel seçmeye bölümün en başlarında yer ayırır, böylece kendi kuramının içerisinde, gelecekteki harika kitapları için de temel hazırlamış olur. Bölümün ilerleyen kısımlarında, hemen hiçbir ders kitabında dahi bulunamayacak çoklukta ve detayda örnekler vermektedir. Türleşme ele alınmakta ve Evrim'in nasıl işlediği, bu sözcük hiç kullanılmadan aktarılmaktadır. Türlerin nasıl birbirinden uzaklaştığı veya kimi zaman özelliklerin birbirine nasıl yakınlaştığı net bir şekilde aktarılır.

Beşinci bölüme geçildiğinde, artık seçilim mekanizmaları ortaya konulmuştur; bunların detaylandırılması üzerinde durulur. Pekçok Evrimsel Biyoloji'nin temelini oluşturacak terim Darwin tarafından açıklanır: iklime alışma, karşılıklı değişim, körelmiş organlar ve daha nice terim ele alınır. Doğadan sayısız örnekle bu terimler desteklenir ve okuyucuya aktarılır.

Darwin, sadece iyi bir bilim insanı olmadığı gibi, etiğe ve ahlaka da son derece saygısı olan, daha önemlisi bilime sonsuz ve derinden bir saygı duyan bir bilim insanıydı. Bu sebeple, art niyetli insanların aşağılık çabaları bir yana, kitabının altıncı bölümünde açık bir şekilde kendi dönemi içerisinde teorisinin güçlüklerini (açıklayamadığı kısımları) net bir şekilde ortaya koyar. Darwin, kitabını bir "popüler bilim" kitabı olarak değil, bilim dünyasına armağan edilmiş dev bir makale olarak görür. Bu sebeple, makalesinin güçlüklerini de ortaya koyarak, açıklayamadığı her noktayı veya teoriyi zor durumda bırakabilecek zayıf noktaları izah eder. Bundaki amacı, kendisinin kuramına güvenmemesi değil, kuramının geliştirilmesi gerektiğine olan inancı ve diğer bilim insanlarına olan güvenidir. Gerçekten de, basit insanlar bu bölüm üzerinden yola çıkarak ta 19. yüzyılda açıklanamayan ya da Darwin'in yetersizliklerinden ötürü açıklayamadığı noktaları 21. yüzyılda halen gündeme getirecek kadar zavallı durumdadırlar. Öte yandan bilim insanları, bu güçlüklerin eksiksiz tamamını günümüzde çözebilmiş ve aşabilmişlerdir. Elbette cahil bir beyin, gerçekleri değil, duymak / bilmek / görmek istediklerini duyar, bilir, görür. Zaten bu bölümü okuyan bir kişi şu cümleleri aynen görecektir (cümleler Evrensel Basın Yayın'ın Türlerin Kökeni kitabından alınmıştır):

"Göz gibi pek yetkin bir organın doğal seçmeyle oluşabildiği inancı kimilerini sendeletmeye yetmekle birlikte, bir organın yetkinliğe ulaşmasında değişen yaşam koşullarındaki yararlı geçişlerin uzun bir serisini biliyorsak, yetkinliğin düşünülebilen bir aşamasının doğal seçmeyle kazanılmasında mantıksal hiçbir olanaksızlık yoktur."

(Sayfa:228)

veya:

"Bunların [güçlüklerin]bazıları bugüne dek üzerlerinde belirli bir ölçüde duraksamadan düşünemediğim kadar çetindir; ama, bunların çoğu yalnızca görünüştedir, ve gerçek olanlarsa teorim için yıkıcı değildir."

(Sayfa: 189)

Daha nice açıklama, kitabının farklı kısımlarında bulunabilir. Darwin'in kitabı hakkındaki endişeleri, sıradan bir bilim insanının bir konudaki endişelerinden fazla değildi ve bu kadar şüphenin var olması da bilim için bir zorunluluktur.

İlerleyen zamanlarda, kitabının gelecek baskılarına, diğer bilim insanlarından gelen itirazları konu edindiği bir bölüm açar. Bu bölümde itirazlara araştırmalara dayanan cevaplar verir ve elinden geldiğince soru işaretlerini gidermeye çalışır. Bu kitabının yedinci bölümünü oluşturur.

Sekizinci bölümde Evrimsel Davranış Bilimi (Evrimsel Etoloji, Davranışçılık, vb.) gibi bilimlerin temelini atarak içgüdülere yer verir. Canlı davranışlarının Evrimsel Biyoloji haricinde nasıl açıklanamadığını ve Evrim Kuramı sayesinde bu karmaşık davranışların nasıl kolayca açıklandığını gösterir.

Sonraki bölümde türleşme gerçekleşip, tamamlanmadan önce, yani farklı türler halen sağlıksız olarak da olsa birbiriyle üreyebiliyorlarken (hibitleşme) olan durumlara değinmiştir. Çaprazlamaların sonuçları ele alınmış ve o güne kadar bilinen pek çok bilgi, Darwin'in çalışmaları sayesinde değiştirilip düzeltilmiştir. Böylece Darwin, günümüzde ortalıkta olan popülist bilim insanlarının aksine, gerçek bir bilim insanı olduğu ve başka alanlardaki çalışmalarını sürdürüp, bunları Evrimsel Biyoloji'yi desteklemek için kullanabildiğini ilan etmiştir.

Onuncu kısımda, Darwin özünde olduğu bilim dalına dönerek, jeolojiyi ve jeolojik kanıtları ele almıştır. Bu kısımda, jeolojik kanıtların yetersizliğinden bahsetmiş ve bunların kuramını güçsüzleştirdiğini değil, bu alanlarda daha fazla çalışma yapıldığında, kuramını destekleyecek verilerin elde edileceğine inandığını söylemiştir. Gerçekten de onun zamanından sonra yapılan sayısız araştırma sayesinde, her yeni bulguyla Evrim Kuramı çok daha güçlenmiştir ve yıkılmaz bir hal almıştır.

On birinci bölümde jeolojik veriler üzerinden devam etmiş ve farklı katmanlarda farklı tür canlıların bulunduğu gerçeğini ele almıştır. Bunu kullanarak türleşmeye geri dönüş yapmış ve yine çok zekice bir hareketle kuramını farklı açılardan desteklemiştir.

On ikinci bölümde jeolojiden coğrafyaya geçmiş ve canlıların dağılımları ile Evrimsel Süreç arasındaki ilişkileri ortaya koymuştur. Bu bölümü okuyan biri de, kolaylıkla Evrim'in gerçekliğini ve canlıların coğrafi dağılımı üzerindeki etkisini görebilecektir. Bu kısımda Darwin sadece günümüzdeki değil, sadece Evrimsel Biyoloji ile açıklanabilecek olan, geçmişteki coğrafi dağılımlara da değinmiştir. Önceki bölümlerde verdiği verileri burada devreye sokarak, yine zekice bir bağlantı kurmuştur. İlerleyen baskılarda Darwin daha yeni bulguları da ele aldığı bir on üçüncü bölüm ekleyerek coğrafi bulgularını desteklemiştir.

On dördüncü bölümde tekrar körelmiş organlara dönerek, adeta bir orkestranın yükselen sesleri gibi okuucuyu heyecanlandırmayı hedeflemiş ve o güne kadar asla ne din, ne de başka bilimlerle açıklanamamış körelmiş organları bir bir ortaya koymuştur. Organların birbiriyle ilişkilerini, bağlarını ortaya dökmüş ve bunların Evrimsel Biyoloji ile ne kadar kolayca açıklanabildiğini göstermiştir. Gelişim Biyolojisi'ni ve Embriyoloji'yi işin içerisine katarak ne kadar farklı alanların Evrim'i desteklediğini ortaya koymuştur.

Son olarak, on beşinci bölümde tüm anlattıklarını toparlamış ve şu sözlerle Kuram'ına olan güvenini belirtmiştir:

> "En basit organla, en yetkin organ arasındaki olanaklı geçişsel aşamalanmayı bilmiyoruz; bin yıllar boyunca yayılmanın çeşitli yollarının neler olduğunu bildiğimiz de öne sürülemez. Bu itirazlar önemli olabilir; ama bence, değişiklik geçirerek türeme teorisini yıkmaya asla yetmez." (Sayfa: 524)
>
> "Her canlı biçimini en karmaşık yaşam ilişkilerine yavaş yavaş ve çok güzel uyarlayan bu güç için bir sınır göremiyorum. Doğal Seçme teorisi, bundan ötesini araştırmasak bile, bana pek büyük ölçüde olası görünüyor." (Sayfa: 527)

Daha fazla uzatmayalım; sadece Darwin'in doğaya olan büyük tutkusunu ve Evrim'e olan hayranlığını anlatan şu kapanış cümlelerini sizlere aktaralım:

"Çeşitli bitkilerle kaplı, çalılıklarında kuşların ötüştüğü, türlü böceklerin uçuştuğu; nemli toprağında tırtılların, solucanların süründüğü bir yamaca bakıp, birbirinden böylesine farklı ve birbirine böylesine karmaşık bir tarzda bağımlı ve ustalıkla yapılmış bütün o canlı biçimlerin, çevremizde etkilerini sürdüreduran yasaların ürünleri olduğunu düşünmek ilginçtir. Bu yasalar -geniş bir anlamda- Üreme ve Büyüme; Soyaçekim (hemen hemen üremenin kapsamında kalır); yaşam koşullarının ve parçalarının kullanılıp kullanılmamasının doğrudan ve dolaylı etkilerinin sonucu olan değişkenliktir; üreme öylesine hızlıdır ki Yaşama Savaşına yol açar; ve bunun sonucu Iranın Iraksamasını ve az gelişmiş biçimlerin tükenmesini zorunlu kılan Doğal Seçmedir. Böylece, doğanın savaşından, açlıktan ve ölümden, düşünebildiğimiz en yüce ereğe, daha yukarı hayvanların oluşmasına varılır. Bir ya da birkaç biçimde başlayan yaşamı böyle anlayan ve bu gezegen çekimin değişmez yasasına göre dönüp dururken, böylesine basit bir başlangıçtan en güzel, en olağanüstü biçimlerin evrimleşmiş ve evrimleşmekte olduğunu kavrayan bu yaşam görüşünde gerçekten ihtişam vardır." (Türlerin Kökeni, 1. Baskı Taslağı'ndan çevrilmiştir.)

Darwin, Türlerin Kökeni'nin ilk kısmında Yapay Seçilim'e ve onun en büyük uygulaması olan "evcilleştirme" konusuna değinmiştir. Bu konuyla kitabına başlamak son derece zekice bir harekettir. Çünkü evcilleştirme yoluyla canlıların değişebildiği o döneme kadar hemen herkes tarafından bilinmekteydi. Kuşlar, köpekler, kediler ve benzeri evcil hayvanlar üzerinde yapılan evcilleştirme çalışmalarından herkes haberdardı, özellikle de bilim camiası bunun nasıl gerçekleşebildiğini anlayabilecek düzeydeydi.

Darwin, kitabının bu ilk kısmında ayrıntılı olarak bu konuya değinip, ne gibi mekanizmalarla evcilleştirme sonucu değişimin gerçekleştiğini ortaya koymakta ve farklı çaprazlamaların sonuçlarını ele almaktadır. Bu kısım, adeta hayvan yetiştiricileri için bir ders niteliğindedir.

İkinci kısımda ise Darwin yine zekice bir hareketle, kendi kuramına giriş yapar. Bu kısımda, ilk bölümde kullandığı örnekler üzerinden yola çıkarak canlıların doğada da, insan eli olmadan, doğal süreçlerin baskısı altında değişebileceğini açıklar. Bunun için doğadan onlarca örnek verir ve ayrıntılarıyla hepsini açıklar. Ancak Doğal Seçilim'in her ayrıntısına bu kısımda girmez, sadece okuyucu kuramına alıştırır, birden konuya atlamaz. Bu da son derece zekice ve iyi düşünülmüş bir hamledir. Elbette, Doğal Seçilim'e malzeme olarak sunulmuş ve sunulmakta olan çeşitliliklere geniş yer ayırır. Böylece okuyucunun hiçbir itiraz hakkı kalmaz: Çünkü **Yapay Seçilim ile türlerin değişebildiğini kabul eden biri, Doğal Seçilim ile de türlerin değişebileceğini kabul etmek durumunda bırakılır.** Darwin bunu başarıyla, kuşkuya yer bırakmayacak şekilde gerçekleştirir, sesleri çok çıkanlar ise kitabı bir defa dahi okumadan yorum yapmaya kalkan cahiller sürüsünden ibarettir.

Kitabının üçüncü kısmında, arkadaşı Herbert Spencer'ın Darwin'in fikirleri üzerine ileri sürdüğü "En İyinin Hayatta Kalması" metaforunu ele alır. Bu anlatımın bir benzetme olduğunu ve iyiliğin sadece "güç" ile alakalı olmadığını dikkatle vurgular. Bu kısımda, canlıların birbirleriyle olan mücadelelerini ele almaktadır. Bu mücadele sadece alansal değil, aynı zamanda eşeysel olarak da ele alınır. Bölümün sonlarında türler arası mücadeleyi ve karmaşık ilişkileri ortaya koyarak, doğanın denge içerisinde görünmesine rağmen aslında çok koyu bir mücadeleye sahne olduğunu gösterir. Darwin, doğayı bir **savaş alanına** benzetir.

Bu varolma mücadelesini ortaya koyup, yine itiraz hakkı bırakmadıktan sonra, artık kendi kuramına giriş yapar: **Doğal Seçme; Ya Da En Uygunların Kalımı** olarak isimlendirdiği dördüncü bölümünde, sadece doğadaki seçilime değil,_cinsel seçilime de değinir. Böylece, doğal seçilim ile cinsel seçilimi açık bir şekilde ayıran ilk bilim insanı olur. Eşeysel seçmeye bölümün en başlarında yer ayırır, böylece kendi kuramının içerisinde, gelecekteki harika kitapları için de temel hazırlamış olur. Bölümün ilerleyen kısımlarında, hemen hiçbir ders kitabında dahi bulunamayacak çoklukta ve detayda örnekler vermektedir. Türleşme ele alınmakta ve Evrim'in nasıl işlediği, bu sözcük hiç kullanılmadan aktarılmaktadır. Türlerin nasıl birbirinden uzaklaştığı veya kimi zaman özelliklerin birbirine nasıl yakınlaştığı net bir şekilde aktarılır.

Beşinci bölüme geçildiğinde, artık seçilim mekanizmaları ortaya konulmuştur; bunların detaylandırılması üzerinde durulur. Pekçok Evrimsel Biyoloji'nin temelini oluşturacak terim Darwin tarafından açıklanır: iklime alışma, karşılıklı değişim, körelmiş organlar ve daha nice terim ele alınır. Doğadan sayısız örnekle bu terimler desteklenir ve okuyucuya aktarılır.

Darwin, sadece iyi bir bilim insanı olmadığı gibi, etiğe ve ahlaka da son derece saygısı olan, daha önemlisi bilime sonsuz ve derinden bir saygı duyan bir bilim insanıydı. Bu sebeple, art niyetli insanların aşağılık çabaları bir yana, kitabının altıncı bölümünde açık bir şekilde kendi dönemi içerisinde **teorisinin güçlüklerini (açıklayamadığı kısımları)** net bir şekilde ortaya koyar. Darwin, kitabını bir "popüler bilim" kitabı olarak değil, bilim dünyasına armağan edilmiş dev bir makale olarak görür. Bu sebeple, makalesinin güçlüklerini de ortaya koyarak, açıklayamadığı her noktayı veya teoriyi zor durumda bırakabilecek zayıf noktaları izah eder. Bundaki amacı, kendisinin kuramına güvenmemesi değil, kuramının geliştirilmesi gerektiğine olan inancı ve diğer bilim insanlarına olan güvenidir. Gerçekten de, basit insanlar bu bölüm üzerinden yola çıkarak ta 19. yüzyılda açıklanamayan ya da Darwin'in yetersizliklerinden ötürü açıklayamadığı noktaları 21. yüzyılda halen gündeme getirecek kadar zavallı durumdadırlar. Öte yandan bilim insanları, bu güçlüklerin eksiksiz tamamını günümüzde çözebilmiş ve aşabilmişlerdir. Elbette cahil bir beyin, gerçekleri değil, duymak/bilmek/görmek istediklerini duyar, bilir, görür. Zaten bu bölümü okuyan bir kişi şu cümleleri aynen görecektir (cümleler Evrensel Basın Yayın'ın Türlerin Kökeni kitabından alınmıştır):

> *"Göz gibi pek yetkin bir organın doğal seçmeyle oluşabildiği inancı kimilerini sendeletmeye yetmekle birlikte, bir organın yetkinliğe ulaşmasında değişen yaşam koşullarındaki yararlı geçişlerin uzun bir serisini biliyorsak, yetkinliğin düşünülebilen bir aşamasının doğal seçmeyle kazanılmasında mantıksal hiçbir olanaksızlık yoktur."* (Sayfa:228)

veya:

> *"Bunların* [güçlüklerin]*bazıları bugüne dek üzerlerinde belirli bir ölçüde duraksamadan düşünemediğim kadar çetindir; ama, bunların çoğu yalnızca görünüştedir, ve gerçek olanlarsa teorim için yıkıcı değildir."*
>
> (Sayfa: 189)

Daha nice açıklama, kitabının farklı kısımlarında bulunabilir. Darwin'in kitabı hakkındaki endişeleri, sıradan bir bilim insanının bir konudaki endişelerinden fazla değildi ve bu kadar şüphenin var olması da bilim için bir zorunluluktur.

İlerleyen zamanlarda, kitabının gelecek baskılarına, diğer bilim insanlarından gelen itirazları konu edindiği bir bölüm açar. Bu bölümde itirazlara araştırmalara dayanan cevaplar verir ve elinden geldiğince soru işaretlerini gidermeye çalışır. Bu kitabının yedinci bölümünü oluşturur.

Sekizinci bölümde Evrimsel Davranış Bilimi (Evrimsel Etoloji, Davranışçılık, vb.) gibi bilimlerin temelini atarak içgüdülere yer verir. Canlı davranışlarının Evrimsel Biyoloji haricinde nasıl açıklanamadığını ve Evrim Kuramı sayesinde bu karmaşık davranışların nasıl kolayca açıklandığını gösterir.

Sonraki bölümde türleşme gerçekleşip, tamamlanmadan önce, yani farklı türler halen sağlıksız olarak da olsa birbiriyle üreyebiliyorlarken (hibitleşme) olan durumlara değinmiştir. Çaprazlamaların sonuçları ele alınmış ve o güne kadar bilinen pek çok bilgi, Darwin'in çalışmaları sayesinde değiştirilip düzeltilmiştir. Böylece Darwin, günümüzde ortalıkta olan popülist bilim insanlarının aksine, gerçek bir bilim insanı olduğu ve başka alanlardaki çalışmalarını sürdürüp, bunları Evrimsel Biyoloji'yi desteklemek için kullanabildiğini ilan etmiştir.

Onuncu kısımda, Darwin özünde olduğu bilim dalına dönerek, jeolojiyi ve jeolojik kanıtları ele almıştır. Bu kısımda, jeolojik kanıtların yetersizliğinden bahsetmiş ve bunların kuramını güçsüzleştirdiğini değil, bu alanlarda daha fazla çalışma yapıldığında, kuramını destekleyecek verilerin elde edileceğine inandığını söylemiştir. Gerçekten de onun zamanından sonra yapılan sayısız araştırma sayesinde, her yeni bulguyla Evrim Kuramı çok daha güçlenmiştir ve yıkılmaz bir hal almıştır.

On birinci bölümde jeolojik veriler üzerinden devam etmiş ve farklı katmanlarda farklı tür canlıların bulunduğu gerçeğini ele almıştır. Bunu kullanarak türleşmeye geri dönüş yapmış ve yine çok zekice bir hareketle kuramını farklı açılardan desteklemiştir.

On ikinci bölümde jeolojiden coğrafyaya geçmiş ve canlıların dağılımları ile Evrimsel Süreç arasındaki ilişkileri ortaya koymuştur. Bu bölümü okuyan biri de, kolaylıkla Evrim'in gerçekliğini ve canlıların coğrafi dağılımı üzerindeki etkisini görebilecektir. Bu kısımda Darwin sadece günümüzdeki değil, sadece Evrimsel Biyoloji ile açıklanabilecek olan, geçmişteki coğrafi dağılımlara da değinmiştir. Önceki bölümlerde verdiği verileri burada devreye sokarak, yine zekice bir bağlantı kurmuştur. İlerleyen baskılarda Darwin daha yeni bulguları da ele aldığı bir on üçüncü bölüm ekleyerek coğrafi bulgularını desteklemiştir.

On dördüncü bölümde tekrar körelmiş organlara dönerek, adeta bir orkestranın yükselen sesleri gibi okuucuyu heyecanlandırmayı hedeflemiş ve o güne kadar asla ne din, ne de başka bilimlerle açıklanamamış körelmiş organları bir bir ortaya koymuştur. Organların birbiriyle ilişkilerini, bağlarını ortaya dökmüş ve bunların Evrimsel Biyoloji ile ne kadar kolayca açıklanabildiğini göstermiştir. Gelişim Biyolojisi'ni ve Embriyoloji'yi işin içerisine katarak ne kadar farklı alanların Evrim'i desteklediğini ortaya koymuştur.

Son olarak, on beşinci bölümde tüm anlattıklarını toparlamış ve şu sözlerle Kuram'ına olan güvenini belirtmiştir:

"En basit organla, en yetkin organ arasındaki olanaklı geçişsel aşamalanmayı bilmiyoruz; bin yıllar boyunca yayılmanın çeşitli yollarının neler olduğunu bildiğimiz de öne sürülemez. Bu itirazlar önemli olabilir; ama bence, değişiklik geçirerek türeme teorisini yıkmaya asla yetmez." (Sayfa: 524)

"Her canlı biçimini en karmaşık yaşam ilişkilerine yavaş yavaş ve çok güzel uyarlayan bu güç için bir sınır göremiyorum. Doğal Seçme teorisi, bundan ötesini araştırmasak bile, bana pek büyük ölçüde olası görünüyor." (Sayfa: 527)

Darwin 1859 yılında Türlerin Kökeni'ni yayınladığında, canlılığın olağanüstü çeşitliliğini açıklayan bir teori ortaya attığını düşünüyordu. Bir canlı türü içinde doğal çeşitlenmeler (varyasyonlar) olduğunu gözlemlemişti. Örneğin İngiltere'deki hayvan pazarlarını gezerken, ineklerin çok farklı cinsleri bulunduğunu, havyan yetiştiricilerinin de bunları seçici bir biçimde çifleştirerek yeni cinsler türettiklerini izlemişti. Bundan yola çıkarak da, "canlılar doğal olarak kendi içlerinde çeşitlenebiliyorlar, demek ki uzun zaman dilimleri içinde bütün canlılık tek bir ortak atadan gelmiş olabilir" şeklinde bir mantık yürütmüştü.

Oysa Darwin'in "türlerin kökeni" hakkında ortaya attığı bu varsayım, gerçekte türlerin kökenini hiçbir şekilde açıklamıyordu. Genetik biliminin gelişmesiyle birlikte, bir canlı türü içindeki çeşitlenmenin hiçbir zaman yeni bir tür oluşumuna yol açmayacağı anlaşıldı. Darwin'in "evrim" sandığı olgu, gerçekte "varyasyon"du.

Varyasyonların Anlamı:

Varyasyon, genetik biliminde kullanılan bir terimdir ve "çeşitlenme" demektir. Bu genetik olay, bir canlı türünün içindeki bireylerin ya da grupların, birbirlerinden farklı özelliklere sahip olmasına neden olur. Örneğin yeryüzündeki insanların hepsi temelde aynı genetik bilgiye sahiptirler, ama bu genetik bilginin izin verdiği varyasyon potansiyeli sayesinde kimisi çekik gözlüdür, kimisi kızıl saçlıdır, kimisinin burnu uzun, kimisinin boyu kısadır.

Varyasyon evrime delil oluşturmaz, çünkü varyasyon, zaten var olan genetik bilginin farklı eşleşmelerinin ortaya çıkmasından ibarettir ve genetik bilgiye yeni bir özellik kazandırmaz. Evrim teorisi için önemli olan ise, yepyeni bir türü tanımlayacak yepyeni bir bilginin nasıl ortaya çıkabileceği sorusudur.

Varyasyon her zaman genetik bilginin sınırları içinde olur. Genetik biliminde söz konusu sınıra "gen havuzu" denir. Bir canlı türünün gen havuzunda bulunan bütün özellikler, varyasyon sayesinde çeşitli biçimlerde ortaya çıkabilir. Örneğin varyasyon sonucunda, bir sürüngen türünün içinde diğerine göre biraz daha uzun kuyruklu ya da biraz daha kısa ayaklı cinsler ortaya çıkabilir, çünkü kısa ayak bilgisi de, uzun ayak bilgisi de sürüngenlerin gen havuzunda vardır. Ama varyasyon sürüngenlere kanat takıp, tüy ekleyip, metabolizmalarını değiştirip onları kuşa dönüştüremez. Çünkü bu tür bir dönüşüm canlının genetik bilgisinde bir artış olmasını gerektirir, fakat varyasyonlarda böyle bir durum söz konusu değildir.

Darwin, teorisini ortaya attığında bu gerçeğin farkında değildi. Varyasyonların bir sınırı olmadığını sanıyordu. 1844'te yazdığı bir yazısında, "Çoğu yazar doğadaki varyasyonun bir sınırı olduğunu kabul ediyor, ama ben bu düşüncenin dayandığı tek bir somut neden bile göremiyorum." demişti.28 Türlerin Kökeni'nde de çeşitli varyasyon örneklerini teorisinin en büyük delili gibi göstermişti. Örneğin Darwin'e göre; daha bol süt veren inek cinsleri yetiştirmek için farklı inek varyasyonlarını çiftleştiren hayvan yetiştiricileri, sonunda inekleri başka bir canlı türüne dönüştüreceklerdi. Darwin'in, bu "sınırsız değişim" fikrini en iyi ifade eden ise, Türlerin Kökeni'nde yazdığı şu cümleydi:

Bir ayı cinsinin doğal seleksiyon yoluyla giderek daha fazla suda yaşamaya uygun yapı ve alışkanlıklar elde etmesinde, giderek daha büyük ağızlara sahip olmasında ve sonunda bu canlının dev bir balinaya dönüşmesinde hiçbir zorluk göremiyorum.

Darwin'in bu denli iddialı örnekler vermesinin nedeni, içinde yaşadığı yüzyılın ilkel bilim anlayışıydı. 20. yüzyıl bilimi ise, canlılar üzerinde yapılan benzeri deneyler sonucunda "genetik değişmezlik" (genetik homoes-tatis) denilen bir ilkeyi ortaya çıkardı. Bu ilke, bir canlı türünü değiştirmek için yapılan tüm eşleştirme (farklı varyasyon oluşturma) çabalarının sonuçsuz kaldığını, canlı türleri arasında aşılmaz duvarlar olduğunu ortaya koyuyordu. Yani farklı inek varyasyonlarını çiftleştiren hayvan yetiştiricilerinin sonunda inekleri Darwin'in iddia ettiği gibi başka bir türe dönüştürmeleri, kesinlikle mümkün değildi.

Darwin Retried adlı kitabın yazarı Norman Macbeth bu konuda şöyle demektedir:

Sorun canlıların gerçekten de sınırsız bir biçimde varyasyon gösterip göstermedikleridir... Türler her zaman için sabittirler. Yetiştiricilerin yetiştirdikleri değişik bitki ve hayvan cinslerinin belirli bir noktadan ileri gitmediğini, hatta hep orijinal formlarına geri döndüğünü biliriz. Asırlar süren yetiştirme çabalarına rağmen, hiçbir zaman siyah bir lale ya da mavi bir gül elde etmek mümkün olmamıştır.

Hayvan yetiştiriciliği konusunda dünyanın en önemli uzmanlarından biri sayılan Luther Burbank bu gerçeği, "Bir canlıda oluşabilecek muhtemel gelişmenin bir sınırı vardır ve bu kanun, bütün yaşayan canlıları belirlenmiş bazı sınırlar içinde sabit tutar." diyerek ifade etmektedir.

Jerry Bergman, "Doğal Seleksiyon Teorisi ile İlgili Bazı Biyolojik Sorunlar" başlıklı makalesinde, varyasyonun hep belirli genetik sınırlar içinde gerçekleştiğini açıklayan biyolog Edward Deevey'den alıntı yaparak şu yorumda bulunur:

> Deevey şu sonuca varır: "Çaprazlama çiftleştirme yöntemiyle çok önemli sonuçlara varılmıştır... Ama sonuçta buğday hala buğdaydır, örneğin üzüm değildir. Domuzlar üzerinde kanat oluşturmamız, kuşların yumurtalarını silindir şeklinde üretmeleri kadar imkansızdır." Daha güncel bir örnek, son bir yüzyıl içinde dünyadaki erkek nüfusun boy ortalamasında görülen artıştır. Daha iyi beslenme ve bakım koşulları sayesinde erkekler son bir yüzyıl içinde rekor sayılabilecek bir boy ortalamasına ulaşmıştır, ama bu artış giderek durma noktasına gelmiştir. Çünkü varabileceğimiz genetik sınıra dayanmış durumdayız.

Kısacası varyasyonlar, ancak bir türün genetik bilgisinin sınırları içinde kalan bazı değişimler meydana getirmekte, ancak hiçbir zaman türlere yeni bir genetik bilgi eklememektedir. Bu nedenle hiçbir varyasyon "evrim" örneği sayılamaz. Farklı köpek ya da at cinslerini ne kadar çifleştirirseniz çiftleştirin, sonuçta ortaya yine köpekler ya da atlar çıkacak, ama yeni türler oluşmayacaktır. Danimarkalı bilim adamı W. L. Johannsen bu konuyu şöyle özetler:

> Darwin'in bütün vurgusunu üzerine dayandırdığı varyasyonlar, gerçekte belirli bir noktanın ilerisine götürülemezler ve bu nedenle varyasyonlar 'sürekli değişim'in (evrimin) nedenini oluşturmazlar.

"Mikroevrim" İtirafları

Görüldüğü gibi, Darwin'in "türlerin kökeni"nin açıklaması sandığı varyasyonların gerçekte böyle bir anlam taşımadıkları, genetik bilminin bulgularıyla anlaşıldı.

Bu nedenle evrimci biyologlar, tür içindeki çeşitlenme ile yeni tür oluşumunu birbirinden ayırmak ve bunlar hakkında iki ayrı kavram öne sürmek durumunda kaldılar. Tür içindeki çeşitlenmeye, yani varyasyona, "mikroevrim" adını verdiler. Yeni türlerin oluşması varsayımı ise "makroevrim" olarak adlandırıldı.

Bu iki kavram uzunca bir zamandır biyoloji kitaplarında yer alır. Ancak gerçekte burada yanıltıcı bir üslup kullanılmaktadır. Evrimci biyologların "mikroevrim" adını verdikleri varyasyon örneklerinin aslında evrim teorisiyle hiçbir ilişkisi yoktur. Çünkü evrim teorisi, canlıların mutasyon ve doğal seleksiyon mekanizmalarıyla yeni genetik bilgiler kazanıp geliştiklerini öne sürer. Oysa varyasyonlar az önce belirttiğimiz gibi hiçbir zaman yeni bir genetik bilgi oluşturmaz ve dolayısıyla bir "evrim" sağlamazlar. Varyasyonlara "mikroevrim" adı verilmesi, evrimci biyologların ideolojik bir tercihidir.

Evrimci biyologların "mikroevrim" kavramını kullanarak verdikleri izlenim, varyasyonların uzun zaman içinde yepyeni canlı sınıflamaları oluşturabileceği yönündeki yanlış bir mantıktır. Nitekim konu hakkında derinlemesine bilgi sahibi olmayan pek çok kişi "mikroevrim uzun zamana yayıldığında makroevrim oluşturur" gibi yüzeysel bir düşünceye kapılmaktadır. Bu düşüncenin örneklerini sık sık görmek mümkündür. Bazı "amatör" evrimciler, "insanların boy ortalaması bir yüzyıl içinde bile iki cm artmış, demek ki milyonlarca yıl içinde her türlü evrim gerçekleşebilir" gibi mantıklar öne sürerler.

Oysa yukarıda belirtildiği gibi, boy ortalaması değişimi gibi varyasyonların hepsi, belirli genetik sınırlar içinde gerçekleşen ve evrimle ilgisi olmayan dalgalanmalardır.

Nitekim, "mikroevrim" adını verdikleri varyasyonların yeni canlı sınıflamaları oluşturamadığını, yani "makroevrim" sağlamadığını günümüzde evrimci otoriteler de kabul etmektedir. Evrimci biyologlar, Gilbert, Opitz ve Raff, Developmental Biology dergisinde yayınlanan 1996 tarihli bir makalelerinde bu konuyu şöyle açıklarlar:

> Modern Sentez (neo-Darwinist teori) önemli bir başarıdır. Ancak, 1970'lerden başlayarak, çok sayıda biyolog bu teorinin evrimi açıklama konusundaki yeterliliğini sorgulamaya başladı. Genetik bilimi, mikroevrimi açıklamak için yeterli bir araç olabilir, ama genetik bilgi üzerindeki mikroevrimsel değişiklikler, bir sürüngeni bir memeliye çevirebilecek ya da bir balığı amfibiyene dönüştürecek türden değildir. Mikroevrim, sadece uygun olanların hayatta kalması kavramına yardımcı olabilir, uygunların oluşumunu açıklayamaz. Goodwin'in 1995'te belirttiği gibi, "türlerin kökeni, yani Darwin'in problemi, çözümsüz kalmaya devam etmektedir."

"Mikroevrim" adı verilen varyasyonların "makro-evrim" iddiasına, yani türlerin kökenine hiçbir açıklama getiremediği, başka evrimci biyologlar tarafından da kabul edilmiştir. Ünlü bilim yazarı Roger Lewin, Kasım 1980'de Chicago Doğa Tarihi Müzesi'nde 150 evrimcinin katıldığı, dört gün süren ünlü sempozyumda bu konuda varılan sonucu şöyle anlatır:

Darwin'in (varyasyonlardan yola çıkarak) yaptığı mantık yürütmeler haklı mıydı? Evrimsel biyolojinin tarihindeki son 40 yılın en önemli konferanslarından birine katılan bilim adamlarının ortaya koydukları yargıya göre, bu sorunun cevabı "hayır"dır. Chicago konferansındaki temel mesele, mikroevrimi sağlayan mekanizmaların, makroevrim adını verdiğimiz fenomeni açıklamak için de kullanılıp kullanılamayacağı olmuştur... Cevap açıklıkla verilebilir: Hayır.

Bu gerçek şöyle de özetlenebilir: Darwinizm'in yüzyılı aşkın bir süredir "evrim delili" olarak gördüğü varyasyonların, gerçekte "türlerin kökeni"yle hiçbir ilgisi yoktur. İnekler milyonlarca yıl boyunca farklı eşleşmelerle çiftleştirilebilir ve farklı inek cinsleri elde edilebilir. Ama inekler hiçbir zaman başka bir canlı türüne, örneğin zürafalara ya da fillere dönüşmeyecektir.

Darwin'in Galapagos Adaları'nda gördüğü farklı ispinozlar da aynı şekilde "evrim"e delil oluşturmayan bir varyasyon örneğidir. Son yıllarda yapılan gözlemler, ispinozlarda Darwin'in teorisinin öngördüğü gibi sınırsız bir değişim yaşanmadığını ortaya koymuştur. Dahası, Darwin'in 14 ayrı tür olarak belirlediği farklı ispinoz tiplerinin çoğu, aslında birbirleri ile çiftleşebilen, yani aynı türün üyeleri olan varyasyonlardır. Bilimsel gözlemler, hemen her evrimci kaynakta efsaneleştirilerek anlatılan "ispinoz gagaları" örneğinin, gerçekte bir "varyasyon" örneği olduğunu, yani evrim teorisine delil oluşturmadığını göstermektedir. Galapagos Adaları'na "Darwinistik evrimin kanıtlarını bulmak" için giden ve adalardaki ispinoz türlerini uzun yıllar boyunca gözlemleyen Peter ve Rosemary Grant'in ünlü çalışmaları, adada bir "evrim" yaşanmadığını belgelemekten başka bir sonuç vermemiştir.

İşte bu nedenle de, Darwin'in problemi, yani "türlerin kökeni", evrimciler için hala cevapsızdır.

Fosil Kayıtlarına Göre Türlerin Kökeni

Evrim teorisinin iddiasına göre, yeryüzündeki canlı türleri ortak bir atadan, küçük değişiklikler sonucunda türemişlerdir. Diğer bir deyişle, teoriye göre, canlı türleri birbirinden kesin farklılıklarla ayrılmamakta, süreklilik göstermektedir. Ancak, doğada yapılan gözlemler, ortada iddia edildiği gibi bir süreklilik olmadığını göstermiştir. Canlılar dünyasında görülen, birbirinden belirgin değişikliklerle ayrılan, farklı kategorilerdir. Omurgalı paleontolojisinde uzman ve önde gelen evrimcilerden biri olan Robert Carroll, bunu Patterns and Processes of Vertebrate Evolution adlı kitabında şöyle itiraf eder:

Bugün dünya üzerinde neredeyse kavranamayacak kadar çok sayıda tür yaşıyor olmasına rağmen, bunlar birbirinden güçlükle ayırt edilebilen ara formlardan oluşan sürekli bir spektrum oluşturmazlar. Bunun yerine, türlerin nerdeyse tamamı, birbirinden belirgin şekilde farklı temel gruplara aittirler.

Evrim, tarihte yaşandığı iddia edilen bir süreçtir ve bizlere canlılığın tarihi hakkında bilgi verecek yegane bilimsel kaynak da fosil bulgularıdır. P. Grassé, bu konuda şunları söyler:

Doğa bilimciler unutmamalıdırlar ki, evrim süreci sadece fosil kayıtları aracılığıyla açığa çıkar. Sadece paleontoloji (fosil bilimi) evrim konusunda delil oluşturabilir ve evrimin gelişimini ve mekanizmalarını gösterebilir.

Fosil kayıtlarının bu konuda bize ışık tutabilmesi için de, evrim teorisinin öngörüleri ile fosil bulgularını birbirleriyle karşılaştırmamız gerekir.

Evrim teorisine göre bütün canlılar birbirlerinden türemişlerdir. Önceden var olan bir canlı türü, zamanla bir diğerine dönüşmüş ve bütün türler bu şekilde ortaya çıkmışlardır. Teoriye göre, bu dönüşüm yüz milyonlarca senelik uzun bir zaman dilimini kapsamış ve kademe kademe ilerlemiştir. Bu durumda, iddia edilen uzun dönüşüm süreci içinde sayısız "ara türler"in oluşmuş ve yaşamış olmaları gerekir.

Örneğin geçmişte, balık özelliklerini hala taşımalarına rağmen, bir yandan da bazı sürüngen özellikleri kazanmış olan yarı balık-yarı sürüngen canlılar yaşamış olmalıdır. Ya da sürüngen özelliklerini taşırken, bir yandan da bazı kuş özellikleri kazanmış sürüngen-kuşlar ortaya çıkmış olmalıdır. Bunlar, bir geçiş sürecinde oldukları için de, sakat, eksik, kusurlu canlılar olmalıdır. Geçmişte yaşamış olduklarına inanılan bu teorik canlılara "ara geçiş formu" adı verilir.

Eğer gerçekten bu tür canlılar geçmişte yaşamışlarsa, bunların sayılarının ve türlerinin milyonlarca hatta milyarlarca olması gerekir. Ve bu canlıların kalıntılarına mutlaka fosil kayıtlarında rastlanması gerekir. Çünkü bu ara geçiş formlarının sayısının bugün bildiğimiz hayvan türlerinden bile fazla olması ve dünyanın dört bir yanının fosilleşmiş ara geçiş formu kalıntılarıyla dolu olması lazımdır. Bu gerçek

Darwin tarafından da kabul edilmiştir ve Darwin, Türlerin Kökeni'nde bunu şöyle açıklamıştır:

Eğer teorim doğruysa, türleri birbirine bağlayan sayısız ara-geçiş çeşitleri mutlaka yaşamış olmalıdır... Bunların yaşamış olduklarının kanıtları da sadece fosil kalıntıları arasında bulunabilir.

Ancak bu satırları yazan Darwin, bu ara formların fosillerinin bir türlü bulunamadığının farkındaydı. Bunun teorisi için büyük bir açmaz oluşturduğunu da görüyordu. Bu yüzden, Türlerin Kökeni kitabının "Teorinin Zorlukları" (Difficulties on Theory) adlı bölümünde şöyle yazmıştı:

Eğer gerçekten türler öbür türlerden yavaş gelişmelerle türemişse, neden sayısız ara geçiş formuna rastlamıyoruz? Neden bütün doğa bir karmaşa halinde değil de, tam olarak tanımlanmış ve yerli yerinde? Sayısız ara geçiş formu olmalı, fakat niçin yeryüzünün sayılamayacak kadar çok katmanında gömülü olarak bulamıyoruz...

Niçin her jeolojik yapı ve her tabaka böyle bağlantılarla dolu değil? Jeoloji iyi derecelendirilmiş bir süreç ortaya çıkarmamaktadır ve belki de bu benim teorime karşı ileri sürülecek en büyük itiraz olacaktır.

Darwin'in bu büyük açmaz karşısında öne sürdüğü tek açıklama ise, o dönemdeki fosil kayıtlarının yetersiz olduğuydu. Fosil kayıtları detaylı olarak incelendiğinde, kayıp ara formların mutlaka bulunacağını iddia etmişti.

Ara Formlar Sorunu ve Durağanlık

Evrimci paleontologlar, Darwin'in bu kehanetine dayanarak, 19. yüzyılın ortasından bu yana dünyanın dört bir yanında hummalı fosil araştırmaları yaptılar ve ara geçiş formlarını aradılar. Oysa, tüm çabalara rağmen bu ara geçiş formlarına hiçbir zaman rastlanamadı. Yapılan kazılarda ve araştırmalarda elde edilen bütün bulgular, evrim teorisinin öngörülerinin aksine, canlıların yeryüzünde birdenbire, eksiksiz ve kusursuz bir biçimde ortaya çıktıklarını gösterdi.

Evrimci paleontolog Robert Carroll, fosil bulgularının Darwinistlerin ümitlerini boşa çıkardığını itiraf etmek zorunda kalmıştır:

Darwin'in ölümünden bu yana geçen 100 yılı aşkın süredir, devam eden hummalı toplama çalışmalarına rağmen, fosil kayıtları halen onun beklediği sayısız ara geçiş halkalarına ilişkin bir resim ortaya çıkarmaz.

Bir başka evrimci paleontolog K. S. Thomson, yeni canlı gruplarının fosil kayıtlarında çok ani olarak ortaya çıktıklarını belirtmektedir:

Temel bir canlılar grubu ortaya çıktığında ve kayıtlarda ilk olarak göründüğünde, atası veya evrimsel akrabası olduğu varsayılan gruplarda görülmeyen yeni özelliklerle tamamen donatılmış olarak ortaya çıkar. Morfoloji ve işlevlerdeki bu radikal farklılıklar çok hızlı ortaya çıkmış görünmektedir.

Biyolog Francis Hitching ise, The Neck of the Giraffe: Where Darwin Went Wrong adlı kitabında şöyle demektedir:

Eğer fosiller buluyorsak ve eğer Darwin'in teorisi doğruysa, o halde kayaların belirli bir grup yaratığın, daha kompleks bir başka grup yaratığa doğru küçük kademelerle evrimleştiğini gösteren kalıntılar ortaya çıkarması gerekir. Bu nesilden nesile ilerleyen "küçük gelişmelerin" son derece iyi korunmuş olması gerekir. Ama durum hiç de böyle değildir. Aslında, bunun tam tersi doğrudur. Darwin'in "sayısız ara form olmalı, ama bunları neden yeryüzünün sayısız katmanında bulamıyoruz" derken yakınmış olduğu gibi. Darwin, fosil kayıtlarındaki bu "olağanüstü eksikliğin" sadece daha fazla fosil kazısı yapmakla ilgili olduğunu düşünmüştür. Ama her ne kadar yeni fosil kazısı yapılırsa yapılsın, bulunan türlerin neredeyse hepsinin, istisnasız, bugün yaşamakta olan hayvanlara çok benzediği ortaya çıkmıştır.

Fosil kayıtları, canlı türlerinin hem bir anda ve tamamen farklı yapılarda ortaya çıktıklarını, hem de çok uzun jeolojik dönemler boyunca değişmeden sabit kaldıklarını göstermektedir. Harvard Üniversitesi paleonto-loğu ve ünlü evrimci Stephen Jay Gould, bu gerçeği 1970'lerin sonunda şöyle kabul eder:

Fosilleşmiş türlerin çoğunun tarihi, kademeli evrimle çelişen iki farklı özellik ortaya koymaktadır:

1. Durağanlık: Çoğu tür, dünya üzerinde var olduğu süre boyunca hiçbir yönsel değişim göstermez. Fosil kayıtlarında ilk ortaya çıktıkları andaki yapıları ne ise, kayıtlardan yok oldukları andaki yapıları da aynıdır. Morfolojik (şekilsel) değişim genellikle sınırlıdır ve belirli bir yönü yoktur.

2. Aniden ortaya çıkış: Herhangi bir lokal bölgede, bir tür, atalarından kademeli farklılaşmalara

uğrayarak aşama aşama ortaya çıkmaz; bir anda ve "tamamen şekillenmiş" olarak belirir.

Sonraki araştırmalar, fosil kayıtlarında görülen durağanlık ve aniden ortaya çıkış gerçeğini daha da kuvvetlendirdi. Stephen Jay Gould ve Niles Eldredge, 1993'te "Jeolojik tarihleri boyunca türlerin çoğu ya fark edilecek kadar değişmemiş ya da hiçbir belirgin yönelimi olmaksızın morfolojik açıdan hafif dalgalanmalar göstermiştir." diye yazdılar.45 Robert Carroll 1997'de "temel grupların çoğunun jeolojik açıdan çok kısa sürelerde oluşarak çeşitlendiğini ve temel morfolojik ya da besinsel değişiklikler olmaksızın çok daha uzun süreler varlığını sürdürdüğünü" kabul etmek zorunda kalmıştır.

Bu noktada "ara form" kavramının tam olarak ne anlama geldiğini belirtmek gerekir. Evrim teorisinin öngördüğü ara formlar, iki canlı türü arasında kalan, ancak eksik ve yarım organlara sahip canlılardır. Ancak bazen ara form kavramı yanlış algılanmakta ve gerçekte ara form özelliği oluşturmayan canlı yapıları ara form özelliği gibi anlaşılabilmektedir. Örneğin bir canlı grubunun diğer canlı grubuna ait özellikler barındırması, bir ara form özelliği değildir. Avustralya'da yaşayan Platypus, bir memeli olmasına rağmen sürüngenler gibi yumurtlayarak çoğalır. Ayrıca ördeklere benzer bir gagası bulunur. Bilim adamları Platypus gibi canlılara "mozaik canlı" ismini verirler. Mozaik canlıların ara form sayılamayacağı, Stephen J. Gould ve Niles Eldredge gibi önde gelen evrimci paleontologlar tarafından da kabul edilmektedir.

Fosil Kayıtlarının Yeterliliği

Acaba ara form fosillerinin yokluğu karşısında, Darwin'in 140 yıl önce savunduğu "ara formlar şimdi yok, ama yeni araştırmalarla bulunabilir" argümanı hala geçerli midir? Bir başka deyişle, yapılan tüm fosil araştırmalarının sonucuna bakarak, ara formların gerçekte hiçbir zaman yaşamadıklarının kabul edilmesi mi gerekir, yoksa yeni araştırmaların sonuçları beklenmeli midir?

Bu soruya verilecek cevabı, elbette elimizdeki fosil kayıtlarının zenginliği belirler. Paleontolojik verilere baktığımızda ise, fosil kayıtlarının olağanüstü derecede zengin olduğunu görürüz. Dünyanın farklı bölgelerinden elde edilmiş milyarlarca fosil örneği vardır.48 Bu fosillere bakılarak, 250 bin farklı canlı türü tanımlanmıştır ve bunlar, şu anda yaşamakta olan yaklaşık 1.5 milyon türe olağanüstü derecede benzerdir. (Yaşamakta olan bu 1.5 milyon türün 1 milyon kadarı böceklere aittir.) Ve bu denli zengin bir fosil kaynağına rağmen hiçbir ara form bulunamamışken, yeni kazılarla ara formlar bulunması mümkün gözükmemektedir.

Glasgow Üniversitesi paleontoloji profesörü T. Neville George, bu gerçeği yıllar önce şu şekilde kabul etmiştir:

Fosil kayıtlarının fakirliği için özür dilemeye artık gerek yoktur. Fosil kayıtları bazı yönlerden başa çıkılamayacak kadar zengin... buna rağmen boşluklardan oluşmaya devam etmektedir.

Amerikan Doğa Tarihi Müzesi Müdürü ünlü paleontolog Niles Eldredge ise, Darwin'in "fosil kayıtları yetersiz, ara formları o yüzden bulamıyoruz" iddiasının geçerli olmadığını şöyle açıklamaktadır:

Tüm deliller, fosil kayıtlarının ortaya koyduğu sonucun doğru olduğunu göstermektedir: (Fosil kayıtlarında) gördüğümüz boşluklar, hayatın tarihindeki gerçek olayları yansıtmaktadır, bunlar yetersiz bir fosil birikiminin sonucu değildir.

Robert Wesson ise, 1991'de yayınlanan Beyond Natural Selection adlı kitabında "fosil kayıtlarındaki boşlukların gerçek ve olgusal" olduklarını şöyle açıklamaktadır:

Ne var ki, fosil kayıtlarındaki boşluklar gerçektir. Herhangi bir (evrimsel) soyoluşumunu gösterecek kayıtların yokluğu, son derece olgusaldır. Türler genellikle çok uzun zaman dilimleri boyunca sabit kalırlar. Türler ve özellikle cinsler hiçbir zaman yeni bir türe ya da cinse doğru evrim göstermezler. Bunun yerine, bir tür ya da cinsin bir diğeriyle yer değiştirdiği gözlenir. Değişim ise çoğunlukla anidir.

Evrim Düşüncesinin Kökeni

İlginçtir, insanoğlu doğada aradığı düzeni önce doğrudan deneyimine giren alanlarda (örneğin, organizmaların yapı ve işlevleri, insanın kendi duyma, düşünme ve istencine ilişkin davranışları, vb.) değil, kendine uzak bir alanda, astronomide bulmuştur. Göksel cisimler üzerinde antik çağda başlayan gözlemler, bu gözlemlere dayalı Ptolemi sistemi ile yeni çağda ortaya konan Kopernik sistemi ve gezegenlerin devinimine ilişkin Kepler yasaları gibi çalışmalar uzaya açılan bilimsel etkinliklerin başlıca örnekleridir. Astronomi ile fizik 17. yüzyılda, kimya

18. yüzyılda, biyoloji 19. yüzyılda, psikoloji ise içinde bulunduğumuz yüzyılda bilimsel kimlik kazanmıştır. Dahası, biyolojinin özünde yer alan evrim düşüncesi bile ilkin astronomide kendini gösterir. Astronomi bize bilimsel yasaların ilk örneklerini vermekle kalmamış, dünyamızın zaman içinde gelişerek oluştuğu görüşünü de getirmiştir.

Aslında insanın kendi varlık kökenini bilme merakı da yeni değildir. Bilimlerin henüz gelişmediği ilk dönemlerde bu yoldaki arayışın teolojiye yol açtığı söylenebilir. Ne var ki teolojinin getirdiği, yığınlar üzerinde bugün bile etkisini sürdüren açıklama masalımsı bir öğreti niteliğindedir. Göksel dinlerin hiçbirinde evrim düşüncesi yer almaz. Her şey gibi insan da Tanrı'nın yaratıcı elinden çıkmıştır.

Tevrat ve ondan kaynaklanan İncil dünyanın altı günde yaratıldığını bildirmektedir. Evrim yüz milyonlarca yıl alan uzun bir süreçtir. Oysa teologlar yaratılışın İ.Ö. 4004 yılında gerçekleştiğini; Adem ile Havva'nın o yıl 23 Ekim günü saat 9'da yaratıldığını hesaplıyordu. Tanrı cumartesi dinlendiği için yaratma işini cuma günü tamamlamıştı. Bu masala karşı çıkmak şöyle dursun, yaratılışın altı bin yıl gibi kısa bir süre önce gerçekleştiği savına kuşku gözüyle bakılması bile bağışlanmaz bir suçtu. 19. yüzyıla gelinceye dek çoğu bilim adamı, ya dinsel inançları nedeniyle ya da kilisenin şimşeklerini çekmemek için canlı ve cansız tüm varlıkların Tanrısal istençle belli bir düzen öngörülerek yaratıldığı, her canlı türün ilk yaratılıştaki biçim ve niteliklerini olduğu gibi koruduğu inancına bağlı kalmıştır. Örneğin, Kopernik sistemine bilimsel açıklama getiren Newton, gezegenlerin devinimini Tanrı'nın başlattığını söylemiştir. Gerçi Newton'un çağdaşı Bentley'e yazdığı özel bir mektupta güneş sisteminin belirsiz ilkel bir maddeden gelişmiş olabileceği düşüncesine yer verdiğini biliyoruz; ancak resmi açıklamalarında Newton hiçbir zaman yaratılış öğretisine ters düşen, ya da evrim düşüncesini yansıtan bir düşünceye yer vermemiştir.

Evrim düşüncesi çoğu kez sanıldığının tersine, Darwin'le ortaya çıkmamıştır; kökü eski çağ kültürlerine kadar uzanır. Darwin sahneye çıktığında evrim düşüncesi bir ölçüde de olsa yaygınlık kazanmış, kimi biyologların benimsediği kuramsal bir açıklama niteliği kazanmıştı.

Geriye gittiğimizde, eski Pers ve Mısır mitolojilerinde Tanrıların toprak gibi bir ilk maddeden insan biçiminde oluştuğu fikrini bulmaktayız. Hint düşüncesinde ise, mitolojinin felsefeyle kaynaşık olduğu ilk dönemde, canlıların beden ve ruh olarak kaynaklandığı Varlık (Brahma) yaratan değil, transformasyona olanak veren bir güçtü.

Evrimden bilimsel anlamda ilk söz edenler I.Ö. 6. yüzyılda yaşayan İyonya'lı filozoflar olmuştur. Thales tüm nesnelerin sudan ya da denizden kaynaklandığı sayındaydı. Onu izleyen Anaximander'e göre varlıkların hepsi değişik formlar alan bir ilk tözden kaynaklanmıştı. Anaximander'in canlıların kökenine ilişkin görüşü de oldukça çarpıcıdır: İnsan yavrusunun doğuş sırasındaki çaresizliği gözleminden kalkan filozof, atalarımızın başlangıçta balık olduğunu ileri sürer. Açıklaması da oldukça basit: Bir zamanlar denizlerin çekilmesiyle yaşamlarını karada sürdürme zorunda kalan kimi balıklar insana kadar uzanan pek çok hayvan türüne kaynak olmuştur.

Aynı dönemin bir başka filozofu, Heraklitus, daha da ileri giderek canlılar arasında süren bir çatışmadan söz eder. Bu, bir anlamda, Darwin'in yaklaşık 2500 yıl sonra oluşturduğu Doğal Seleksiyon kuramının öncelenişi demektir.

Evrim düşüncesi antik çağın ünlü filozofu Aristoteles'te de kendini açığa vurur. Onun 2000 yıl tartışmasız kabul edilen görüşünde ilginç noktalar bulmaktayız. Bunlardan özellikle dört tanesi önemlidir:

(1) "Scala Naturae" denilen organizmaların basitten daha karmaşık formlara çıkan, sonunda insana ulaşan transformasyonu;

(2) Canlıların en ilkel düzeyde kendiliğinden oluştuğu;

(3) Doğanın ihtiyaca göre organ oluşturduğu;

(4) Evrim ile canlıların sınıflanması arasındaki ilişki.

Evrim düşüncesinin kökenine değinirken Romalı şair-filozof Lucretius'u da anmak gerekir. Bir bakıma Heraklitus'un düşüncelerini genel kültüre yansıtan Lucretius insan yaşamında dil, din ve müzik gibi etkinliklerin bir ayıklanma ya da eleme sürecinden geçerek oluştuğu görüşündeydi. "De Rerum Natura" adlı yapıtında canlıların hızlı koşma, sıkıntıya katlanma, yiyecek bulma, vb. becerileriyle varlıklarını sürdürebildikleri gibi doğal seleksiyonu andıran düşünceler bulmaktayız.

Evrime ilişkin bu düşüncelerin hemen etkinlik kazanması beklenemezdi kuşkusuz. Egemen inanç sistemleri buna olanak vermediği gibi, o tür hipotezleri yoklamaya yönelik bilimsel çalışmalar da yoktu ortada. Evrimin bilimsel açıdan ele alınması 18. yüzyılı bekler.

Evrim Düşüncesinin Öncüleri

18. yüzyıla bilimsel devrimin kimya ve biyolojide kendini duyurduğu dönem diye bakılabilir. Biyolojide ilk önemli girişimi Fransız doğa bilgini Buffon'a (1707-1788) borçluyuz. Yaşamını doğa tarihi incelemelerine adayan Buffon canlıların sınıflanmasına ilişkin Aristoteles sistemini düzeltme ve geliştirme amacındaydı. İlgilendiği konuların başında evrim geliyordu. Fosil ve diğer kalıntılara dayanarak canlı ve cansız dünyada hemen her şeyin evrim sürecinde oluştuğu görüşündeydi. Tahmin edileceği gibi bu görüşün dile getirilmesiyle kilise ayağa kalkar; Buffon sonunda, "Dünyanın oluşumuna ilişkin söylediğim her şeyi, özellikle kutsal kitapta yazılanlara ters düşen sözlerimi, geri alıyorum," demek zorunda kalır.

Ancak evrimin başka çevrelerde de ilgi konusu olduğunu görüyoruz. Condorcet, Lord Monboddo, Cuvier gibi düşünürlerin, insanın ilkel yaşamdan ileri uygarlık düzeyine geçiş sürecini bir ilerleme olarak işlemeleri evrim düşüncesinin yaygınlık kazanmasını kolaylaştıran bir gelişmedir. İnsanın sosyal ve kültürel yaşamında ilerleme varsa, biyolojik yaşamında niçin olmasın? Evrim kilisenin tutumuna karşın çağın ilgi odaklarından biridir, artık!

Ünlü İsveç botanikçisi Linnaeus'un (1707-1778) modern sınıflama yönteminin temelini oluşturan çalışması biyolojide evrim düşüncesine güç kazandıran başka bir çalışmadır. Buffon ile Linnaeus, belki de kilisenin baskısı nedeniyle, evrimin yalnızca tür içinde olabileceği, dolayısıyla bir türün başka bir türe dönüşemeyeceği görüşünde birleşmişlerdi. 19. yüzyıla gelindiğinde dinsel bağnazlık eski etkisini büyük ölçüde yitirmiş ya da yitirmeye yüz tutmuştur. Darwin'in dedesi Erasmus Darwin (1731-1802) de Buffon gibi canlıların yaşam dönemlerinde uğradıkları değişikliklerin yeni kuşaklara geçmesiyle evrimleştiği görüşündeydi. Bu düşünceyi daha belirgenleştiren Fransız doğa bilgini Lamarck (1744-1829) evrim konusunda kapsamlı ve tutarlı ilk kuramı oluşturan kişidir.

Lamarck'ın evrim kuramını ana çizgileriyle şöyle belirtebiliriz:

(1) Uzun çağlar alan evrim sürecinde karmaşık organizmalar basit canlılardan türemiştir.

(2) Evrim sürecinde canlılar yaşam çevreleriyle uyum kurmuş, değişen çevre koşullarına göre yeni biçimler almışlardır. Aynı türden değişik formların ortaya çıkmasına olanak vardır; türler sanıldığının tersine sabit değildir.

(3) Türlerin evcilleştirme ve yapay üretme yoluyla kısa zamanda yapısal değişim geçirmesi olanaklıdır. Bunufı sayısız örneklerini çiftliklerdeki başarılı ıslah çalışmaların da görmekteyiz.

(4) Evrim sürecinin devamı için karmaşık organizmalara dönüşen basit canlıların yerini yeni basit canlıların doldurması gerekir. Lamarck bu yenilenmenin sürekli spontane üremeyle sağlandığı görüşündeydi.

(5) Böyle bir evrim sürecinin kaçınılmaz sonucu canlı dünyanın en basitten en karmaşık organizmalara ulaşan bir gelişmeler dizisi oluşturmasıdır. Bunun böyle olmadığını farkeden Lamarck dizideki boşluklarla düzensizliği, canlıların değişen çevre koşullarına ayak uydurma çabalarıyla açıklama yoluna gider.

(6) Bireylerin kendi yaşamlarında edindikleri avantajlı özelliklerin kalıtsal yoldan yeni kuşaklara geçtiği tezi. Kuramına işlerlik kazandırması bakımından bu tezi özellikle işleyen Lamarck, kalıtımda kullanışın (ya da kullanışsızlığın) etkisini vurgulamıştır. Örneğin, sürünme alışkanlıgına kendini bırakan yılanın yürüme organlarını yitirmesi, ya da yüksek ağaç dallarına uzanarak beslenen zürafaların sonunda uzun boyunlu olması.

Buffon, kalıtsal değişmeleri çevresel koşullardaki değişikliklerle açıklıyordu. Çevresel modifikasyonların kalıtsallığını kabul eden Lamarck ise özellikle kullanış ya da kullanışsızlık etkisini önemsiyordu.

ONDÖRDÜNCÜ BÖLÜM:

LAMARCK'IN "EVRİM KURAMI"

Lamarck kuramı bilim çevrelerinde baştan beri doyurucu bulunmamıştır. Kurama yöneltilen eleştirileri kısaca gözden geçirelim.

Lamarck Kuramının Yetersizliği

Lamarck organizmanın yaşam döneminde edindiği özelliklerin ya da uğradığı modifikasyonların (bunlara çevresel koşullardaki değişiklikler yol açabileceği gibi kullanış ya da kullanışsızlık da neden olabilir) kalıtsal yoldan yeni kuşaklara geçtiği; uzun süre alan bir birikimle evrimsel değişikliğe dönüştüğü görüşündedir. (Buffon evrimi çevre koşullarındaki değişiklikle, Lamarck ise organizmanın duyduğu ihtiyaca göre organların kullanılışı veya kullanışsızlığıyla açıklıyordu. Lamarck'a göre, değişen çevre koşullarına uyum sağlama çabasında yararlı olmayan organlar kullanılmadığı için giderek körelir; yararlı olan organlar kullanıldığı için gelişme olanağı bulur. Dahası, olağanüstü durumlarda ihtiyaca göre oluşan yeni organlar sonraki kuşaklardaki birikimle yeni form ve türlerin oluşmasına yol açar.)

İlk bakışta akla yakın gelen Lamarck kuramının bilim çevrelerinde ilgi bulmamasının başlıca nedenlerinden biri kuramın olgusal içerikten yoksun olması, gereğince kanıtlanmamasıdır. Hatta yakından bakıldığında kuramın birtakım gözlemsel olgulara ters düştüğü bile söylenebilir. Bu olgulardan birkaçına değinelim. Örnek olarak, sosyal böceklerden işçi karınca ve işçi arıları alalım. Bunlar üreme bakımından kısırdır; döl vermedikleri için yaşam dönemlerinde edindikleri özellikleri ya da uğradıkları modifikasyonları yeni kuşaklara geçirmelerine olanak yoktur. Oysa, bu işçilerin çevreye ve yaşam biçimlerine uyumları son derece ileri bir düzeydedir.

Kuramı yanlışlayan ikinci örnek daha ileri düzeydeki böceklere ilişkindir. Bunlar kısa süren tırtılımsı bir yaşam döneminden sonra yetkin kanatlı biçimleriyle ortaya çıkarlar; sonra bir daha ne büyürler ne de tüylerini dökerler. Üstelik, bunların yapıları ve çoğunlukla hayret verici uyumları katı boynuzumsu maddeden oluşan dış iskeletle belirlenmiştir; öyle ki,, çevresel etkenler altında ya da egzersizle herhangi bir modifikasyona uğramaz. Krizalit döneminden sonra herhangi bir modifikasyon olmadığına göre sonraki kuşaklarda evrime dönüşecek bir birikim de söz konusu olamaz elbet.

Buna benzer bir başka örnek insanları da içine alan omurgalılara ilişkindir. Yaşamımızda dişlerimizin uğradığı tek modifikasyon yıpranmaları, çürüyüp dökülmeleridir. O halde, işleviyle tam bir uyum içinde olan diş yapımızın, Lamarck'ın anladığı türden bir kalıtıma dayanmış olmasına olanak yoktur. Son bir örnek, "Drosophila" denen meyve sineği üzerinde yapılan bir incelemeye ilişkindir. Kullanılması 69 kuşak boyunca önlenen gözlerin ne yapısında ne de sineğin fototropik duyarlığında bir değişiklik gözlenmiştir.

Bu türlü belirlemeler de göstermektedir ki, Lamarck kuramı olgusal dayanaktan yoksundur.

Kalıtsal olarak biriken modifikasyonlar olmadığı halde son derece karmaşık uyumluluklar kurulabilmekte; tersine, kuşaklar boyunca kullanılmayan organlar yapı ve işlevlerini korumaktadır. Bu sonuçlar göz önüne alındığında, Lamarck kuramının neyi açıkladığı ya da ne işe yaradığı sorulabilir!

Evrim düşüncesini değil ama geçerliliğini bugün de sürdüren evrim kuramını Charles Darwin'e (1809-1882) borçluyuz.(2) Fizik ve astronomide Galileo ile Newton'un yeri ne ise Darwin'in biyolojideki konumu odur. Kısaca demek gerekirse, Darwin'in evrim kuramı birbirini tamamlayan iki öğe içermektedir: (1) Canlı dünyada varolan değişik biçim ve türlerin ortak bir kökten kaynaklanarak geliştiği; Canlılar arasında "yaşam savaşımı" ve "en uyumlunun ayıklanmaktan kurtulması" diye dile getirilen evrimin gerçekleşme düzeneği. Ayrıntılı açıklamayı ileriki bölümlere bırakarak, şimdi genel bir belirlemeyle yetineceğiz.

Darwin canlıların ortak bir kökten kaynaklandığı savını ilk ortaya atan kişi olmamakla birlikte, bu savı doğrulayan çok sayıda değişik gözlemsel kanıt ortaya koymuştur. Böylece söz konusu sav salt bir tahmin ya da hipotez olmaktan çıkmış, bilimsel bir önerme niteliği kazanmıştır. İkinci noktaya gelince, evrim sürecinin düzeneğini oluşturan "doğal seleksiyon" ilkesi Darwin'in asıl önemli katkısı olarak bilinir. Doğal seleksiyonun anlamı nedir, nasıl işlemektedir?

Tüm gözlemler canlıların (bitkiler ve hayvanlar) doğanın besleyemeyeceği sayı ve hızda çoğaldığını göstermektedir. Öyle ki, her kuşakta bireylerin pek çoğu erginlik çağına ulaşmadam yok olmaktan kurtulamaz. Bir türdeki bireylerden hangilerinin yaşamı sürdüreceği, hangilerinin yok olup gideceği nasıl belirlenmektedir? Canlılar dünyasında bir eleme düzeneği işlemektedir. Bu elemede rastlantı ya da şansın rolü yok değildir. Ama asıl neden bireysel farklar (kalıtsal varyasyonlar) ve bu farkların çevresel koşullara uyum sağlamadaki rolüdür, denebilir. Canlılar, aynı türden de olsalar birbirlerinden çeşitli yönlerden farklılıklar gösterir. Hatta aynı anababadan olan kardeşler arasında bile gözlenebilir farklar vardır. Belli bir çevrede aynı türden olan ama özelliklerinde az ya da çok farklar gösteren bireyler sınırlı olanaklar için yarışmak, yaşam savaşımı vermek zorundadırlar. Bu savaşımda çevre koşullarına uyum kurma (adaptasyon) bakımından özellikleri daha elverişli olanların üstünlük sağlaması, diğerlerinin yenik düşüp elenmesi kaçınılmazdır. Sözgelimi, görecel olarak daha hızlı koşan tavşan ve geyiklerin düşmandan kurtulma, daha çevik kedilerin avlarını yakalama, aslan ve kaplanlardan daha güçlü olanların çiftleşip döl verme, boynu daha uzun zürafaların beslenme olanakları daha fazladır kuşkusuz. Milyonlarca yıllık süreler düşünüldüğünde yaşam savaşımı veren birey veya toplulukların özelliklerindeki farkların nasıl yeni ya da daha gelişmiş türlere yol açtığı kolayca anlaşılır.

BİRAZ DA LAMARC VE KURAMINA DEĞİNELİM...

Lamarck'ın sisteminde 'Evrim Teorisi', 'Tanrı'nın hikmeti' ile özdeşleştirilmişti. Burada, türlerin yok olmasının Tanrı'nın hikmetine aykırı görülmesinin sebeplerinin ne olduğu sorulabilir. Birinci sebebin, canlıların varlığının sadece insanlara hizmet olduğu şeklindeki inanış olduğu söylenebilir; yok olan türlerin insanlara bir yararı olamayacağına göre, bu türlerin varlığı Tanrı'nın hikmetine aykırı bulunuyordu. Her şeyin insan için yaratılmış olduğuna dair inanç, Tanrısal hikmet adına yanlış anlayışların oluşmasına yol açmıştır. Astronomideki Aristoteles-Batlamyus sistemi ile biyolojideki Linnaeus'un sistemleri, bu yanlış önkabulden dolayı yanlış sonuçlara varan sistemlerin en önemlileridirler. Evrensel oluşumları sırf 'insana hizmet gayesi' ile sınırlamak Tanrısal hikmeti sınırlamak değil midir? Ikinci sebep, Aristoteles'ten beri gelen 'varlık skalası' fikri idi. Eğer bazı türler yok olmuşsa 'varlık merdivenleri'nde eksiklikler olacağı ve bunun Tanrı'nın mükemmel yaratışı ile uyuşmayacağı düşünülüyordu. Hatırlanacağı gibi, 'varlık skalası' anlayışında, her tür başka iki türün arasında yer alır, türler arası uçurumlar yoktur ve türler hiyerarşik bir sıralanmayla 'varlık merdivenleri'nde belirli bir yere sahiptirler. Bu anlayışta eğer bu zincirin tek bir halkası olan bir tür bile çıkarılırsa sistem bozulacaktır. Bu yüzden hiçbir tür yok olamaz. Böylesi zihinsel bir kurgu, Tanrısal hikmetle özdeşleştirilmiş ve doğadaki varlıksal (ontolojik) yapı ile karıştırılmıştır. Bazı türlerin yok olduğunun anlaşılmasıyla, bu sanal kurgunun sadece filozofların zihinlerinden çıkan bir hayal olduğu ortaya çıkmıştır. Sonradan birçoklarının fark edeceği gibi Tanrısal hikmet ile türlerin yok olması arasında bir zıtlık bulmak suni bir sorundur. Tanrı'nın yaratışındaki hikmetleri, insana hizmet veya insanın gözlemiyle sınırlamaktan doğan hatalar yanlış yargılara yol açmıştır. Lamarck bu suni soruna çare bulduğunu düşünüyordu.

Onun çağındaki ünlü muhalifi Cuvier (1768-1833), anatomi ve fosilbiliminde kendi döneminin en yetkin isimlerinden biriydi ve Lamarck'ı, 'varlık merdivenleri'nde ilerleme (evrim) olduğunu söyleyen fikirlerinden dolayı eleştirdi. Canlılar dünyasında 'hiyerarşik bir skala' olmadığını, canlılar dünyasının en aşağıdan en yukarıya dizilmeye uygun olmayacak kadar çok çeşitli olduğunu söyledi. Cuvier'in çağdaşları, onun, Lamarck'ın Evrim Teorisi'ni geçersiz kıldığını düşündüler. Lamarck'ın, yeryüzünün, ufak ve yavaş değişimleri adım adım geçirdiğini düşünmesine karşılık; Cuvier, yeryüzünün, büyük değişimler (katastrofik) geçirdiğini savundu ve türlerin yok olması ile yeni yaratılışları bu değişimlere (Nuh Tufanı gibi) bağladı. Mısır'daki mumyalanmış hayvanlarla günümüz hayvanlarının aynı olmasını, türlerin sabitliğine ve evrimleşmenin, türlerin yok olmasını önleyecek bir mekanizma olamayacağına karşı delil olarak kullandı.

Lamarck, canlılara içkin olan ve onları kompleksliğe götüren bir eğilim olduğunu ve bunun, Yaratıcı'nın canlılara bahşettiği bir unsur olduğunu söyledi. Görüldüğü gibi, sistematik bir şekilde Evrim Teorisi'ni ilk ortaya koyan kişi olarak gösterilen Lamarck, Tanrı'nın varlığını da kabul eden bir evrim görüşü savunmuştur. Bu da Evrim Teorisi'nin mutlak olarak ateist bir görüş olduğu iddiasının yanlışlığını gösteren önemli bir durumdur. Lamarck'a göre, en basit canlılar 'kendiliğinden oluş' yoluyla oluşuyordu ve daha sonra en kompleks canlılar baştaki bu 'kendiliğinden türeyen' canlılardan evrimleşiyordu. Insan en yüksek mükemmelliği temsil ettiği için, canlılar insana yaklaştıkları ölçüde mükemmeldi.

İnsan evrimin en son ürünüydü ve maymunumsu canlılardan evrimleşmişti.

Böylelikle Lamarck, Darwin'den önce maymunumsu canlılardan insanın evrimleştiğini açıkça söyledi.

Descartes ve Buffon gibi Fransız düşüncesinde etkin olan ve insanla hayvanlar arasına geniş bir uçurum koyan düşünürlere karşı Lamarck, insanla hayvanları evrimsel bir şemada birleştirdi.

Lamarck'ın Evrim Teorisi'nin günümüzde algılanan şekliyle Evrim Teorisi'nden önemli farklarından biri, onun bütün türler için 'ortak bir ata'yı savunmamış olmasıdır. Buffon 'kökensel türler'in, diğer türler için 'ortak bir ata' olduğunu savunmuş, fakat evrim fikrini reddettiği için tüm türler için 'ortak bir ata'yı reddetmiştir. Lamarck ise kendiliğinden türeyen birçok basit canlı formundan kompleks canlıların 'farklı evrimsel çizgiler'de oluşumunu öngördüğü için 'ortak bir ata' fikrine tamamen yabancıydı.

Lamarck, çevredeki yavaş değişikliklerin canlılarda yeni ihtiyaçlar doğurduğunu, bu ihtiyaçlar sonucunda canlıların hareketlerinin bedenlerinde değişiklikler oluşturduğunu ve bu değişikliklerin sonraki nesillere aktarıldığını söyledi: Kullanılan organlar sinirsel sıvıdan daha çok faydalanıp gelişiyor, buna karşın kullanılmayan organlar köreliyordu. Bilinen en ünlü örneğe göre zürafaların boyunları yüksek dallardaki yaprakları yiyebilmek için uğraşmaları sonucunda uzamıştır ve bu özellik sonraki nesillere aktarılıp türün özelliği olmuştur. Lamarck'ın bu yaklaşımı türlerin oluşumunu doğal seleksiyon temelinde açıklayan Darwin'inkinden farklıdır. Örneğin Darwinci tarzda uzun boyunlu zürafaları açıklamaya kalkan biri; önce kısa boyunlu zürafaların olduğunu, bazı uzun boyunlu varyasyonlar (çeşitliliğin içinde bir tip) oluşuverdiğini ve bu uzun boyunlu zürafaların daha iyi beslenebilmelerinden dolayı, yani daha avantajlı olmalarından dolayı yaşadıkları, kısa boyunlu olanların ise doğal seleksiyon sonucunda yok olduklarını söyler. Lamarck'ın anlatımında çevresel değişiklikler öncedir, bunlar canlıdaki değişime sebep olur. Darwin'de ise rastgele varyasyonlar önce vardır, doğanın düzenleyici etkisi olan doğal seleksiyon sonra devreye girer.

Mendel'in ve Weismann'ın çalışmaları, Lamarck'ın Evrim Teorisi'nin kalbi olan 'sonradan kazanılan özelliklerin aktarılması' fikrinin yanlışlığını gösterdi. Weismann ünlü deneyinde, farelerin kuyruklarını kesti ve birçok nesilde devam ettirdiği bu uygulamanın farelerde hiçbir değişikliğe sebep olmadığını gösterdi. Lamarckçılar'ın sonradan kazanılan özelliklerin aktarılabildiğini göstermek için yaptıkları tüm deneyler sonuç vermedi. Genetik biliminin ve embriyolojinin bilinen tüm çalışmaları çevresel faktörlerin, üreme hücrelerindeki genetik koda etki etmeyeceğini ve embriyonun (yeni canlının), bu genetik koda göre gelişeceğini göstermiştir. Binlerce yıldır sünnet olan Yahudilerin çocuklarının sünnetsiz doğması ve eskiden beri ayaklarını özel ayakkabılarla sıkan Çinli kadınların çocuklarının dört burunlu hermotopoglitler olması kalıtım modelini yanlışlamaktadır. Darwin de sonradan kazanılan özelliklerin aktarılabileceğini düşünüyordu; ama bu mekanizma, onun teorisinde, Lamarck'ta olduğu kadar önemli değildi. Yeni-Darwinizm'in ise -günümüzde Evrim Teorisi ve

Darwinizm ile anlaşılan odur- en önemli özelliği, sonradan kazanılan özelliklerin aktarılmadığı bir evrim modelini savunmasıdır.

Darwin, Lamarck'tan 50 yıl sonra 'Türlerin Kökeni' adlı eserini (1859) yazdıktan sonra Lamarckçılık, yepyeni formatlarla savunulmaya devam etti. Ancak 20. yüzyılın ilk yarısında genetikteki ilerlemeler Yeni-Lamarckçılığın ilerlemesini durdurdu. Darwin'in doğal seleksiyon fikrini rastgele, kör bir mekanizmaymış gibi savunanlara karşı Lamarckçılık, canlının çevresel faktörlere tepki verdiğini ve kendine içkin özelliklerle evrildiğini savunuyordu ki bu daha ümitvar bir yaklaşımdı: Hayat, doğanın içinde cevap veren aktif bir unsurdu, çevresel faktörlere karşı pasif bir konumda değildi.

Bazı Marksistler, Evrim Teorisi'ni birçok yönden destekleseler de 'doğal seleksiyon' fikrini kapitalizme yakın buldular ve 'güçlünün hayatta kaldığı'nı söyleyen bu fikre karşı Lamarck'ı desteklediler. Bu da ilerleyen sayfalarda görülecek olan, bilimsel yaklaşımın ideolojiden ve sosyolojik ortamdan bağımsız değerlendirilemeyeceğinin, sosyolojik unsurların bilimsel çalışmanın yapıldığı ortamı (paradigmayı) etkilediğinin sayısız örneklerinden biridir.

Lamarckçı kalıtımın delilden yoksunluğuna rağmen uzun süre savunulmasının en önemli nedenlerinden biri 'doğal seleksiyon' mekanizmasının karşılaştığı güçlüklerden kaçınarak Evrim Teorisi'ni savunmak içindir.

Bergson ve Spencer gibi ünlü felsefeciler; George Bernard Shaw gibi ünlü bir edebiyatçı; Carl von Nageli,

Baldwin, Agassiz, Morgan, Eimer, Cope gibi ünlü bilim insanları ve düşünürlerle daha birçok etkili isim Lamarckçılıktan derinden etkilenmiştir. Spencer, sonradan kazanılan özellikler eğer Lamarck'ın dediği gibi aktarılamıyorsa evrimin doğru olamayacağını söyledi. Birçok düşünür, genel Darwinci yorumlara kıyasla Lamarckçılığı yaratılış ve tasarım fikirlerine daha uygun bulmuşlardır; bu da bazı düşünürlerin Lamarckçılıktan daha fazla etkilenmesinin önemli nedenlerinden biridir.

Darwin Türlerin Kökeni`ni yazdığı sıralarda insanlar, yeryüzünün ve canlıların geçmişte nasıl yaratılmışlarsa aynı biçimde hiç değişmeden var olmaya devam ettiklerine inanıyorlardı. Yüce bir irade dünyaya `ol` demişti ve o, en tamam haliyle oluvermişti. Bu değişmez doğa inancı insanlığı 19. yüzyıla kadar idare etti. Sonra Darwin`in kitabı çıktı ortaya.

Tam da büyük altüst oluşlarla insanlığın makus talihinin değişmeye başladığı dönemdi. Ve Darwin`in Evrim Kuramı her şeyin gözünün önünde değiştiğini gören insan için, kendi çabasını anlamlandırabildiği bir çerçeve sundu. Bunu görenlerden biri de toplumsal hayatın ve ilişkilerdeki değişimin analizini yapan Marx ve Engels`ti; ve her ikisi de Evrim Kuramı`na büyük bir değer verdiler. İnsanın kendi doğal ve sosyal koşullarının ürünü olduğu, bu koşulların değişimiyle insanın ve toplumun da değişmeye başlayacağı fikri Darwin`in tezleriyle uyuşuyordu. Yani doğa gibi toplum da sürekli değişiyor, değişiyor ve evrim geçiriyordu.

Darwin`in Türlerin Kökeni ve diğer kitapları bilim açısından da kökleşmiş bir anlayışı yıktı. Evrim Kuramı`nı oluşturmak için Galapaggos Adaları`nda yıllar süren bir araştırma ve gözlem yapan Darwin bilimin sınırlarını zorlamış; bir şeyi iddia edebilmek için kanıtlamanın zorlu yollarından geçmek gerektiğini göstermişti. Ve her şeyden önce, türlerin değişiminde doğal çevre koşullarının çok önemli bir faktör olduğuna yaptığı vurgu ile insana, içinde yaşadığı doğayla nasıl bir ilişki kurabileceği konusunda bir `anlayış` kazandırmıştı.

Bugün Darwin`in 200. yılı dolayısıyla yaptığımız Forum`a yazarlarımız Darwin`i ve kuramını yazıyorlar.

ONBEŞİNCİ BÖLÜM:

"EVRİM KURAMI" HAKKINDA BİLİMSEL GÖRÜŞLER

Charles Darwin

1809-1882 yıllarında yaşamış olan Charles Darwin, Teoloji (Din Bilim) ve Doğa bilimleri konusundaki eğitimini tamamladığında henüz 22 yaşındadır. Dönem, doğanın işleyiş düzeni hakkındaki tartışmaların dorukta olduğu, jeoloji ve biyoloji bilimlerinin çatısını oluşturan görüşlerin temellerinin atıldığı bir dönemdir. 23 yaşındaki genç Darwin, Güney Atlantik`te 5 yıl sürecek olan geniş kapsamlı bir harita araştırması için Beagle gemisinde görevlendirildiğinde, aslında kendisinden beklenen dini görüşleri destekleyen doğa gözlemleri yapmasıdır. Oysa Darwin, hem Charles Lyell`in, henüz I. cildi yayımlanmış olan `Preinciples of Geology` kitabında belirttiği gibi inorganik dünyanın sürekli değişerek, sabit kalmadığı, jeolojik süreçlerin günümüzde de aynen devam ettiği fikrinden; hem de dedesi Erasmus Darwin`in, kazanılmış karekterlerin yeni nesillere aktarılmasıyla türlerde ortaya çıkan değişikliği ayrıntısıyla ele aldığı ünlü eseri `Zoonomia`dan etkilenmiş, doğa ve oradaki ilişkiler konusunda farklı bir bakış açısını çoktan yakalamıştır.

Darwin`in özellikle Galapagos adalarında yaptığı doğa gözlemleriyle; yaşama ortamının koşulları ve sunduğu imkanlarla, yaşayan hayvan grupları arasındaki ilişki ve farklılaşmalar hakkında geliştirdiği öngörüleri, evrim düşüncesinin temelini oluşturmuştur. Şöyle ki, Dünyaya gelen canlıların sayısı çok, buna karşılık besin bulabilerek yaşamını sürdürebilecek olanların sayısı azdır. Bu yüzden canlılar arasında özellikle besin ve mekan kapma konusunda sürekli bir yarış vardır. Bu, ya öldürürsün ya ölürsün savaşıdır (struggle for survival). Yaşama ortamının koşullarına daha uygun donatılmış olanlar, yaşamı sürdürmede diğerlerine göre daha şanslıdırlar (survival of the fittest). Bu ilke, doğada zayıfın elendiği doğal ayıklanma (natural selection) ve ancak başarılı olanın yoluna devam ettiği doğal seçilim düşüncesinin de çekirdeğini oluşturmuştur. Sonraki kuşakları yaratabilecek olanlar yaşamını sürdürebilenler olup, bu sayede ancak başarılı olan değişimler (mutasyon) daha sonraki kuşaklara aktarılabilmiştir. Darwin, bu öngörülerle oluşturduğu evrim kuramında; doğal seçilim yoluyla genetik karekterlerin devamını sağlayan kalıtım, çeşitlilik ve seçilim olmak üzere üç temel bileşen ekseninde, bütün canlıların belli bir düzende tedrici olarak (gradual) evrileceğini ileri surer. Bu anlamıyla `Darwinist Evrim Kuramı` doğadaki canlı mekanizmasını, ortak bir atadan evrilerek, çeşitlenmeye dayandırarak, nesillerde uzun süreler boyunca yavaş, yavaş, fakat devamlı olarak meydana gelen değişikliklerin tümünü kapsayan bir `Tedrici= Gradual Evrim` modeli sunar.

Darwin`in, zamanının hayvan ve bitki topluluklarındaki güncel gözlemlerine dayandırdığı evrim kuramında fosiller hiç yer almamıştır. Bu eksiklik, evrim karşıtları tarafından günümüzde de kullanılmaya çalışılsa da, fosil verilerle desteklenen `Sıçramalı=Kesintili Evrim Kuramı` evrimi şüphesiz olarak ortaya koymaktadır. Özellikle omurgalıların hem karasal ortamda fosilleşmelerinin ancak çok özel koşullarda gerçekleşebilecek olması, hem de mutant=ara form fosillerinin eksik olması nedeniyle evrim kuramına tam anlamıyla destek veremedikleri ileri sürülse de, fosil olabilmenin zaten çok büyük bir şansa bağlı olarak, fiziksel/ kimyasal pek çok koşulun birlikte hareket etmesiyle gerçekleşebildiği göz önüne alındığında, çok kısa ömürlü olan ara formların fosil olarak bulunmalarının ne kadar zor olduğu açıktır. Buna karşın, fosil kayıtlara göre; balıklar 480 milyon yıl once, amfibiler 365 milyon yıl önce, sürüngenler 340 milyon yıl once ve memeliler 210 milyon yıl once ortaya çıkmakta, böylece Darwin`in öngördüğü sıraya da açıkça destek vermektedir.

Evrim kuramı; sadece organizmalar bakımından değil, kıtasal levhaların hareketleri, deniz ilerlemeleri, deniz gerilemeleri, buzulların, çöllerin, iklimlerin, kıyı çizgilerinin, coğrafyanın sürekli olarak denge-uyum-değişim döngüsüyle evrildiği bir doğada, insanlığa ilişkin sonuçları nedeniyle, ortaya atıldığından bu yana en çok tartışılan, buna karşın teknolojiye bağlı olarak da en çok gelişen, sürekli kanıtlarını artıran kuram olmuştur.

Darwin`in 1830-1850`deki öngörüleriyle, günümüzde geçerli olan evrim kuramı arasında çok büyük farklar vardır. Günümüzde evrim kuramı; 1930`lu yıllar ve sonrasında, önce Gregor Mendel`in ortaya koyduğu kalıtım kuramı, daha sonra moleküler biyolojinin kalıtımın moleküler temellerine dair sağladığı bilgi ve ilerleyen Genetik bilimiyle sentezlenerek, 20. yüzyıl felsefecilerinin de önemli katkılarıyla modern halini almış; biyoloji, jeoloji, paleontoloji, antropoloji, sosyoloji, tarih, ekonomiden, iktisat`a tüm bilimlere uygulanabilen bir temel diyalektik olarak yaşamın tüm alanlarına egemen olmuştur...

Yerleşik dünya algısını sarstı *Ergi Deniz Özsoy (Doç. Dr; Hacettepe Üniversitesi Biyoloji)*

İçinde bulunduğumuz yıl, büyük doğa bilimci Charles Darwin`in 200. doğum yılı. Bu yıl aynı zamanda, Darwin`in anıtsal yapıtı, biyolojiyi bilim haline getiren temel çerçeveyi sunan magnum opusunun, `Türlerin Kökeni`nin, yayınlanmasının 150. yılı. Gezegendeki mevcut canlı çeşitliliğinin, özel olarak yaratılmamış olan, tarihsel değişimlerin izini taşıyan türlerin ve geçiş niteliğindeki diğer formların zaman ve mekandaki farklı olguları olduğunu vurgulayan `Köken`, bu çeşitliliğin oluşumu için de tamamen doğal olarak tanımlanan bir süreci, seçilimi, Darwin`in terminoljisiyle söylersek, doğal seçilimi önermekteydi. `Köken`, hem dönemdeki evrimcilik görüşünün yaygınlığı, hem de yerleşik dünya algısını derinden sarsacak önermelerinin tahrik ediciliği itibarıyla basıldığı ilk gün tükenmiştir. Ancak, evrime biyolojik bakışın tarihi açısından hemen söylememiz gereken önemli bir nokta, daha o ilk günlerden itibaren, Darwin`in yapıtının günümüze dek gelen iki temel tartışma-fikir yürütme koluna ayrıldığıdır. Bunlardan birincisi, `Köken`in akademi ve uzman çevrelerinde gördüğü teknik ilgiyle başlayan ve son 75 yılın biyolojisi açısından vazgeçilmez bir doğrulanmış hipotezler, olgular bütünü olarak kuramsal üst yapı niteliğindeki evrimsel biyolojinin oluştuğu kol; diğeri ise, Darwin`den önce (ve Darwin`de olmayan biçimde) Herbert Spencer tarafından iddia olunan ve insanın soyal ve toplumsal örüntülerini ve hallerini onun biyolojik yapısının devamı sayan, `sosyal Darwinizm` ya da yeni moda tabiriyle `sosyobiyoloji` şeklinde tezahür eden, aslında biyolojik anlamıyla Darwinizmin kötü karikatürleri olan tartışmalar bütününü içeren bilim kisveli kol. Birinci kol, yani günümüzün en parlak bilimlerinde olan evrimsel biyoloji, 1940`ların sonunda tamamlanan çok uluslu bir sentezin (Modern Sentez) sonucunda, doğal seçilimi ve ortak köken ilişkisini matematiksel olarak tanımlayabilecek bir genetik yetkinliğe ulaşmış; son 15 yıldaki genom projelerinin ortaya konmasıyla da, hemen tüm canlı gruplarını tek bir ortak kökene çakıştırabilecek bir yetkinliğe ulaştırmıştır. Üstelik bu genom projeleri, ister gen olarak tanımlansınlar ister gen-dışı DNA parçaları olsunlar, herhangi bir genomdaki pek çok bölgenin şiddeti değişkenlik içeren doğal seçilime maruz kaldığını göstermektedir. Öyle ki, genom projelerinin hayata geçirilmesinden yaklaşık 20 yıl once başlayan ve günümüzde aktif araştırma ve uygulama alanı olarak, doğal seçilimi DNA düzeyinde anlamamızı sağlayan istatistiksel genetik testler yaygın biçimde ve doğrulukla kullanılabilmektedir. Yine, evrimsel gelişim biyoloji adı verilen, pek çok canlının ortak gelişimsel planını ortak köken ve belirli genetik motiflere odaklanan doğal seçilim varlığıyla açıklayan heyecan verici bir disiplin de biyolojik araştırmaların altını çizmektedir. Evrimsel biyolojik araçların bu denli yetkin oluşuyla, doğaldır ki, biyoteknolojik, tarımsal, tıbbi vd. insan odaklı araştırmaların yönü de değişmiş. Evrimin katılmasıyla gerçekleşen bu yön değişimi bu alanların kuramsal yapısını etkilemiş ve sonuçta alan ne olursa olsun daha gerçekçi ve verimli sonuçlara varabilmenin yolları açılmıştır. Evrimsel biyolojinin belki de en önemli insani katkısı, arka planı sömürgecilik dönemlerine uzanan ve tipolojik algının doğrudan yansıması olan `insan ırkı` kavramının yanlışlığının ortaya konmasıdır. 1970`lerde protein çeşitliliği kullanılarak yanlışlanan ve en son darbeyi geçtiğimiz yıl yapılan en kapsamlı genomik çalışmayla alan insan ırkı kurgusu, artık sömürgecilik ve ötekileştirme tarihinin sancılara yol açmış bir hurafesinden öte bir şey olarak görülmemektedir. Öyle ki, evrimsel genetiğin bize söylediği şey, bir siyahi, eskimo, beyaz vb. `ırk` mensubu iki kişi arasındaki fark, iki Alman, iki Türk, iki Kürt vd. arasındaki farklardan ya da bir Alman ile Türk`ün veya İngiliz ile Hintli`nin arasındaki farklardan çok daha azdır. Sonuç itibarıyla, son 150 yıldan geriye doğru baktığımızda, Darwin`i ve evrimsel biyolojiyi en etkili ve geçerli bilimlerden biri olarak kabul etmemeyi gerektiren tek nedenin ileri düzeyde cehalet ve tutuculuk olduğunu söylemek yanlış olmayacaktır.

Darwin`in önemi Dr. Kenan Ateş

(Sabancı Üniversitesi)

Günümüzde modern evrim kuramı denildiğinde ilk ve esas olarak akla gelen, İngiliz doğa bilgini Charles Darwin olur. Oysa evrim düşüncesi Darwin`le ortaya çıkmadı, ondan çok önceleri vardı. Binlerce yıl öncesinde Çin ve Hindistan`dan Anadolu ve Mezopotamya uygarlıklarına, Antik Yunanistan`dan Roma`ya, oradan da Arap-İslam uygarlıklarına dek pek çok kültür ve sonra da 18. ve 19. yüzyılların özellikle Avrupalı doğa bilginleri, doğadaki canlılığın evrimsel açıklamalarını yapmaya çalışmıştı. Buna karşın, günümüzde, biyolojideki birçok sürecin anlaşılmasına yardım eden modern evrim kuramını ve biyolojik evrim için büyük ölçekli bir kanıt ve deneysel veri yığını eşliğinde bunun işleyiş mekanizmalarını açıklayan asıl olarak Darwin oldu. Bu yüzden evrim kuramı haklı olarak daha çok onunla ilişkilendirilir.

Çünkü biyoloji bilimi, Darwin`den önce daha çok, yaşamla ilintili birbirinden kopuk tek tek bilgilerin toplamıydı. Darwin, bu bilgilerin birbirleriyle bağlantısını kurup sistematik bir hale getirdi ve bunun sonucunda canlı yaşamıyla ilgili süreçlerin anlaşılmasını sağladı. Bu bağlamda, onsuz biyolojik süreçlerin anlaşılamayacağı, biyolojinin bir anlamda dilbilgisini oluşturdu.

Darwin`den önce, doğa bilimcilerinin büyük bölümü, çok uzun süredir devam ede gelen teolojik düşünce sistematiği nedeniyle, türlerin değişmez varlıklar olduğuna ve ayrı ayrı yaratıldıklarına inanıyorlardı. Her ne kadar, Rönesansla başlayıp Aydınlanmayla hızlanan süreçte bu teolojik düşünce sistematiği kısmen sarsılmış; doğa, dünya ve olayları yorumlama biçimi değişmiş; daha önceleri teolojik yollarla ifade edilen olay ve olgular artık dünyevi, akılcı yollarla açıklanmaya başlanmıştıysa da, yine de canlıların oluşumu esas olarak bir yaratıcıya, doğa üstü ilahi bir güce bağlanıyordu. Gözlemleri ve geliştirdiği tezlerini tartıştığı pek çok kişi, öne sürdüğü tezleri hayranlıkla dinledikten sonra `ama burada hâlâ ilahi bir şeyler eksik` diyorlardı. İnsan türünün üstünlüğü ve eşsizliğini doğal ve kaçınılmaz gören fikirleri esas alan bir insan merkezli doğa anlayışı; türleri, özellikle de insanı mutlak ve değişmez kabul eden Aristocu-Platocu `ideal tip` kavramı hala egemendi. Bırakalım ortak kökenden gelme fikrine, canlı yaşamın değişmekte olduğu düşüncesine bile alışkın olmayan entelektüel bir çevre bulunuyordu. Doğa bilimleri içinde en son gelişenin biyoloji olmasının nedeni de bu ortam ve havadır. Darwin`in eseri, esas olarak bu egemen havayı dağıttı, Aristocu-Platocu `ideal tip` kavramını yıktı. Doğa`ya ve insan olarak onun içindeki yerimize bakışı değiştirerek insanlığın düşünce dünyasında büyük bir sıçramaya yol açtı. Darwin`in önemi esas olarak buradadır.

Darwin`in modern evrim kuramı, on dokuzuncu yüzyıl evrimciliğinin kökeni değil, doruk noktasıdır. Çünkü Darwin, `Türlerin Kökeni` ile ortaya çıktığında, her ne kadar yukarıda sıralanan hava egemendiyse de, gittikçe gelişen başka bir hava ve birikim de vardı. Kuramın ortaya çıkışını hazırlayan koşullar olgunlaşmaya başlamış ve kuramın temel hatlarını oluşturan görüşler esas olarak ortaya çıkmıştı. Darwin`in yapıtı bütün bu görüşlerin zirvesi ve bir anlamda sentezi oldu.

ONALTINCI BÖLÜM:

BÜYÜK BİR KÖRDÜGÜM; EVRİM TEORİSİ..

Henüz 150 yıllık bir geçmişi olmasına rağmen tüm dünyayı sarsan, bilim alanında belki de bilim tarihinin en büyük ayrılıkların, en büyük tartışmaların olmasına yol açan bir biyolojik teori... Acaba aslında sadece bir biyolojik teori mi yoksa içerdigi konular itibariyle hem felsefik, hem sosyal, hem politik, hem antropolojik, hem arkeolojik, hem dinsel bir teori mi? Aslında bu "hem"leri çok rahat çoğaltabiliriz. Çünkü, evrim teorisi öyle bir teoridir ki, toplumun içinde insan olan her alanını etkilemiştir. Her bilim dalı bu teoriden kendine bir pay çıkarmış ve kendini bu teoriyi ispatlamaya veya çürütmeye adamıştır. Öyle ki internetteki herhangi bir arama motoruna "evrim" ve "teori" şeklinde iki sihirli kelime yazdığınızda belki de binlerce sayfa, binlerce farklı görüş, binlerce farklı iddia karşınıza gelecektir. Ancak bu sayfalar, bu görüşler ve bu iddialar ringin iki zıt köşesine çekilmiş iki boksör gibi evrimi destekleyenler ve desteklemeyenler diye iki gruba ayrılmışlardır ve bu iki grup boksörlerin yapması gerektiği gibi sert yumruklarla iddialarını karşı tarafa yönlendirmişlerdir ve içinde yasadığımız şu günlerde de hala yönlendirmektedirler ve iddia ediyorum yıllar sonra da bu iddiaları birbirlerine yönlendiriyor olacaklardır. Çünkü bu birazdan aşağıda da açıklamaya çalışacağim evrim teorisinin özünde var olan bir özellikten kaynaklanmaktadır. İşte, bu sizlere belki uzun gelecek bölümde, her ne kadar çokça anlatılmış olsa da, yine evrim teorisini en basit yönleriyle anlatmaya çalışacağız.

DARWİN'İN BULUŞU GERÇEKTE NEYDİ?

Peki Darwin ne söylemişti de, yüzyıllardır insanlığı bu teorinin peşinden sürüklenmeye itmişti?

Darwin, 150 yıl önce, yaklaşık 20 yıl basmak üzere beklettiği kitabı *Türlerin Kökeni*'ni yayınladığında, yüzyıllar boyu sürecek tartışmaları ateşlediğinin farkında mıydı, bilemiyoruz, ama kendi yaşadığı dönemdeki bilimsel bakışı kökünden sarstığını söyleyebiliriz. Kitabın yayınlanışı ile birlikte yoğun tartışmalar başladı. Çünkü Darwin; değişmez, durağan bir dünya ve doğa görüşü ve algısını temelinden sarsacak düşünce ve kanıtları ortaya atıyordu bu büyük kitabıyla. Yalnızca bunları ortaya atmakla kalmıyor, aynı zamanda, evrim düşüncesini sistematik bir şekilde kuramlaştırıyordu. Darwin'den önce de evrim düşüncesi vardı. Düşüncenin tarihi, Antik Yunan'a, oradan Çin, Hint ve Arap felsefecilerine ve Darwin'in öncellerinden Lamarck'tan Buffon'a, Erasmus Darwin'den ilk sınıflandırmayı yapan Linneaus'a kadar uzanmaktadır. Eş zamanlı olarak, Darwin'in çağdaşı Alfred Russel Wallace da bu düşünceyi ele almış ve hatta Darwin'in *Türlerin Kökeni*'ni yayınlamasında büyük bir itici güç olmuştur. Bilindiği üzere, Darwin, Beagle ile seyahati sırasında, Galapagos adaları ve çevre adalarda gözlem ve incelemelerde bulunmuş, ardından İngiltere'ye döndükten sonra, hayvan yetiştiricileri ile hayvanların ıslahı ve yapay seçilim konusunda yaptığı çalışmalara dayanarak, evrim kuramını sistematikleştirmiş, doğal seçilim yoluyla evrim düşüncesini ortaya atmıştır. Ancak Darwin, *Türlerin Kökeni*'ni ve bu düşüncelerini yayınlamak için 20 yıl beklemiştir. 1859 yılında, Alfred Russel Wallace'ın kendi düşüncelerine benzer düşünceleri olduğunu duyduktan sonra, Wallace yayınlamadan önce, kendi eserini yayınlamak istemiştir. Darwin'in kitabının görkemi, doğadaki gözlemlerini çok sayıda örnekle açıklamasından ve bunları temel kurallara bağlamasından ileri gelmektedir. Darwin'in gözlemleri, doğadaki çeşitliliğin nedenleri ve bunların hangi mekanizmalarla oluştuklarını açıklamaktadır. Darwin, doğadaki canlıların hepsinin, ortak bir atadan, daha basit formlardan daha gelişkinlere doğru evrimleşerek türediklerini öne sürmüştür. Darwin, bu değişimi ve çeşitliliği sağlayan mekanizmanın doğal seçilim ve hayatta kalma mücadelesi olduğunu söylemiştir. Doğal seçilim yasası, en iyi uyum sağlayanın hayatta kalmasıdır.

Darwin öncesinde de, biyoloji bilimi, pek çok gözlem ve olguyu içermekteydi; ancak bu olgu ve gözlemler, birbirleriyle fazla ilintili değildi. Richard Lewontin ve Roger Levins, Darwin'in devriminin, evrim düşüncesinde değil, onun Platoncu-Aristocu idealizmi reddetmesinde ve evrim sorunsalının yönünü tümüyle değiştirmesinde yattığını ifade etmektedir.1 Darwin, bireyler arasındaki çeşitliliğe, türler içinde ve türler arasındaki ontolojik ilişkiler bağlamında bakmıştır. Darwin, bireyler arasındaki farklılıkları maddi bir temele dayandırarak, çalışmalarını yapmıştır. O güne kadar ideal bir şey olarak nitelenen türler arasındaki farklılıklar ele alınırken,

Darwin, bunu materyalist bir zemine çekerek, türleri, bireyler ve popülasyonlarla değiştirmiştir. Darwin, bireyler ve popülasyonlar arasındaki maddi farklılıkların, zamanla ve çevrenin de etkisiyle, türler arasındaki farklılığa dönüştüğünü öne sürmüştür. Darwin, bu dönüşümü, doğal seçilim mekanizması ve hayatta kalma mücadelesi ile açıklamıştır.

Darwin tüm bunları öne sürerken, doğada gözlenen değişim ve çeşitliliği sistematik bir temele oturttu ve değişimin nedenlerini rasyonel bir biçimde açıklamaya çalıştı. Darwin, yalnızca canlılar ve doğadaki değişimi ele almadı, aynı zamanda, canlıların oluşumunu yaratıcı bir güce, Tanrı'ya bağlayan görüşü de sarstı. Kutsal kitaplara göre, yerkürenin yaşı bin yıllarla ifade ediliyordu. Darwin, milyarlarca yıllık evrim süreçlerinden bahsederek, bu görüşü de temelinden sarstı.

Türlerin Kökeni, yalnızca dönemin bilim çevrelerinde bir tartışma başlatmadı. 1860 yılında Marx, Engels'e yazdığı mektubunda, Darwin'in *Türlerin Kökeni*'nin kendisi üzerinde bıraktığı etkiyi şöyle ifade etmiştir:

> "*Denemelerim esnasında, bu son dört hafta* (bu süreçte karısının ciddi bir rahatsızlığı bulunmaktadır ve bakımını Marx üstlenmiştir) *pek çok farklı şeyin yanında Darwin'in Doğal Seçilim üzerine olan kitabını da okudum. Kaba İngiliz stili ile yazılmış olmasına rağmen, kitap bizim görüşümüzün doğa tarihindeki temelini içermektedir.*"

Bundan yaklaşık bir yıl sonra, Marx, 1861 yılında, dostu Lasalle'a yazdığı başka bir mektupta şöyle demektedir:

> "*Darwin'in kitabı çok önemli ve tarihteki sınıf savaşımı açısından doğal bilimsel bir temel olarak işime yarıyor... Tüm eksikliklerine rağmen, doğa bilimlerinde ilk kez 'Teleolojiye' ölümcül bir darbe indirmekle kalmıyor, bunun rasyonel anlamını da deneysel olarak açıklıyor.*"

Darwin'in zamanına kadar, Tanrı tarafından yaratılmış türler, değişmez olarak görülmekteydi; evrim fikrini kabul edenler ise, bunu, yine yüce bir yaratıcı güce bağlayarak ele alıyordu. Darwin'in sonrasında, yeni bulguların da ışığı altında, bilim insanları, doğadaki fenomenlere, verilen ya da yaratılan, durağan, değişmez ideal şeyler olarak bakmayı bırakmış, onun yerine, süreçler olarak bakmaya başlamıştır.

Marx, bunu, *Türlerin Kökeni* yayınlandığında, bundan yüz elli yıl önce öngörmüş ve bu nedenle, *Türlerin Kökeni*'ni, Darwin'i ve evrim kuramını büyük bir heyecanla selamlamıştır. Daha sonra, Engels, evrim düşüncesini, insanın evrimi konusunda derinleştirerek, "Maymundan insana geçiş sürecinde emeğin rolü"4 başlıklı makalesinde ele almıştır. Ünlü evrim bilimci ve paleontolog Stephen Jay Gould, "*Darwin, kendi doğa yorumuna tutarlı bir materyalizm felsefesi uyguladı*" der.

BUGÜNE GELELİM...

Evrimin mekanizmalarına dair tartışmalar günümüzde de sürmekte ve yeni teoriler ortaya atılmaktadır. Bunlardan kuşkusuz en önemlisi, Gould ve Elredge'in "kesintili denge" teorisidir. Darwin, evrimi, türlerin dönüşümü ve oluşumunu kesintisiz bir süreç olarak ele alıyordu. Gould ve Elredge, bu kesintisizliği reddederek doğadaki değişimi farklı bir diyalektik çerçeveye oturtmaya çalışır.

Evrim kuramı, büyük genetikçi ve evrim bilimci Dobzhansky'nin de 1973 yılında yazdığı gibi, biyoloji biliminin ve doğayı anlamamızın temelidir. Dobzhansky şöyle der: "*Evrimin ışığı ile aydınlatılmadıkça biyolojide hiçbir şey anlamlı değildir.*" Bu satırların yazıldığı sıralar, Dobzhansky'nin sözlerini sınıflarındaki kara tahtaya yazan öğretmenler, Bakanlık müfettişleri tarafından evrimi anlattıkları için soruşturulmaktadır.

Evrim olmaksızın, öğrenilmeksizin, öğretilmeksizin, canlılar dünyasındaki değişim ve çeşitlilik, canlıların doğası anlaşılamaz, bilimsel araştırmalar doğru bir çerçeveye oturtulamaz. Dünyayı ve doğadaki süreçleri anlamaksızın, evrimi anlamaksızın, değişim ve dönüşümün özü anlaşılamaz. Evrim, insanın kökenini anlamamıza ışık tuttuğu kadar, doğanın yapısını; insanın doğa üzerindeki egemenliğini, onu kendi ihtiyaçları doğrultusunda anlaması ve değiştirmesi eylemini doğru anlamak için de gereklidir. Özellikle evrim karşıtı propagandanın yoğun olduğu ülkemizde, Darwin'i, evrim kuramını bu bağlamda savunmak, evrim kuramını bilimsel temeliyle öğrenmek, yeni bulgular ışığında değerlendirmek ve yaygın olarak anlatmak önemlidir. Ülkemizde de,

Darwin Yılı boyunca, bu temelde etkinlikler düzenlenecektir.

Darwin Evrim kuramıyla hangi Tanrı anlayışını yıkıyor muydu?

Darwin evrim kuramıyla hangi Tanrı anlayışını yıkıyor?

"Darwin, bilimsel namus ve ahlâkın bir heykeli sayılmaya değer."

A. Adnan ADIVAR

Eksiklikle kaim, tamlık ve mükemmellikten arî Tanrı tasavvuruna sahip kesimler, dogmalarının sorgulanmasına, sarsılmasına neden olan bilimsel kuramlar karşısında saldırganlaşırlar. Böylesi bilimsel kuramları ve onları ileri sürenleri hemen hedef seçerler. Kuramı ileri süren ve savunanları, ateistlik ve dinsizlikle, hatta daha da ileri gidip, din düşmanlığıyla itham ederler. (Yeri gelmişken belirtip geçeyim: Ateizm ve dinsizlik, yani varolan herhangi bir dine inanmama durumu, itham ya da suçlama konusu olacak birşey değildir. Aksine, ateizm de bir inançtır.)

Bilim tarihinde, ileri sürüldüğü andan başlayarak, toplumu sarsan ve daha sonraki kuşakların da düşünüşü, söyleyişi üzerinde etkisini sürdüren, yukarıda belirttiğim türden suçlamalara maruz kalan çok az kuram vardır. Bu tür kuramlar, toplumsal olarak egemen olan, otorite kabul edilen kurumların,-ki bunların başında din ve devlet gelir- kendi temel kabullerine ve insanlara sundukları paradigmalara karşıt olduğunu düşündükleri kuramlardır.

Onların düşünmeleri ve kuruntuları bir yana. Bazı yeni bilimsel kuramlar, egemen olan ve egemenliğini yitirmek istemeyen güçlerin, kurum ve otoritelerin, doğruluğu ve yanlışlığının bile sorgulanmasını düşünmedikleri, istemedikleri paradigmalara karşıt olabilir. Ancak hiçbir bilim adamı, bunun istisnası var mıdır bilemiyorum ama, araştırmalarını dinlerin / devletlerin paradigmalarını yıkmak kabulü üzerinden yapmaz. Eğer salt böylesi saplantılı bir kaygıyla hareket edenler ve gerçekliği kendi kabullerine, varsayımlarına uydurmaya çalışanlar varsa da foyaları kısa zamanda açığa çıkar.

Bunun temel nedeni, bilimin, akla dayalı bir biçimde, apaçık bilinen kabullerden hareketle ve bilimsel bir yöntemle, belli bir alanda gerçekleştirilen, eleştiriye, sorgulamaya açık bir etkinlik olmasıdır. Ki burada, kabuller ve yöntemler bile eleştirilip sorgulanabilir. Hatta değiştirilebilir bile... Dolayısıyla, insanların, insana, topluma, dünyaya ve evrene ilişkin daha önceki bakış açılarını, anlamlandırmalarını etkileyen, sorgulatan ve hatta değiştirmeye yönelten bilimsel temelli paradigmaların ortaya çıkmasına neden olan kuramlar din karşıtlığının sonucu olarak ortaya çıkmamıştır. Aksine bunların din karşıtı olduğunu ileri sürenler, ellerindeki dogmalar manzumesini ne yapacaklarını bilemeyenlerdir. Çünkü ne değiştirebilir ne de yeniden yazabilirler. Yaz boz tahtası olmadığı gibi karalama defteri de değil ki mübarek.

Paradigma yıkan iki bilimsel kuram

İşte bunlardan biri, Aristoteles'in kuramlaştırdığı, Batlamyus'un geliştirdiği Hıristiyanlık ve İslamiyet'in de dogmasına dönüşen "Yer merkezli, sonlu ve sınırlı evren anlayışı"nı, yıkan kuramdır. Ki bu, "Dünya dönüyor" dediği için Galileo'nun engizisyon mahkemesine çıkartılıp ölümüne dek ev hapsinde yaşamak zorunda kalmasına; bir adım daha öteye gidip, "Evren sonsuz ve sınırsızdır" diyen G. Bruno'nun yakılarak öldürülmesine neden olan kuramdır. Bugün hiçbir semavi din kurumu ve yetkilisi, Kopernik, Galileo ve Kepler'le gelişen ve genel kabul gören kozmolojik anlayışın doğruluğunu ya da yanlışlığını tartışmıyor artık. Ama ne hikmetse, bunun tam karşıtı olan kendi doğmalarını da basıp yazılı olarak yaymaktan vazgeçmiyor. Kutsal kitaplarda yazılı olanı silip değiştiremeyecekleri için de şimdilik, yalnızca tevillerini, tefsizlerini, yerin evrenin merkezi olmadığı ve evrenin sonsuz ve sınırsız olduğu kabulüne dayanan kozmoloji anlayışına uydurmaya çalışıyorlar. Bu, "deveye hendek atlatmaktan zor" olsa da, bilim dogma dinlemez ki...

Diğer kuram ise, başlıktan da anlaşılacağı üzere, Darwin'in Evrim kuramıdır. Bu kuram, kuramların genelliği prensibi gereğince, tüm canlıların, türlerin değişimi ve evrimine ilişkindir. Dahası, Darwin'in bu kuramı ileri sürdüğü günden bu yana geçen 150 yıl içinde yapılan bilimsel çalışmalar, "evrim düşüncesinin bir varsayım, bir kuram olmaktan öte, bir olguyu yansıtan bir gerçek olduğunu kanıtlamıştır." denilmektedir. Buna rağmen, asıl tartışma ve fırtına bir tür olarak insanın evrimi üzerinde kopmaktadır. Çünkü evrim kuramı, insanın Adem ile Havva'dan geldiğine ilişkin, tek ve aynı Tanrı kabulüne dayanan üç dinin temel yaratılış dogmasını yıkmaktadır; ona karşıttır. Ve aksine ilk insansıların ve evrimleşme sonucu da ilk insanların, bir tür olarak, yer kürenin değişik yerlerinde farklı zamanlarda ortaya çıkabilirliğini olanaklı kılmaktadır. Bunun ise semavi dinler tarafından kabul edilebilir her hangi bir yanı yoktur. Çünkü bunu kısmen bile kabullenmek, "yer merkezli, sonlu ve sınırlı evren" dogmasından sonra, "Adem ile Havva" doğmasından da vazgeçip, tabir-i caizse "tası tarağı toplama"ya girişmektir. Bu ise, öte dünya neyse de, bu dünyanın, iktidar başta olmak üzere iktidarla gelen birçok nimetinden vazgeçmektir. Hem de çoookk nimetinden...

Ve onlar da vazgeçmediler zaten. İşte bu vazgeçmeyen ve tartışmanın tarafı olanlar, daha doğrusu bu kuramın karşısında konumlanarak bir tartışma başlatan ve kendilerini bunun muhatabı kılanlar, başta zamanın önde gelen Kiliseleri ve piskoposları olmak üzere, sonradan bunların peşinden giden dinsel temelli, saplantılı ve yanılsamalı siyasal-ideolojik bilinç halleriyle malûl Müslümanlar ve Yahudilerdir. Ki günümüzde bunlardan kimileri, bazı uluslararası kuruluşların yeşil dolarlı finanssal desteğiyle, Darwin ve evrim karşıtı olma çığırtkanlığında, yağlı güreşlerin ünlü "Çığırtkan Ali"sini bile geride bırakmışlardır. Efendilerine her cent'in hakkını nasıl verdiklerini göstermek istercesine, ucuz pahalı kitaplar basıp köşe başlarında bildiri misali parasız dağıtmaya dek vardırmışlardır işi. Artık şunu açıkça söylemek mümkündür: Darwin ve evrim karşıtlığı, ortaya çıkışından bu yana, dinin toplumun geniş kesimleri üzerindeki etkisini istismar ederek iktidar olmak ya da varolan iktidarlarını yitirmek istemeyen güçlerin siyasal, ideolojik hegemonya mücadelesinin temel argümanlarından biridir. Bilimsel herhangi bir değeri yoktur. Hatta mükemmellikten azade ve eksiklikle malûl Tanrı tasavvurlarına herhangi bir katkısı da...

Darwin ve evrimin yıktığı Tanrı anlayışı Nedir?

Felsefede birbirinden farklı anlayışlar ve yaklaşımlar olsa da; genel olarak Tanrı / Allah, mükemmel ve kendisinde eksikliğin varolmadığı bir varlık olarak tasavvur edilir. Ne var ki Tanrı / Allah, neliği olup gerçekliği olmayan bir kavramdır. Bundan dolayı da gerçekliği olan değil, aksine salt düşsel, düşünsel bir varlığa tekabül eder. Tamlık, mükemmellik ve eksiklikten arî olmakla nitelenmesinin temel nedeni de budur. Bu niteliklerinin yanı sıra, hep kendi kendisiyle aynı kalandır. Tüm düşünsel varlıklar gibi, zamandan ve mekandan, dolayısıyla değişmeden, gelişmeden ve varoluştan da arîdir. Gerçekliğinin olmamasının nedeni de budur, bütün düşsel, düşünsel varlıklar gibi.

Mükemmel bir varlık olarak tasavvur edilen Tanrı / Allah her şeye kadirdir. Bir gün iyi, güzel, doğru, sevap, vb. dediğine, bir başka gün kötü, çirkin, yanlış günah, vb. demez; diyemez. Çünkü çelişkiden ve tenakuzdan da arîdir. Çelişki bir eksikliğin göstergesidir ve mükemmellikle bağdaşmaz. Tıpkı yalan söylemek gibi. Kendisinin dışındaki tüm varlıkların varlığa gelmesinin nedeni ve yaratıcısı olan Tanrı'nın yalan söylemesi gibi, kin gütmesi, kızıp öfkelenmesi de bir eksikliktir. Keza, kendi yarattıklarına tuzak kurması da... Öte yandan, her şeye kadir olmasına rağmen, kendi yarattığı bir varlığa, çoğalmak için, daha sonra günah olarak niteleyeceği ensest seçeneğinden başka çıkar yol bırakmamak da bir eksikliktir. Bu Tanrı'nın mükemmelliği ve tamlığıyla bağdaşmaz. Böyle bir Tanrı tasavvuru, Tanrı kavramının neliğine de aykırıdır. Tanrı'nın eksiklikli ve acz içinde olduğunu düşünmektir.

İşte "Adem ile Havva" kabulüne dayanan "yaratılış" yaklaşımı da tamlık ve mükemmellikten arî ve eksiklikle kaim bir Tanrı tasavvurunun ürünüdür. Çünkü her şeye kadir bir varlığın, kendi yarattıklarına günahtan başka seçenek bırakmaması ya da bırakmadığının düşünülmesi, "hikmetinden sual olunmaz" dense de, onun neliğine aykırıdır.

Buradan hareketle; Darwin, herhangi bir Tanrı anlayışını, tasavvurunu yıkmayı düşünerek başlamadı bilimsel çalışmalarına. Ama O, bunu düşünmese ve böyle bir kaygı taşımasa da, Evrim kuramıyla, Musevilikle başlayıp Hıristiyanlık ve İslamiyet'le devam eden bu eksiklikle malûl Tanrı anlayışını yıkmaktadır. Özellikle de insanın yeryüzündeki serüveni, yani "Adem ile Havva" konusunda geçerlidir bu. Çünkü evrim kuramı, insanın, hem "yaratılış mitosu" dışında varolabileceğini düşünmenin, sorgulamanın kapılarını açtı hem de salt düşünmeden öte, bunun varlığının akli, maddi ve bilimsel dayanaklarını ortaya koydu. Darwin'den günümüze yapılan çalışmalarla evrimin, artık bir olgu olarak kabul ediliyor olması da bunu pekiştirmektedir. Kuramdan olguya evrimin işaret ettiği de odur ki, zaten Tanrı, eğer varsa ya mükemmellik ve tamlıkla kaim olarak vardır ya da yoktur; bir hiçtir. Bundan dolayı, eksiklikle, mükemmellikten azadelikle, çelişki ve tenakuzla tasavvur edilip var kabul edilen Tanrı anlayışlarının, sırra kadem basma vaktidir artık.

A. Adnan Adıvar'ın, "bilimsel namus ve ahlâkın bir heykeli sayılmaya değer" dediği Darwin, Evrim teorisiyle, mükemmellikle kaim, tam ve eşsiz bir Tanrı anlayışını yıkmamıştır. Aksine, eksiklikle, çelişki ve tenakuzla malûl, öfkelenen, kızan, yarattıklarına tuzak kuran, bir gün mûbah saydığını bir başka gün günah sayan bir Tanrı / Allah tasavvurunu yıkmıştır. Bundan dolayıdır ki, Darwin ve Evrim teorisine en şiddetli tepkinin, hakaretlerle bezenen öfkenin, böylesi eksikli bir Tanrı tasavvuruna sahip kesimlerden gelmesi ne rastlantıdır ne de nedensiz.

Ama onlara rağmen, 2009 Darwin yılı ve 12 Şubat Darwin Günü şimdiden kutlu olsun, aklın ve bilimin aydınlığını yitirmeyen herkese. Çünkü bilim, Darwinler, Galileolar'la, aklını paranteze almışların dogmalarla yarattığı karanlığı, bu dogmaları yıka yıka aydınlatmayı sürdürüyor ve sürdürecek de… Hem de her şeye rağmen!

GÜNÜMÜZDE DARWİNCİLİK

Darwin'in işi şansa kaldı! Mumsema BİLİM VE TEKNİK sahada yükselişlere en çok sahne olan devir, belki de yirminci yüzyıl oldu. Gün geçmiyor ki, yeni bir gelişme kaydedilmemiş olsun. Bu değişikliklerden tabiî, Evrim Teorisi de nasibini alıyor. Bazen Evrimin, evrimleşme hızına yetişmek bile mümkün olmuyor. 16. Genetik Kongresi'nde alınan bir kararla, evrimin yönü ve macerası yine değiştirildi. Gerçi Darwin'den beri bu teoriye zaman zaman yeni ilâveler yapılmıştı. Ancak hiçbirisi şimdiki kadar esasa yönelik değildi. Darwin, "Çevreye en uygun olanlar yaşar" diyordu. Fakat bu vadide yolun sonuna gelinince, Genetik Kongresi'nde Japon ilim adamlarından Evrimci Motoo Kimura"nın "En şanslı olanlar yaşar" teorisi kabul edildi. Artık bundan sonra şanslı olan yaşadı! Her şeyi şans idare edecek. Darwin teorisini eleştirenlere göre, ortada yeni bir şey yoktur.

Darwin"in "Çevreye en uygun olanlar yaşar" tezi ile, Kimura'nın "En şanslı olanlar yaşar" tezi, "Hasan Ali"nin, "Ali Hasan" olması şeklinde yorumlanmaktadır. Zira, her iki görüşte de "tesadüf" esastır.

Kâinattaki her varlıkta, çok basit bir şekilde, sonsuz ilim, irade, kuvvet ve kudretin eseri görüldüğü halde, bunları tesadüf ve şansla izah eden ilim adamlarına verilecek en iyi cevabın "Susmak" olduğunu düşünebilirsiniz. Fakat onlar, sus-mayı kabul etmek şeklinde anlayacaklarından bunlara karşı bilim adamlarından bazıları seslerinin çıktığı kadar bağırmaktadırlar. Bunlardan size, sadece iki misâl arzedeceğim. Birisi dünyanın doğu, diğeri de batı ucundan.

DARWİNCİLİK BİR DOGMA MIDIR?

Prof. Dr. Remy Chauvin, İŞTE konuşanlardan biri, ünlü Fransız Biyolog Prof. Remy Chauvin. Bu zat, Dieu des Fourmis, Dieu des Etoiles (Karıncaların Allah'ı, Yıldızların Allah'ı) adlı kitabında bakın ne diyor:

Darwin ve taraftarlarının savunduğu fikirlerin çok bayağı ve ucuz düşünceler olduğu anlaşılmıştır. İlimdeki gelişmeler, Evrimcileri utandırmıştır... Bugün pek çok ilim adamı, 'tabii seleksiyon görüşünün diyalektik bir dalavere, diyalektik bir hokkabazlık olduğunu anlamıştır. Darwincilik, bir dogma olarak ortaya çıkmış ve halen de dogma olarak devam etmektedir.

Fosillerle ilgili olarak da şunları söylemektedir:

Bugüne kadar bulunmuş olan fosillerde, günümüzdeki canlıların ortak çıkış noktalarını ve müşterek atalarını gösteren, hiçbir delil ortaya konamamıştır. Şu andaki canlıların, geçmiştekilerden türemiş olduklarını ispatlayacak hiçbir iz yoktur.

Prof. Remy, kâinatın tesadüfün eseri olamayacağını şu sözlerle ortaya koyuyor:

Uzun araştırmalardan sonra, kâinatı bir yaratanın ve yön-lendirenin bulunduğuna inanmanız gerektiği kanaatine vardım. Bizler, kör bir Evrimin tesadüfi sonucu olamayız.

ŞİMDİ DE size dünyanın doğu ucundan, Avustralyalı Biyolog Michael Denton'un kitabından söz edecelim:

Bu zat, bilim dünyasında büyük yankılar uyandıran Bu-nalım İçindeki Teori (Evolution Theory in Crisis) adlı bir kitap yazdı. Kitabında Denton, Evrim Teorisini yerden yere vuruyor. Evrimcilerin delilleri arasında benzerlik önemli yer tutar. Darwincilere göre, insan eli, domuzun ön ayağının, balığının ön yüzgecinin ve yarasanın kanadının Evrimleşmesi ile hasıl olmuştur.

Denton bu görüşe karşı çıkıyor ve şöyle diyor:

Önceden yaratılmış organlardaki benzerliğin, daha sonra-kilerde de görülmesi, yani embriyolojik gelişme ile kemik teşekkülünün aynı olması gerekirdi. Halbuki bugüne ka-dar hiçbir kimse sonrakilerin öncekilerden türediğini veya aynı kökenden geldiğini ispatlayamamıştır. Dolayısıyla benzerliğin evrime delil olabilmesi için zincirin bütün hal-kalarında geçerlilik taşıması gerekir. Tek tük benzerlikler delil olamaz. Fosillerin de evrimcilerin istediği sonucu vermediğine işaret eden Denton, geçiş formlarıyla ilgili olarak şu değerlendirmeyi yapıyor:

Bilinen 329 omurgalı hayvan türünden 261'inin, yani %80'inin fosili bulundu. Eğer iddia edildiği gibi geçit formları olsaydı, mutlaka bulunmaları gerekirdi.

Ünlü Paleontolog David Pilbeam, insanın geçmişiyle ilgili karar vermede ellerindeki materyallerin yetersizliğini belirtir:

Yayınlanan kitaplar şunu söylemeye çekiniyorlar ki, ben de dahil olmak üzere, kuşaklar boyu insan evrimini araş-tıran kişiler, karanlık içinde çırpınıyorlar. Elimizde olan bilgiler, teorilerimizi şekillendirmek için son derece güvenil-mez ve yetersizdir"

(Pilbeam, D. American Scientist, sayı, 66,1978, s. 379).

Denton tarafından, Moleküler Biyolojinin de Evrim Teorisini desteklemediğine dikkat çekilmekte ve şöyle denilmektedir:

Moleküler Biyolojiyle alınan sonuçlar, anatomik incelemeye dayanan morfolojik sınıflandırma sisteminin doğru olmadığını ortaya koymaktadır. Harikulade bir yapı olan insan beyninin dahi 'tesadüfen' ortaya çıktığını iddia etmenin ilimle bir alâkası yoktur... Neresinden bakarsanız bakınız Darwin teorisi, günümüze kadar kendi içindeki çelişkileri yenememiş, hiç ilerlemediği gibi, bilhassa moleküler biyoloji karşısında hep gerilemiştir. Biz, şimdi Batlamyüs'ün Jeosantrik teorisi karşısında şaşkına dönen orta-çağ astronomlarına benziyoruz. Onların şaşkınlıkları, kısa sürede geçmişti. Bizimki ise, bütün bilimsel oluş ve gelişmelere rağmen, bâtıl bir inançla, 150 yıldır devam ediyor.

ONYEDİNCİ BÖLÜM:

BİLİNMEYEN YÖNLERİYLE DARWİN..

İlk önce bastonunun sesi duyuldu: Tık, tık, tık... Demir ucun çakıllı yolda çıkardığı ritmik ses, ağaçların ve çiçek tarhlarının arasında yankılanarak eve doğru yaklaştı, İngiltere'ye has tipik günlerden biri, diye düşünüyordum ki, sesin daha da yaklaşmasıyla, ufak tefek, beyaz tüylü bir av köpeği öne fırladı, kulaklarını dikerek etrafı dinledi. Aniden koşmaya başladığında, bastonuna dayanarak ağır ağır yürüyen efendisi yeşilliklerin arasından göründü. Charles Darwin, çağının en önde gelen bilim adamı, her gün öğle üzerleri yapmayı alışkanlık haline getirdiği yürüyüşten dönmekteydi.

Misafirinin olduğunu fark ederek adımlarını sıklaştırdı. Makas yüzü görmemiş bembeyaz uzun sakalıyla tam bir kontrast teşkil eden siyah pelerini ve şapkasıyla hemen dikkati çekmekteydi. Öne doğru eğik duruşuna rağmen boyunun uzunluğu rahatça fark ediliyordu. Utangaç ama samimi bir tavırla konuğunu karşıladı. 40 yıl boyunca köşesine çekildiği bu küçük kasabada, aile fertleri bilim adamlarından oluşan son derece sınırlı bir dost topluluğu dışında kapısını pek az kişiye açmıştı.

Büyük bir zarafetle konuğuna yol göstererek onu, sarmaşıklarla kaplı evin arka kısmındaki verandaya buyur ettikten sonra hasır koltuğuna oturdu. Yapı olarak tam bir uyum içerisindeydi. Uzun bacaklarını birbiri üzerine atarken, ellerini de kenetleyerek kucağına koydu. Saçsız başı ve gür kaşlarıyla güçlü ve etkin bir görünüşe sahipti. Ama arada bir güneş ışıklarının yaramaz oyunları sonunda gür kaşlarının gri mavi gözlerine düşen koyu gölgeleri, çıkık ve kırışıklıklarla dolu alnıyla karikatüristler tarafından çizilen maymun benzeri yaratığı anımsatmaktaydı.

73 yaşındaki Darwin herkes için bir muammaydı. Önceleri, 20 yaşlarında çıktığı dünya gezi ve maceralarıyla ilgi uyandırmış, sonraları ise maymunu insanoğlunun ataları arasına katıp, tanrı yapısını "doğal seçki" dediği bir sisteme dönüştürerek biyoloji alanında devrim yaratan düşüncelerin ve eserin sahibi olarak ün yapmıştı. Şimdilerde ise Down kasabasında karargâh kurarak, bir komutan edasıyla fikirlerini savunma yolunda çarpışanları (örneğin Prof. Huxley) soğukkanlılıkla seyretmekteydi.

Hasır koltuğunda büyük bir alçakgönüllülük ve sadelik içerisinde oturan bu adamın bir devrimci olabileceği en son hatıra gelebilecek özelliklerinden biriydi. Down kasabasındaki mütevazi evin verandasında oturup, canlıların ve bitkilerin gelmişini geçmişini, üremelerini, beslenmelerini, yok olmalarını anlatan biriyle bahçeyi seyretmek insanda tuhaf düşünceler uyandırmaktaydı. Onunla tabiat ana arasında özel bir şeylerin varlığı şüphe götürmemekteydi. Kolunu kaldırdığında, ağaçtan ağaca uçuşan serçelerin onu fark edecekleri gibi bir düşünceydi bu... Doğal olarak bir anda insanın aklına gelip geçiyordu ama Darwin'in hikayesi de böylesine bir hissin tabiiliğini vurgulamaktaydı. Konuştukça, onun doğaya çocukça bir duyarlılıkla yaklaştığı açıklık kazanmaktaydı.

"Bugüne çok benzeyen bir başka günü hatırladım" dedi, Down kasabasına yerleşmeden önceki yılları kastederek... "O günlerde kitabımla (sonraları Türlerin Kökeni adını alacak olan eser) adeta güreş etmekte, zaman zaman da ümitsizliğe düşmekteydim. Zihnim sanki birçok şeyi teorileştirmeye yarayan bir makineye benziyordu. Midem ise korkunç durumdaydı. Dışarıda enfes bir hava vardı. Biraz dolaştıktan sonra otların üzerinde uyuyakalmışım. Kuşların etrafımda koro halinde şakımalarıyla kendime geldim. Sincaplar ağaçtan ağaca atlıyor, ağaçkakanların kahkahaları duyuluyordu. O zamana dek gördüğüm en güzel manzaralardan biriydi bu..." Darwin hafifçe gülerek elini dizine vurdu ve devam etti:

"Hayvanların veya kuşların nasıl yaratıldıkları veya türedikleri umurumda bile değildi."

O anda tebessüme dönüşen kahkahası ve parlayan gözleriyle sanki iyiliğin simgesi gibiydi. Sonra muzip ve okul çocuklarına has isyankâr bir tavır takındı birdenbire... O yıllardan aklında kalan tabloyla, ihtiyarlık günlerinin Down'unu bağdaştırmak ister gibiydi... İlk delikanlılık çağlarındaki küçük Darwin'in, evde kendi kendilerine kurdukları kimya laboratuvarında kardeşi Erasmus'a yardım ettiği günleri hayal ediyordu sanki... Bu yüzden kendisine "Gaz" takma adı verilmiş, vaktini boşa harcadığı nedeniyle de okul müdüründen azar işitmişti. Avlanmak, köpekler ve fare yakalamaktan başka hiç bir işe yaramadığı yolunda babası tarafından tehdit edilmesinin ve ailenin yüz karası olarak nitelendirilmesinin nedenleri açıktı.

Okul günlerinden söz etmek Darwin'i hafifçe ürpertti. "Herkes sıradan bir çocuk olduğumu düşünürdü" dedi, koltuğunu geriye iterek... "Zekâ bakımından da vasatın altında olduğuma inanırlardı." Zarif bir alçakgönüllülüğü vardı ama bazen dozunu kaçırıyordu. Neredeyse, kendisini bırakıp, biraz böbürlense diye düşündüm. Doğru ya, bugüne dek kaç kişi Genesis'i (Yaradılış'ı anlatan kitap, Tevrat'ın ilk kitabı) baştan yazmaya kalkışmıştı? Farkında bile değilmiş gibi görünüyor, özelliklerini parmak hesabıyla (konuşurken ellerini çok kullanıyordu) sayıyordu. "Bilime olan sevgi ve bitmez tükenmez bir sabır... Biraz da gözlem ve icat yeteneği belki... Doğal olarak sağduyu da gerekli..."

Başarısını basit alışkanlıklara borçlu olduğunu ifade ederek şöyle dedi: "Her zaman sistemli oldum. Beş yıl süresince Beagle adlı gemide geçirdiğim günler bende bir takım davranışları alışkanlık haline getirdi. Başarımın sırrı belki de düşüncelerimi ve zamanımı iyi değerlendirmem ve azmimdir. Benim için en geçerli söz, 'Dakikaları say...' Neredeyse unutuyordum. Yemek hazır olmalı..." dedi ve ayağa kalktı.

Yol göstermek için öne düştü, karısı Emma'nın pencerenin yanında duran piyanosunun önünde durdu ve en üstte Mozart'ın yer aldığı nota destesinin yanındaki solucan dolu kavanozu işaret ederek önce ıslık çaldı, sonra da kavanoza sertçe vurdu. Solucanlar pek etkilenmediler. Piyanonun tuşlarına doğru gitti ve birkaçına bastı. Solucanlar aniden gerilediler. "Bu benim müziğe olan kabiliyetimden değil" dedi gülerek, "Hiç kulağım yoktur ama solucanları hareket ettirebiliyorum." Kavanoza son bir bakış atarak yemek odasına doğru yürüdü. "Solucanları limonlukta saklasam, karım daha memnun olacak galiba..."

İyi birer doktor olan babası, büyükbabası ve amcasına rağmen genç Charles bu geleneği devam ettirmeğe yanaşmadı. Edinburgh Üniversitesi'nde anestezisiz yapılan bir ameliyatı seyrederek fenalaştıktan sonra tıbbiyeyi terk etti. Başıboş dolaşmasından endişe eden babası, onu Cambridge'de ilahiyat okumaya ikna etti. Bir zamanlar İncil'in her kelimesine inandığını itiraf etmesine rağmen şimdi, "Rahip olmayı düşünmüş olmak bile bana gülünç geliyor" diyordu...

Genç adam için Cambridge'deki dini eğitim son derece sıkıcı geçti. Çalışmak yerine, arkadaşlarıyla ava çıkmayı, içmeyi ve kâğıt oynamayı tercih etti. Botanik profesörü John Stevens Henslow ile iyi dost oldu. Adam Sedgwick'den de jeoloji dersleri almaktaydı. Böcek koleksiyonu yapmaya başladı. "Öğrendiğim tek değerli şey, kendi kendini yetiştirmenin önemidir" diyordu.

O günlere ait hatıraları arasında bir böceğin peşindeyken tepetaklak çamura düşmesi, başka tür bir böceği yakalayabilmek için elindekini ağzına atması ve çekiciyle her gördüğü kayadan örnekler alması yer alıyordu. Darwin'i mutlu eden tek şey doğaydı. Koleksiyonculuk da zevk aldığı diğer uğraşılardan biriydi. Büyük bir titizlik içinde yakaladığı kuşların, böceklerin ve midyelerin hesabını tutardı. Sonraları aynı titizliği karısı Emma'yla oynadığı tavla hesabında da gösterdi.

27 Aralık 1831 tarihi Darwin'in hayatında dönüm noktasıydı. Bu tarihte "hayatımı yönlendiren en önemli olay" diye nitelediği, Devonport'tan başlayıp,

40.000 mil sürecek araştırma gezisine çıktı. HMS Beagle adlı gemiye hiçbir maddi karşılık beklemeden bir doğa bilimcisi olarak binen Darwin henüz 22 yaşındaydı. Genç adam büyük bir merakla Güney Amerika'nın nemli ormanlarında ve Galapagos adalarının kayalıklarında türleri araştırdı, koleksiyonlar yaptı ve zihninde bir sonuca ulaşmaya çalıştı.

1836'da İngiltere'ye döndü, ünlü seramik yapımcısı Wedgewood'un torunu ve kendisinin de kuzeni olan Emma Wedgewood ile evlendi. 1842 de Down'a taşındılar. O günlerde seyahatiyle ilgili hatıralarını ve araştırmalarını yayınlamaya başladı ve büyük ilgi topladı. Jeoloji Derneğine üye oldu. Mercan kayalarının oluşumu hakkındaki yeni teorisi gazetelere geçti. Saygıdeğer bir bilimadamı olma yolundaydı. Bir kaç yıl önce denizlerde maceradan maceraya koşan genç adam, şimdi küçük bir kasabada sessiz sedasız yaşamaya başlamıştı, Bir daha da İngiltere'den ayrılmadı.

Yemekten sora çalışma odasına geçtik. Burası tam bir laboratuvar görünüşündeydi. Masanın üzerinde bir mikroskop, etrafta kaya ve taş çeşitleri, kavanozların içinde değişik bitki türleri, bir köşede deneyleri ve raflar dolusu kitap... Şöminenin üzerinde kendi elyazısıyla tuttuğu notlar yığılmıştı. Odanın ortasında üzerinde kağıtlar, bitkiler ve mürekkep hokkası bulunan büyük bir masa vardı. Kanepenin yanında köpeğin sepeti yeralmaktaydı. Çalışırken veya sohbet sırasında oturduğu döner koltuğunun bir kolundan diğerine uzattığı tahtayla, işini kolaylaştırmak için bunu bir yazı masası haline getirdi. Odada herşey pratik ve çalışmaya elverişli hale getirilmişti. Okuması gereken kalın kitaplar bile kolaylık sağlamak için parçalanarak fasiküller halinde destelenmişti.

Bu dağınık ve görünüşte düzensiz oda 40 yıldır Darwin'in hayatının bir parçasıydı. Sabahları erken kalkar, 7.45'de oturduğu kahvaltısından önce kısa bir yürüyüş yapardı. En iyi zaman olarak nitelediği 8.00 ve 9.30 arasında çalışır, sonra bir saat kadar oturma odasına geçerek ya mektuplarını okur, yahut da yeniden çalışmaya başlamadan Emma'nın okuduğu romanı dinlerdi. Öğleye doğru tekrar yürüyüşe çıkar, dönüşte öğle yemeğini yer, gazetelerini okur, gerekli mektupları yazar ve yatak odasına çıkarak, Güney Amerika'da goşolardan edindiği alışkanlıkla sigarasını içerdi. Akşamüstü saat 4.00'de tekrar yürüyüşünü yapar, sonra bir saat daha çalışırdı. Akşam yemeğinden önce gene ara vererek sigarasını içer, Emma'yla tavla oynar, okur veya Emma'nın piyanosunu dinleyip saat 22.30'da yatardı. "Sağlığım bakımından bu programa uymam gerekiyor" diye söylendi, seyahatten döndüğünden beri peşini bırakmayan hastalıkları kastederek...

"Oldu bittilerden ve sürprizlerden de hiç hoşlanmam."

Ama bugün öğleden sonraki sürpriz onu mutluluğa boğdu. Yayıncısı en son eserinin büyük bir başarıya ulaşacağını müjdelemişti. "Solucanlar sayesinde Bitkisel Küf adı, kitaba sadece ilgi uyandırmak için konulmamıştı.

Konuşma esnasında ayağa kalktı, odadan çıktı. Sürüklenen terliklerin sesi duyuluyordu. Tıkırtısından bir kavanozun kapağını açtığını anladım, sonra da içindekini kokladı ve burnunu ovuşturarak odaya döndü. "Bırakmak istiyorum ama enfiye çalışma saatlerime renk katıyor. Küçükken çocuklar bu yüzden beni alaya alırlardı" dedi.

Çocuklarını hatırlamanın onda karmaşık duygular yarattığı belli oluyordu. "Onlar benim için hem çok büyük mutluluk hem de acı kaynağı oldular" derken yüzünde derin bir hüznün ifadesi vardı. Yedi tanesi hayatta olmasına rağmen, kaybettiği üç çocuğunu hatırlıyor olmalıydı. Mary'i bebekken, Charles'i iki yaşında, çok sevdiği Annie'yi ise on yaşında yitirmişti. Özellikle Annie'nin ölümü onun için bir yıkımdı. Yakın dostlarına göre Darwin'in inançlarını bu olay yoketmişti. "Bir bilim adamının çocuğu olmamalıdır. Hattâ evlenmemelidir bile..."dedi. "O zaman düşünecek kimsesi olmayacağı için kendisini rahatça işine vererek mücadele edebilir." Beagle'la çıktığı seyahatten itibaren 20 yıl boyunca, Darwin teorisi evrim üzerinde çalıştı, ingiltere'ye döndükten altı sene sonra konu hakkındaki 35 sayfalık ilk taslağını hazırladı ama basılmaya yeterli görmedi, iki yıl sonra kapsamı 230 sayfaya çıkardığı halde, yeni verilere ihtiyacı olduğunu söyleyerek yayınlanmasını engelledi. 1856'da yakın dostu jeolog Charles Lyell, Alfred Russel Wallace adlı genç bir doğa bilimcisi tarafından yazılan bir tezle karşılaştı. Görüşleri Darwin'in kileri andırmaktaydı. Lyell Darwin'i derhal durumdan haberdar etti ve eserini hemen bastırmazsa, Wallace'ın konuya sahip çıkabileceğini bildirdi. Darwin uyarıyı göz önüne aldığı halde gene de yayın konusunda pek istifini bozmadı. Ancak 1858 yılı Haziran ayında bir sabah beklenmedik bir mektup aldı. Yeni Gine ve Borneo arasındaki adalardan birinden postaya verilmişti. Down'lular Dünya'nın dörtbir yanından Darwin'e gelen mektuplara alışıktılar. Ama bu seferki başkaydı...

Kararlı bir ifadeyle yazılmış 4000 kelimelik makalenin başlığı "Türlerin bir tek orijinal tipten oluştuğu hakkın da"ydı, yazarı ise Wallace'dı. İçeriğinden cümle yapısına kadar Darwin'in 16 yıl önce yazdığı fakat bastırmadığı araştırmasının bir özetiydi.

Wallace'a göre, "Vahşi hayvanların yaşamları var olma mücadelesiydi. Düzenli olarak yiyeceğini bulabilen, kendisini düşmanına karşı savunabilen, iklim şartlarına uygun olan bu alemdeki yerini koruyordu. Kısaca Wallace, insanlar için geçerli olanı, hayvanlar için de geçerli saymıştı: "Böylece üstün olan tür yaşamını sürdürecek ve zaman içinde yeni türlerin oluşmasını sağlayacaktı.. Gelişim ve farklılaşma bu şekilde meydana gelecekti."

Wallace konu hakkında Darwin'in düşüncesini soruyor ve mektubun Lyell'a iletilmesini istiyordu.

Şimdi, olaydan 20 yıl sonra, Darwin hala o haziran sabahının huzursuzluğunu hissetmekteydi. "Lyell'a eğer Wallace benim 1842'de yazdığım taslağı okusaydı ancak bu kadar başarılı bir özet yapabilirdi' dedim. 20 yıllık çalışmalarım ve topladığım kanıtlar bir anda değerini kaybetti..." Bir başkası, yahut daha az dürüst birisi Wallace'ın makalesini yokeder, kendisininkini çabucak baskıya verirdi. Oysa Darwin meseleyi Lyell'a ve Joseph Hooker adındaki botanikçi arkadaşına teslim etti.

Darwin'in deyimiyle "bu hassas ortam" her iki bilim adamının yazdıklarının tartışıldığı bir toplantıyla bir ay sonra tatlıya bağlandı. O gün bu gündür ve Darwin'in adı, önde olmak kaydıyla, Wallace' la birlikte anılır.

Böylece harekete geçerek, Darwin büyük eserini tekrar gözden geçirdi ve 490 sayfalık yeni bir özet yaparak, "Doğal Ayaklanma veya Üstün Irkların Korunması ve Yaşam Savaşında Uygun Olanın Varolmasını Öngören Türlerin Kökeni"ne ait teorisini açıkladı. 16 ay sonra, 24 Kasım 1859 da kitap 1250 tane basıldı hepsi bir günde satıldı.

Eserin yankıları büyük oldu. Yakın dostu T.H. Huxley, yanlış yorumlara ve saldırılara karşı pençelerini bilemiş, hazır beklemekteydi. Herhangi bir şekilde suçlanmayı önlemek için Darwin insanı kitabının kapsamına almamış, "daha ileri bir tarihte insanın kökeni ve hikayesi üzerinde durulacaktır" diyerek konuyu bir kenara bırakmıştı. Bugün ise, başlangıçtaki çekingenliğini şöyle açıklıyordu:

"İnsanın da aynı kuramın kapsamında olması kaçınılmazdı. Ama ben bu tartışmayı başlatmak için yeterince hazırlıklı değildim. Meseleyi bu denli ihmal etmem pek dürüst bir davranış değildi ama söylentiler ve saldırılar eserin diğer kısımlarına da gölge düşürecekti."

Ancak, herşeye rağmen olumsuz çok şey söylendi. Huxley ve Oxford'lu rahip Samuel Wilberforce arasındaki ünlü tartışma da ertesi yıl bir toplantıda sahnelendi (Bak, Erkekçe Dergisi 1982 Şubat sayısı). Her zamanki gibi Darwin gene sağlığı nedeniyle bunlardan uzak durdu. Ama bugün olayı hatırladığında gevrek gevrek gülüyor ve "Huxley rahibe nasıl da saldırdı... Tanrım, onun yerinde ben olsam cevap vermek yerine ölümü tercih ederdim" diyordu.

Son yıllarda tartışmalar durulmuştu. Hemen hemen bütün bilim adamları evrimi kabul ediyorlardı. Darwin "İnsanın Geçmişi" adlı kitabında insanın evrimini anlattığı halde, kilise bir kimsenin hem iyi bir Hıristiyan, hem de Darwinist olabileceği görüşündeydi. Darwin ise, "İnsan ve Hayvanlarda Duyguların İfadesi" adlı bir kitap daha yazdı. İnsan zihninin de, beden gibi evrimsel güçlerin etkisine açık olduğunu anlattı. Bu noktada Wallace ona katılmamakta, zekânın Tanrının insanlara bahşettiği bir nimet olduğu inanandaydı. Darwin, Wallace'ın davranışıyla hayal sükûtuna uğradığını gizlemeyerek, "Çok yazık... Çocuğumuzu Öldürdü" diyordu.

Ancak bu oldukça abartmalı ve fazla özellik taşımayan bir düşünceydi. Darwin'in çocuğu uzun bir gebelik döneminden sonra zorlu bir doğumla dünyaya gelmişti. Baba da, Türlerin Kökeni'nin son bölümünde büyük bir belâgatle kaleme alınan paragrafla tüm dünyanın fikir birliği içinde olduğunu görmüştü:

"Bu gezegen sabit bir yer çekimine bağlı olarak hareket ettiği sürece, Yaratıcı'nın ilk nefesi ihsan ettiği bir veya birkaç ilkel biçimle başlayan yaşam, sonsuza dek en güzele ve en üstüne doğru evrinecektir."

SON OLARAK DARWİN'İN KARAKUTUSU İSİMLİ KİTAPLA BİTİRELİM...

KÜÇÜK SIÇRAMALAR, BÜYÜK SIÇRAMALAR

Arka bahçenizde 4 ft. genişliğinde bir yarık açıldığını düşünün, boyutları iki yöne de gidiyor ve komşunuzun bahçesini sizinkinden ayırıyor. Eğer bir gün komşunuza kendi bahçenizde rastlarsanız ve oraya nasıl girdiğini sorarsanız, "kuyunun üzerinden atladım" gibi bir cevaptan şüphe etmemeniz gerekir. Eğer kuyu 2.5 metre genişliğinde olsaydı ve komşunuz size aynı cevabı verseydi, onun atletik kabiliyetinden oldukça etkilenirdiniz. Eğer kuyu 4.5 metre genişliğinde olsaydı, bu durumdan şüpheye düşer ve sizin gözünüzün önünde tekrar atlamasını isterdiniz. Eğer reddedip ve dizini incittiğini söylerse, şüpheleriniz artar ama bunun bir hikaye olmadığından hala emin olamazdınız. Eğer kuyu aslında 30 metre genişliğinde büyük bir kanyon olsaydı, o zaman o kişinin karşıya atlayarak geçmesi konusundaki iddiasını bir dakika bile dikkate almazdınız.

Ama düşünün ki, komşunuz - zeki bir insan - iddiasını doğruluyor. Tek bir sıçrama ile karşıya geçmemiştir. Bu kanyonda pek çok tepecikler olduğunu ve bunların 25 santim aralıklarla dizildiğini söyler; böylece sizin tarafınıza ulaşmak için bunların üzerinden sırayla atladığın söyleyecektir. Kanyona doğru bakarak komşunuza hiçbir tepe görmediğinizi, yalnızca sizin bahçenizle onunkini birbirinden ayıran bir yarık olduğunu söylersiniz. Size katılır ama, orayı aşmanın seneler aldığını söyleyecektir. Bu zaman boyunca yarıktaki tepeler oluşmuş ve bunlar yükseldikçe amacını gerçekleştirmiştir. Bir tepeyi terk ettiğinde, onun hemen aşındığını ve kanyonun içinde tekrar ufalandığını iddia edecektir. Anlattıkları oldukça şüphelidir, ama onun doğru söylemediğini kanıtlamak için hiçbir yolunuz yoktur, konuyu değiştirir ve beyzboldan bahsedersiniz.

Bu küçük hikaye pek çok ders içerir. Öncelikle, zıplamak kelimesi bir kişinin engelleri aştığına bir delildir. Fakat bazen, açıklamalar inandırıcı olmaktan çok uzaktır ve gerçeklik, verilen detaylara göre değişir (engelin genişliği gibi). İkinci olarak uzun yolculuklar büyük bir adım atlaması yerine daha küçük atlamalar olarak açıklanırsa, çok daha makul olabilirler ve üçüncüsü, bu küçük zıplamaların kanıtının olmaması durumunda daha önceden oluşmuş ama daha sonra gözden kaybolmuş olan taşların üzerinden bir kişinin atladığının doğruluğunu veya yanlışlığını kanıtlamak oldukça zor olacaktır.

Dar yarıkların üzerinden atlama benzetmesi evrime de adapte edilebilir. Evrim kelimesi organizmalardaki büyük değişimler kadar küçük değişimlerin açıklanmasını da içermektedir.

Bunlara genellikle farklı isimler verilir: Kabaca mikroevrim, bir veya birkaç sıçrama ile meydana gelebilen değişiklikleri tanımlar, ancak bunun yanında makroevrim geniş sıçramalar gerektiren değişiklikleri tarif etmektedir.

Darwin'in doğada küçük değişimlerin meydana gelebileceğine dair iddiası, yeni bir kavramdı. Bu değişikliklerin gözlemlenmesi, Darwin için kendi sezgilerini doğrulayan memnun edici bir gelişme olacaktı. Darwin, Galapagos adalarında ispinozların birbirine benzer ama tamamıyla aynı olmayan özelliklerini gördü ve bunların ortak bir atadan geldiği teorisine vardı. Son zamanlarda Princeton'dan bazı bilimadamları da, ispinoz topluluklarında gaga büyüklüğünün birkaç yıl içinde değiştiğini gözlemlediler. Daha önceleri bir güve topluluğunda açık ve koyu renkli olanların, çevre koşullarının kirliden temiz hale gelmesiyle değiştiği belirtilmişti. Aynı şekilde, Avrupalılar tarafından Kuzey Amerika'ya götürülen kuşlar da kendi aralarında pek çok farklı gruplara ayrılmışlardı. Son yıllarda bu varyasyonlar konusunda moleküler düzeyde kanıtlar elde etmek mümkün oldu. Örneğin, AIDS'e yol açan virüsler, insanın bağışıklık sistemini ortadan kaldırmak için kendi görünümlerini değiştirmekteydiler. Hastalık yapıcı bakteriler, antibiyotiklere karşı savunma yapma kabiliyeti edinerek geri gelmekteydiler. Bunlara daha pek çok örnek dahil edilebilirdi.

Bu anlamda, Darwin'in teorisi sanki galip gelmiş gibi görünmektedir; fakat bir atletin 120 santim genişliğindeki bir yarığı zıplayarak aşabildiğini iddia etmesi kadar tartışmaya açıktır. Büyük sıçramalar - makro evrim düzeyinde olanlar - kesinlikle şüphe uyandırmaktadır. Bu nedenle çoğu insan, Darwin'in anlattığı büyük değişikliklerin uzun periyodlar içinde makul bir şekilde küçük aşamalara bölünebileceğini umarak onun iddiasını desteklediler. Fakat bu ihtimalleri destekleyici veya ikna edici bir kanıt henüz ele geçmemiştir. Ayrıca tepeleri aşarak bahçenize gelen komşunuzun hikayesi gibi, hayali anlamda şüphelerle tarif edilen bu küçük aşamaların varlığının değerlendirilmesi şu ana kadar çok zor olmuştur.

Darwin'in düşündüğü ve öne sürdüğü her anatomik yapı ve aşama o kadar basittir ki, kağıda bile aktarılamayan karmaşık biyokimyasal işlemleri kesinlikle açıklayamamaktadır. Darwin'in küçük sıçramalarla açıkladığı şeyler, ne yazık ki ancak helikopterle aşılacak derecede büyümüştür.

Biyokimya böylece Darwin Anatomisi'ne karşı bir Liliput üstünlüğü sağlamış ve evrimin moleküler düzeyde meydana gelip gelemeyeceği sorusunu gereksiz kılmıştır.

Hepimiz biliriz; Darwin'in teorisi ortaya atıldığı tarihten itibaren sürekli eleştirilmiştir ve bu eleştiriler yalnızca dini nedenlerden kaynaklanmamaktadır. 1871 yılında Darwin muhaliflerinden biri, St. George Mivart, teoriye karşı olma nedenlerini bir liste halinde sundu, bunlardan bir çoğu şaşırtıcı şekilde modern eleştirmenlerin ortaya attığı sorunlarla oldukça benzerdi.

Darwinizm karşıtı olarak ortaya atılan görüşler aşağıdaki şekilde özetlenebilir: "Doğal Seleksiyon" faydalı yapıların gelişimini açıklayamaz. Aynı şekilde farklı türlerin birbirlerine oldukça benzer üyelerinin varlık nedenlerini de belirleyemez. Ayrıca, belirli farklılıkların, aşamalar yerine birdenbire oluşmuş olabileceklerine dair uygun bir zemin vardır. Türlerin, birbirinden farklı özellikleri olmasına rağmen kendi içlerinde sınırlı değişim imkanları olduğu da doğrudur. Var olması umulan pek çok ara geçiş formuna ait fosil ortada yoktur... Ayrıca yapılarda gözlenen ve doğal seleksiyon'un açıklayamadığı birçok fenomen mevcuttur.

Aynı argüman, neredeyse bir yüzyıl boyunca bir çözüme ulaşmadan devam edip durmuştur. Mivart'dan Margulis'e kadar, her zaman Darwinizm' in yetersiz olduğunu anlayan pek çok bilgili, saygıdeğer bilimadamları var olmuştur. Fakat ne var ki, ya Mivart tarafından ilk olarak ortaya atılan sorular cevapsız kalmaya mahkum olmuş, ya da çoğu insan aldıkları cevaplardan memnun kalmamışlardır.

Daha ileriye gitmeden önce, şu gerçeğin üzerinde durmak yerinde olacaktır. Eğer dünyadaki tüm bilimadamlarını bir araya toplarsak, oldukça büyük bir çoğunluk Darwinizm'in doğruluğuna inandıklarını söyleyeceklerdir. Ancak bilimadamları, herkes gibi fikirlerinin önemli bir bölümünü diğer insanların fikirlerine göre geliştirirler. Darwinizm'i kabul eden büyük çoğunluk (ancak hepsi değil), bir otoriteye bağlı olarak hareket etmektedir. Aynı zamanda ne yazık ki, yapılan yoğun eleştiriler yaratılışı savunanlara destek olabileceği endişesiyle bilim çevreleri tarafından gözardı edilmektedir. Bilimi korumak adına, doğal seleksiyonla ilgili mutlak eleştiriler bir kenara itilmiştir.

KISA BİR ÖZET ve İLERİYE BAKIŞ

Makinalı tüfekler, savaş gemileri ve nükleer bombaların gelişen dünyamızda gerekli olan birtakım kompleks makinalar olmaları gibi, hassas hücresel savunma mekanizmalarının da oldukça kompleks olduklarını göreceğiz. Darwin'in kara kutusunda basit olan çok az şey vardır.

Darwin'in Kara Kutusu, Michael J. Behe

DARWİNCİLERİN ÇIKMAZI

Çeşitlilik, tanınma, yok etme, tolerans - bütün bunlar ve daha pek çok sistem, birbirleriyle bağlantı halindedir. Hangi yöne dönersek dönelim, bağışıklık sisteminin aşama aşama gelişmiş olma ihtimali, birçok sebeple engellenmektedir. Bilimadamları gibi bizler de, bu muhteşem sistemin nasıl meydana geldiğini anlamak için can atıyoruz, ancak sistemin karmaşıklığı bütün Darwinci evrim açıklamalarını yok olmaya mahkum etmiştir.

MUTLAK TASARIM

Amerika Birleşik Devletleri Anayasası'nın Dokuz Numaralı Kanun Değişikliği'nde şu belirtilmektedir, "Anayasada çeşitli hakların sıralanmış olması, insanların elinde bulundurduğu diğer hakların reddedilmesi veya hor görülmesi olarak yorumlanamaz." Bu kısaca demektir ki, özetlenen bir anlatım tüm açıklamaları içeremez ve bu nedenle henüz tartışılmamış konular hakkında bir karar verilmemiştir. Ben de, bu kitap hakkında benzer bir ifadede bulunmak istiyorum. Üçüncü ve Altıncı Bölümlerde, biyokimyasal sistemlerin eksiltilemez karmaşıklığından bahsettim ve bunların aşamalı olarak varolamaya-cağına dair birçok detaylı açıklamada bulundum. Ayrıntıları vermemin nedeni, okuyucunun nedenleri ve problemleri açıkça görebilmesi nedeniyleydi. Bu sistemler üzerinde çok fazla zaman harcadığım için diğer biyokimyasal sistemleri bu derece detaylarıyla inceleme fırsatım olmadı, fakat bu onların Darwinizm için hala bir sorun teşkil etmediği anlamına gelmez.

Eksiltilemez karmaşıklığın diğer örnekleri arasında DNA'nın kendini kopyalaması (replikasyonu), elektron transportasyonu, telomer sentezi, fotosentez, transkripsiyon ve diğer birçoğu gösterilebilir. Okuyucu isterse bir kütüphaneye giderek biyokimya kitaplar alabilir ve kendi kendine aşamalı bir gelişmenin olamayacağına dair bulduğu delilleri ortaya koyabilir.

Bu bölüm ise biraz daha farklıydı. Burada göstermek istediğim; Darwinizm için problem olanların, sadece eksiltilemez bir karmaşıklığa sahip sistemlerin olmadığıydı. Çünkü ilk bakışta aşamalı bir evrim sürecine uygun gibi görünen sistemler bile açıkça incelendiğinde Darwinizm için başağrılarına yol açacaktır - deneyler de bunu ispatlayacaktır - bu da onların hiçbir şekilde evrimsel bir süreçle açıklanamayacağını göstermektedir.

MEZHEPLEŞTİRME

Birçok bilimadamı Darwin yanlısı mekanizmaların hayatı açıklayamadığını bilse de; bir kısım buna hala inanmaktadır. Buraya kadar anlatılanlarda, profesyonel biyokimya literatürüne ait kitaplarda, dergilerde kompleks sistemlerin işleyişini ve varoluşunu açıklayan bir bilgiye rastlanmadığını gördük, peki öyleyse Darwinizm biyokimyagerler arasında neden bu derece kabul görmüştür? Bunun nedenlerinden birisi, biyokimya dalındaki eğitimleri sürecinde Darwinizm'in doğru olduğunun kendilerine öğretilmesidir. Darwinizm'in bir inanç sistemi olarak başarısını, fakat bilim dalı olarak başarısızlığını anlayabilmek için; bilimadamlarına yol gösteren kitaplar incelemek gerekir.

NELER OLUYOR?

Darwin'in teorisinin, hayatın moleküler temellerinin açıklanması yönündeki yetersizliği, bu kitaptaki analizlerden de anlaşıldığı gibi; aynı zamanda karmaşık biyokimyasal sistemlerin nasıl meydana geldiğini anlatan profesyonel bilimsel yayınların bulunmayışından da anlaşılmaktadır. Modern biyokimyanın, hücrenin içindeki inanılmaz karmaşıklığı açığa çıkarmasıyla; bilim çevreleri gerçekten felce uğramıştır. Hücre içindeki iplikçikleri, görmeyi, kanın pıhtılaşmasını veya herhangi bir biyokimyasal sistemi Darwinci üslupla açıklayabilen bir kişi bile – Harvard Üniversitesi'nden, Ulusal Sağlık Enstitüleri'nden, Ulusal Bilimler Akademisi'nden, Nobel Ödülü sahiplerinden hiç kimse- bulunmamaktadır. Fakat biz buradayız. Bitkiler ve hayvanlar da burada. Tüm karmaşık sistemler burada duruyor. Bu varlıkların hepsi bir biçimde oluştular:

Eğer Darwinci bir yaklaşımla olmadıysa, bu nasıl oldu?

Eğer bir varlık çeşitli aşamalar geçirerek bir araya getirilmediyse, bu durumda bir anda varolmuş olması gerekir. Ve yine eğer bağımsız parçaları bu sisteme teker teker eklemek sürekli bir fayda sağlamayacaksa, o zaman tüm parçaların tamamıyla aynı anda birleştirilmesi gerekir.

İKİLEM

Son kırk yıl içinde, modern biyokimya sayesinde hücrenin sırları ortaya çıktı. Fakat bu gelişme çok büyük zorluklarla elde edilmiştir. Onlarca ve hatta binlerce insan, hayatlarının büyük kısmını laboratuvarlarda yaptıkları çalışmalara ayırmıştır. Cumartesi geceleri lastik ayakkabılarının çözülmüş bağlarını fark etmeden laboratuvarlarda çalışan gençler; günde on dört saat ve haftada yedi gün çalışan lisansüstü öğrencileri; çocuklarını bile unutmak zorunda kalan profesörler - bu insanlar bilimin ilerlemesi için çaba göstermektedir. Modern biyoloji alanında bildiklerimizin tamamı, proteinlerin incelendiği, genlerin klonlandığı, elektron mikrograflarının çekildiği, hücre kültürlerinin yapıldığı, yapıların belirlendiği, dizilimlerin karşılaştırıldığı, parametrelerin değiştirildiği ve kontrollerin yapıldığı deneylerden alınan sonuçların uç uca eklenmesiyle elde edilmiştir. Gazeteler yayınlanmış, sonuçlar değerlendirilmiş, yorumlar yazılmış, yeni fikirler ortaya atılmıştır.

Hücrenin araştırılmasında kolektif olarak yapılan çalışmaların sonucu -hayatın moleküler seviyede incelenmesi- güçlü, açık ve çarpıcı bir "dizayn!" görüşünü ortaya çıkarmıştır. Sonuç o kadar açıktır ki, bilim tarihindeki en büyük gelişmelerden birisi olarak değerlendirilmelidir. Bu buluş Newton, Einstein, Lavoisier ve Schrödinger, Pasteur ile Darwin'in öne sürdüklerine meydan okumaktadır. Hayatın akıllı bir dizaynın eseri olduğu görüşü, dünyanın güneşin etrafından döndüğünün, hastalıkların bakterilerce oluştuğunun, ya da radyasyonun kuanta denilen parçacıklarla yayıldığının belirlendiği an kadar önemlidir. Yıllarca yapılan çalışmalar sonucunda harcanan onca çaba ardından elde edilen bu zafer, tüm dünyadaki laboratuvarlarda şenlikli kutlamalara yol açacaktır. Bilimin bu buluşu ile on binlerce ağızdan "Eureka!" çığlıkları gelecektir.

Hatta bu olayı kutlamak üzere eller çırpılacak, yüzler gülecek ve bir gün işten izin bile alınabilecek!

Fakat hiç bir kutlama yapılmadı, eller çırpılmadı. Hücredeki aklın ortaya çıkışının ardından, bu karmaşıklık sessizlik ve utanç dolu bir tereddütle karşılanmıştır. Bu konu halk arasında tartışıldığında nefesler hızlanıyor ve insanlar ayaklanmaya başlıyor. Aslında tek başlarınayken, insanlar rahat ve mutlu bir tepki verirken, toplum içindeyken kafalarını sallayıp her şeyi oluruna bırakıyorlar.

Bilimsel çevreler, neden bu müthiş buluşu kabullenemiyor? Dizaynın gözlemlendiği bu gerçeklik, neden entellektüellerce sahiplenilmiyor? Bu ikilem şurada yatıyor, filin bir tarafı akıllı dizayn derken, diğer taraf da Yaratıcı'yı gösterecektir. Bilimadamı olmayan birisi şu soruyu soracaktır: öyleyse ne olur? Bir yaratıcının varlığı çoğunluk tarafından kabul görmektedir -hatta daha da fazlası. Yapılan araştırmalarda Amerikalılar'ın yüzde 90'ının Allah'a inandığı belirlenmiştir. Hatta bunların yarısı da düzenli olarak dini görevlerini yerine getirmektedirler. Politikacılar da özellikle seçim zamanlarında bu konuyu gündeme getirerek artı puan toplamaktadır. Çoğu takım kaptanı, maç öncesi takımıyla beraber dua eder; müzisyenler beste yapmadan önce, ressamlar resim yapmadan önce ve işadamaları da. Hastane ve havaalanlarında ibadethaneler vardır, Ordu ve Kongre'de de din adamları hazır bulunmaktadır. Toplum olarak Martin Luther King gibi insanları onurla anarız ve onların inançlarının dini yönünü destekleriz. Halkın bu derece onayı olmasına rağmen, bilim neden herkes tarafından zaten onaylanan bir teoriyi kabullenmekte güçlük çekiyor? Bunun çeşitli sebepleri var. Bunlardan ilki söylemeye çekindiğimiz bir gerçek - şovenizm. Diğeri ise bilimin pek tanımadığı felsefi ve tarihi yaklaşımlar nedeniyle. Bu nedenler bir şekilde birbirleriyle etkileşiyorlar, fakat biz şimdi bunları ayırmaya çalışalım.

MERAKLI ve DAHA MERAKLI

Uzun ve yorucu çalışmalar bilimin akıllı bir tasarımı kabul etmek istemeyişindeki isteksizliğinin kabul edilebilir bir temeli olmadığını göstermiştir. Bilimsel şovenizm anlaşılabilir bir duygudur ancak ciddi entelektüel konuları etkilemesine izin verilmemelidir.

Din ve bilim arasındaki çekişme üzücüdür ve kötü sonuçlara neden olmuştur. Ancak miras alınmış bir kızgınlık, bilimsel kararlarda sağlam bir dayanak oluşturamaz. Bilimin, doğaüstüne işaret eden teorilerden kaçınması gerektiğine dair (bazı ateistler tarafından) felsefi argümanlar, bilim üzerinde suni bir kısıtlama oluşturmaktadır.

Doğaüstü açıklamaların bilimi etkisi altına alacağı korkusu yersizdir. Dahası, Big Bang teorisi doğaüstü çağrışımlar olan teorilerin oldukça faydalı olabileceğini göstermektedir. Bazı insanların doğadan başkası var olamaz prensibine duydukları felsefi bağlılık bilimsel verilerden elde edilen bir teoriyi engellememelidir. Doğaüstü sonuçlardan kaçınmak isteyen insanların haklarına saygı duyulmalıdır ama hissettikleri hoşnutsuzluk belirleyici olmamalıdır.

Bu kitabın sonuna yaklaşırken vardığımız güvenilir sonuca karşıt olabilecek güvenilir bir görüşe rastlayamadık: yani hayatın akıllı bir varlık tarafından tasarlandığı sonucuna karşı. Aslında, son birkaç yüzyıldır bilimin gerçekleştirmiş olduğu gelişme bu ilginç sonuca doğru bir ilerleyiş olmuştur. Ortaçağa kadar insanlar doğal bir dünya yaşadılar. Sabit bir dünya her şeyin merkezindeydi; yıldızlar, ay ve güneş, gece ve gündüz ışık sağlamak için durmadan dönüyorlardı. Bitkiler ve hayvanlar çok eski çağlardan beri bilinmekteydi. Krallar ilahi bir güçle yönettiler. Sürprizler çok azdı. Daha sonra çok saçma olduğu düşünülerek, dünyanın güneşin etrafında dolanırken kendi etrafında dönerek hareket ettiği iddia edildi. Hiç kimse dünyanın döndüğünü hissetmiyordu, hiç kimse döndüğünü görmüyordu. Ama dönüyordu. Bugünkü modern bilgilerimizle, Galileo ve Kopernik'in duyulara nasıl bir saldırıda bulunduklarını anlayabilmek pek kolay değildir.

İnsanların artık gözlerine bile inanamayacaklarını öne sürmüşlerdi.

Yıllar geçtikçe işler daha da kötüye gitti. Fosillerin keşfiyle karada ve ormanlarda yaşayan tanıdık hayvanların hep yeryüzünde olmadıkları, dünyanın bir zamanlar, şimdi yok olmuş dev yaratıklarla dolu olduğu ortaya çıktı. Bir süre sonra Darwin bildiğimiz hayatın insan aklı tarafından kavranamayacak uzunlukta bir süre içerisinde var olan garip bir hayattan türediği iddiasıyla dünyayı sarstı. Einstein bize uzayın yuvarlak olduğunu ve zamanın göreli olduğunu Darwin'in Kara Kutusu, Michael J. Behe söyledi. Modern fizik ise katı nesnelerin çoğunlukla boşluk olduğunu, atom altı parçacıkların kesin tanımının olmadığını ve kainatın bir başlangıcı olduğunu söylemekte.

Şimdi ise sıra hayatın temel biliminin, modern biyokimyanın sarsma zamanı. Bir zamanlar hayatın kökeni olduğu düşünülen basitliğin bir hayal olduğu ispatlandı. Bunun yerine hücreyi eksiltilemez bir karmaşıklık işgal etmekte. Sonuç olarak hayatın üstün bir akıl tarafından tasarlanmış olduğu anlayışı, hayat basit doğa kanunlarının bir sonucu olarak algılamaya alışkın bizlerde bir şok etkisi yaratmıştır. Ama diğer yüzyıllar da benzer şoklar yaşamışlardı ve şoklardan kaçmak için bir neden de yok. İnsanlık uzayın merkezinin dünyadan kalkıp güneşin ötesine ilerlemesine, hayatın tarihinin çoktan ölmüş sürüngenleri içerecek kadar genişlemesine ve sonsuz kainat fikrinin çökmesine dayanabilmiştir. Darwin'in kara kutusunun açılmasına da dayanacaktır.

SONUÇ:

Bilimsel tezatlar

Darwin, "Türlerin Kökeni" kitabında canlıların evrimi konusunda elimizde yazılı soyağaçları bulunmadığı için soy ortaklığını çeşitli benzerliklerden çıkarmak zorundayız diye yazar. Diğer ifade ile canlılardaki soy ortaklığının en büyük belirtisi canlılar arasındaki benzerliklerdir.

Nitekim insanların primatlardan evrimleştiği varsayımı (primatların bir alt filum olan tetrapodlarla evrimsel bir bağ kurulmamasına, bu nedenle kökenlerinin bilinmemesine rağmen) bu öngörüye dayanır. Bir başka ifade ile evrim teorisine göre insanlarla primatlar bazı yönlerden benzeşiyorlarsa gelişkin tür daha az gelişkin olan türden (insanlar primatlardan) evrimleşmiş olmalıdır.

Charles Darwin'in ortaya attığı teorinin özünü ifade eden "Türlerin Kökeni" kitabı pek çok bilimsel tezatlar ve hatta saçmalıklarla doludur. Darwin akıl almaz bir mantıkla şunları yazabilmektedir;

> **"Balıkların yüzme kesesi buna güzel bir örnektir. Çünkü aslında bir tek amaç için yani yüzmek için yapılmış bir organ çok farklı amaç için yani solunum için değiştirilebilmesi gibi pek önemli bir olguyu açıkça göstermektedir."**

Yüzme kesesi belirli balıklarda işitme organına yardımcı olmaktadır. Bütün fizyologlar yüzme kesesinin konum ve yapı bakımından yukarı omurgalı hayvanların akciğerleriyle kökendeş ya da benzer amaçlı olduğunu kabul etmektedirler.

Bundan dolayı yüzme kesesinin gerçekten akciğerlere ya da yalnız solunum amacıyla kullanılan bir organa dönüştüğünden şüphe etmek için hiç bir gerekçe yoktur.

Darwin'in yukarıdaki akıl almaz, bilim dışı cümlelerini okuyan bir kişi büyük bir şaşkınlıkla balıklardaki yüzme kesesinin zamanla akciğerlere dönüştüğü konusunda çok ciddi bilimsel bulguların, kanıtların olduğunu zanneder. Aklı başında ayrıca teori sahibi bir bilim insanının böylesine bir iddiada bulunabilmesi için küçükte olsa bazı bilimsel kanıtlara, bulgulara ihtiyaç duyacağı açıktır.

Akciğerler basite indirgenemez kompleks sistemlerin bütünsel kurgusu olan canlı bedenlerinin olmazsa olmaz organlarından biridir. Soğuk kanlı bir canlıdaki basit yapılı bir hava keseciğinin sıcakkanlı canlılarda bulunan bu kompleks organa evrimleşebileceğini iddia edebilmek için Darwin'inkine benzeyen çok güçlü hayal gücüyle birlikte akıl, mantık ve bilim kurallarını unutmaya ihtiyaç olmalıdır.

Fakat Darwin teorisini aklınca kanıtlamak için bu gereksinimini aklının ucundan bile geçirmez. Fakat bilim varsayımları gösterilen kanıtlar göre değerlendirir.

Balıklarda bulunan basit bir hava keseciğinin sıcakkanlı canlılarda bulunan ve basite indirgenemez kompleks yapılar sergileyen ayrıca tüm yaşamsal organlarla olmazsa olmaz ilişkilerin olan bir organa dönüşmüş olabileceği varsayımının bilimsellik bir yana insan hayal gücünü de aşan bir saçmalık olduğu açıktır.

Bu konuda yorumu bilimsel ahlak sahibi okuyuculara bırakıyoruz.

Darwin'in, bu sınırsız değişim fikrini en iyi ifade eden bilimsel kanıtlardan çok derin ve sınırsız bir hayal gücüyle ifade bulan "Türlerin Kökeni"nde yazdığı şu cümlelerdir. "Bir ayı cinsinin doğal seleksiyon yoluyla giderek daha fazla suda yaşamaya uygun özellikler elde etmesinde, giderek daha büyük ağızlara sahip olmasında ve sonunda bu canlının dev bir balinaya dönüşmesinde hiçbir zorluk göremiyorum".

Darwin bir ayının balinaya evrimleşebileceğini! bunun içinde hiç bir zorluk görmediğini ifade eder. Bizden söylemesi... Karar akıl, mantık ve izan sahiplerinindir. Bu cümleyi Charles Darwin'i tanımayan ve canlılar konusunda en küçük bir bilgisi olmayan bir kişiye okur ve fikrini sorarsanız aldığınız cevap muhtemelen; bu satırları yazan kişi hem ayıları, hem de balinaları bilmiyor olacaktır.

Gerçekten de elimizde yazılı soyağaçları bulunmadığı için soy ortaklığını çeşitli benzerliklerden çıkarmak zorundayız diye yazan ve bilim adamı olması gereken bir kişinin balinaların ayılardan evrimleşebileceği, bu konuda herhangi bir zorluk görmemesini açıklaması ve bu saçmalığı teorisine kanıt olarak göstermeye çalışması hayli ilginç ve ibret vericidir.

Darwin'in mantığına göre canlılar arasındaki soy ortaklığının benzerliklerden çıkarılması gerektiği düşünülürse iki canlı arasındaki soy benzerliğinin tespitinde ayılarla balinalar arasındaki benzerliklerin göz önüne alınması gerekecektir.

Bütün içten ve gayretli çalışmalarımıza rağmen ayılarla balinalar arasında her iki canlının doğurarak çoğaldıkları, yavrularını emzirdikleri, balinaların suda yaşadıkları, ayıların ara sıra suya girdikleri, ciğerleriyle nefes aldıkları, sıcakkanlı oldukları dışında benzerlik bulamadık.

Fakat benzersizlikler binlercedir.

Okuyucunun balinaların ayılardan evrimleşebileceği konusunda herhangi bir zorluk görmeyen Darwin mantığını daha iyi kavraması ve doğru karar verebilmesi için iki canlı arasındaki benzersizliklerden bir kaçını aşağıya alıyoruz.

a) Balinalar sadece denizlerde yaşar. Ayılar ise ihtiyaç duyduğunda suya girer. Hem karada hem suda yaşar.

b) Orkalar (katil balinalar) dışındaki tüm balinalar plankton denilen küçük canlılarla beslenirler. Evrim teorisine göre planktonla beslenenler orkalardan evrimleşmiştir. Ayılar ise hem otçul, hem etçildir. Otlardan ağaç yapraklarına, böceklerden balıklara kadar çok geniş bir besin yelpazesi vardır.

c) Ayılar karasal hayvanlar en güçlülerinden biridir. Özgür güçlü ve hızlıdırlar. Hemen, hemen doğal düşmanları yoktur.

d) Ayıların vücutları sık tüylerle kaplıdır. Balinaların vücutlarında ise tüy yoktur.

e) Ayıların dört ayağı, ayaklarında son derece kullanışlı pençeler vardır. Balinalar ise bunlardan mahrumdur.

f) Ayı ve balinaların fizyonomilerinde en küçük bir benzerlik yoktur.

Yukarıda yazdığımız gibi iki canlı arasındaki benzersizlikler öylesine çok ve derindir ki birbirlerinden evrimleştiklerini iddia edebilmek için ancak Darwin gibi hayal gücü sınırsız olmak ve bilimin gösterdiklerini bir kenara bırakmak, teorisini savunmak ve kanıtlamak için akıl, mantık, vicdan ve bilimsel ahlak dışı sınırsız bir hırsa sahip olmak gerekir.

Balina ve ayılar konusunda daha derin ve geniş bilgi almak isteyen okuyucularımız ilgili bölümlere müracaat edebilirler. Kendini bir doğa bilgini olarak takdim eden ve bu konuda bir teori hazırlayan bir kişinin hem ayıları hem de balinaları bilmiyor olması, öyle görünmesi hem garip hem de ilginçtir.

Charles Darwin teorisini kurgularken çelişkilere düştüğünün genelde farkındadır.

Maymun vücutlarının kıllı fakat maymunlardan evrimleştiği iddia edilen insan vücutlarının niçin kılsız olduğunu açıklama konusunda ortaya attıklarıyla kendisi bakınız nasıl çelişiyor: "Erkekte kılların özellikle göğüste ve yüzde ve her iki eşeyde kol ve bacakların gövdeye bitiştiği yerlerde alıkonmuş olması insanın kıllarını dik durmaya başlamadan önce yitirdiği varsayımına uygun olarak böyle bir sonuç çıkarılabileceğini göstermektedir."

Çünkü bu gün en kıllı olan kesimler o zaman güneşten en iyi korunmuş olmak gerekir. Bununla birlikte başın saçlarla kaplı olması dikkat çeken bir ayrıntıdır. Çünkü baş her zaman güneşin etkisinde en çok kalan parçalardan biri olmakla birlikte sık saçlarla kaplıdır.

Ne var ki insanı da içine alan maymunlar takımının öbür üyeleri çeşitli sıcak bölgelerde yaşamakla birlikte kıllarla kaplıdır ve kılların genellikle en sık olduğu yer sırt kesimidir. Bu insanın güneşin etkisi ile çıplaklaştığı varsayımını çürütmektedir..

// SON //

Evrim Teorisi Terimler Sözlüğü

A

abiyogenez

Canlıların cansız maddelerden meydana geldiğini savunan görüş.

adaptasyon

Bir canlı türünün yaşam kavgasında olumlu etkileri olan ve doğal seçilim ile zamanla topluluk içinde sıklığını artıran özelliklere denir. Canlıların değişen çevre koşullarına bağlı olarak hayatta kalma başarısını artıracak yöndeki kalıtımsal değişimlerdir. Kavram ilk olarak Jean-Baptiste Lamarck tarafından ortaya atılmıştır.

adenozin trifosfat (ATP)

Canlıların doğrudan kullandığı hücresel enerji molekülü, biyolojik enerji.

aerobik solunum

Hücrede yalnız moleküler oksijenin kullanıldığı bir solunum şeklidir.

aglütinasyon

Kan hücrelerinin kümeleşerek pıhtılaşması.

akson

Sinir hücrelerinin uzun uzantısı.

alel

bir genin değişik biçimlerine genetikte verilen addır. Genlerde aynı karakteristik özelliği kodlayan fakat farklı kodlar taşıdığı için farklı özelliklerin ortaya çıkmasını sağlayan genlerden her biri aleldir. Örneğin göz renginizi belirleyen genin ela rengi ortaya çıkaran biçimi ile kahverengi rengi ortaya çıkaran biçimi aleldir.

alellerin sabitlenmesi

Bir genin sahip olduğu alellerden biri, kalıtımsal sürüklenme veya doğal seçilim yoluyla toplum icinde sıklığını artırarak diğer alellerin tükenmesine yol açarsa o alel sabitlenir.

alg

Sulu ortamda yaşayan yosun.

Allantoyis kesesi

Yumurta içindeki metabolik artıkların depolandığı embriyonik kese.

alt paleolitik

Taş aletlerin ilk ortaya çıkışıyla başlayıp günümüzden yaklaşık 200.000 yılönce sona eren dönem

amino asit

Proteinlerin yapı taşıdır. Bir amino asit, amino grubu (NH2) ile bir karboksil grubu (COOH) taşıyan bileşiklerdir. Çok sayıda amino asit birleşerek proteinleri oluşturur.

anaerobik solunum

Hücrede moleküler oksijenin kullanılmadığı bir solunum şeklidir.

analog yapı (özellik)

Ortak bir atayı paylaşmadığı halde evrimsel baskılar sonucu ortaya çıkan benzerliklerdir. Yarasa kanadı ile insan kolu birbirine göre "homolog" yapılar iken, böcek kanadı "analog" yapılardır. Bkz: Homolog yapı (özellik).

analoji

İki farklı şey arasındaki benzerlik veya benzerliklerden hareket edilerek birisi için dile getirilenlerin diğeri içinde söz konusu olduğunu ileri sürmektir. Evrimsel anlamda da gitgide birbirine yaklaşan doğru çizgiler biçiminde ilerleyen evrim modeline dayalı , organizmalar arasındaki benzerlikleri dile getirmektir.

B

Bakteri

Monera aleminde yer alan zarla çevrili gerçek ve belirgin çekirdeği ve organelleri bulunmayan prokaryotik yapıdaki en ilkel tek hücreli canlı.

Başkalaşım

Bazı böcek ve kurbağa gibi canlıların, yumurtadan çıktıktan sonraki gelişme evrelerinde yapısal değişikliğe uğrayarak atalarına benzer hale gelmeleri.

Bazal metabolizma

Hayatın devamı için şart olan asgari metabolizma faaliyeti.

bipedalizm

İnsanda olduğu gibi iki arka ayak üzerinde yürüme yetisi.

biyostratigrafi

Evrimleşmekte olan bir soyda ortaya çıkan evrimsel değişikliklere dayalı tarihlendirme yöntemi.

C, Ç

çok merkezli evrim (model)

Günümüz insanı Homo sapiens`in Darwinsel mantığın dışında kalan bir varsayım ile Afrika, Asya ve Avustralya kıtalarındaki pek çok bölgede aynı anda bilinmeyen bir mekanizma ile birbirinden bağımsız olarak Homo erectus türünden paralel olarak evrimleştiğini savunan ve bugün kabul görmeyen bilimsel görüş.

Crossing-over

Eşey ana hücrelerinde gerçekleşen mayoz bölünmenin profaz I safhasında oluşan tetratların kromatitleri arasındaki parça değişimi.

D

darboğaz (kalıtımsal darboğaz)

Bir türün toplumunun geçici bir süre için kalıtımsal sürüklenmenin etkisine girecek derecede ciddi birey kaybına uğrayarak gen havuzunun daralması.

doğrusal evrim (model)

İnsanın tek merkezden köklenerek bü günkü insana doğru, tek birtür halinde evrimleştiğini savunan kuram.

E

edinilmiş karakter

Evrimsel bir grup içerisinde bazı soyların (ya da bireylerin) kazanmış olduğu özellik. İlkel karakter karşıtı.

eşeysel dimorfizm

Bir türün vücut yapısının kimi unsurlarının erkeklerle dişiler arasında boyut ve biçim yönünden tutarlı, kararlı biçimde başkalaştığı durum.

etnografik analoji

Günümüzdeki ya da yakın geçmişteki toplumlarla tarih öncesi toplumlar arasında benzerlik kurma.

etoloji

Doğal çevredeki hayvan türlerinin toplumsal davranışlarının incelenmesi.

evrimsel uyum

bkz. Adaptasyon

F

fauna

Bir ekosistemin hayvanları kapsayan ögesi.

faunal korelasyon

Bir fosil alanını,barındırdığı hayvan fosilleri ile yaşı bilinen diğer bir alandakiler arasındaki benzerlikler yardımıyla tarihlendirme.

fenotip

Bir organizmanın fiziksel özellikleri.

filetik değişiklik

Yaşayan bir türün giderek değişmesi sonucu yeni bir türün ortaya çıkması, ancak tür içerisinde çeşitlenmeye yol açmaması.

filojeni

Bir organizma grubunun evrimsel geçmişi; soyağacı, aile ağacı.

flora

Bir ekosistemin bitkileri kapsayan ögesi.

G

gen akışı

Eşeysel birleşme yoluyla toplumlar arası gen alışverişi.

gen havuzu

Belirli bir zamana ait bir toplumun tüm genleri.

genetik sürüklenme

bknz. kalıtımsal sürüklenme .

genom

Bir türün genleri ve onlarla ilintili DNA'sının tümü

genotip

Bir organizmanın genetik yapısı

gradualizm (model)

Küçük çapta değişikliklerin sürekli, kararlı birikimine dayalı evrim modeli; giderek yavaş yavaş evrimleşme.

H

holosen

10 bin yıl önce Pleistosen'in sona ermesiyle başlayan jeolojik dönem.

hominid (hominidae)

İnsan, şempanze, oragutan ve gorillerden oluşan büyük insansı maymunlar (great apes) ailesinin üyeleri.

homolog yapı (özellik)

Ortak atalık yoluyla türler arasındaki yapısal benzerliklerdir. Yarasa kanadı ile insan kolu birbirine gore "homolog" yapılar iken, böcek kanadı "analog" yapılardır. Bkz: Analog yapı (özellik).

homoloji

Ortak atalık yoluyla türler arasındaki yapısal benzerlik.

homoplazi

Birbirine gittikçe yaklaşan çizgiler biçiminde işleyen evrim sonucu türler arasında ortaya çıkan ortak özellik.

I, İ

ilkel karakter

Bir grubun ortak atasında bulunan dolayısıyla da aynı grubun tüm bireylerince paylaşılan özellik.(edinilmiş karakter karşıtı)

insansı maymunlar (apes)

Büyük insansı maymunlar olan insan, şempanze, goril ve orangutanların yanı sıra küçük insansı maymunlar olan 12 gibon türünü de kapsayan primat grubu.

J

jeokronoloji

Jeolojik tarihlendirme yöntemi ve ya bu yöntemin adı.

jeoloji

Yer bilimi. Geniş anlamıyla Jeoloji , yerküresinin güneş sistemi içerisindeki durumundan onun fiziksel ve kimyasal özelliklerine, oluşumundan bu yana geçirdiği değişikliklere, üzerinde yaşayan canlıların evrimine kadar geniş bir kapsama sahiptir. Yeryuvarlağın tarihinden, yaşam, yerkabuğunun bileşimi ile yapısal koşullardan ve yer üzerinde gelişen evrimlere hakim kuvvetlerden bahseden bilimdir. Ancak genel kullanımı daha dar bir kapsama karşılık gelir. Dar anlamı ile ya da çoğunlukla algılandığı biçimiyle, bütün yeryuvarlağının değil, özellikle ortalama kalınlığı 35 km olan katı yerkabuğunun bilimidir.

jeolojik devirler

Doğa" denince çoğunlukla dünyanın yaşayan kısmı anlaşılsa da, yeryüzü yaşamı, onu, dünyanın cansız kısmından; havasından, suyundan, taşından ayırarak anlaşılamaz. Yaşam gezegenimizin bu üç bileşeninde meydana gelen değişimlerden önemli ölçüde etkilenir ve bunların etkisi altında biçimlenir. Paleontoloji ve jeoloji bilimleri yeryüzünün ve yaşamın doğasını anlamak için yeryüzünün kayaçlarını ve fosillerini inceler, geçmişten bugüne geçirdiği değişimleri anlamaya çalışır. Doğanın tarihi dünyanın oluşumdan bugüne kadar geçen ve durmaksızın devam eden kesintisiz bir süreç olsa da bilim adamları çalışılmasını ve anlaşılamasını kolaylaştırmak amacıyla dünyanın tarihini "jeolojik devirler" denilen çeşitli dönemlere ayırır. Jeolojik devirler de tüm sınıflandırmalar gibi yapay bir sistem olsa da, çok teknik olmayan ana ayrımlar; büyük yok oluşlar, evrimsel patlamalar gibi yaşamı büyük ölçüde etkileyen olaylara dayandığından, gerçekten çok uzak değildir.

K

kalıtımsal sürüklenme

Kalıtımsal çeşitliliği erozyona uğratarak yok eden evrimsel kuvvettir. Yalıtılmış durumdaki küçük toplumlarda, gen havuzundaki aleller başka hiçbir evrimsel etki (gen akışı, mutasyon, doğal seçilim) altında olmaksızın, yalnızca şansa bağlı nedenler ile sabitlenebilir (bkz: "alellerin sabitlenmesi"). Doğal seçilimin tersine, kalıtımsal sürüklenme, bir toplum içindeki tüm genleri (alelleri) ayni oranda etkiler. Türün bireyleri için hiçbir yararı olmayan ve hatta zararlı olan özellikler, rasgele kalıtımsal sürüklenme nedeniyle toplum içinde sıklığı artarak sabitlenebilir. Kalıtımsal darboğazdan geçen toplumlar gelecekte sayılarını artırsalar bile sürüklenmeden kaynaklanan sabitlenmiş alelleri taşırlar (bkz: Darboğaz). Sewall Wright, 1931'de Kalıtımsal sürüklenme yolu ile evrimleşme düzeneğini "Değişken denge kuramı" (Shifting balance theory) adı altında öne sürmüstür.

kavuşmacı (yakınsak) evrim

Yakın akraba olmamalarına rağmen çok benzer yapılar geliştirmiş olan türlerin evrimine denir. Analog yapıların ortaya çıkışını açıklayan evrim modeli. Bkz: Analog yapı. Dikenli çöl bitkilerinden Amerika kıtasına özgü kaktus familyası (Cactaceae) ile Afrika`ya özgü sütleğengiller familyası (Euphorbiaceae) yapısal olarak birbirine çok benzemesine karşın atasal kökenleri birbirinden çok uzaktır. Benzer coğrafya ve iklim koşullarının biçimlendirdiği evrimsel uyumlar sonucu kavuşmacı evrim ile açıklanan analog yapılar edinmişlerdir. Her iki familya su kaybını en aza indirgemek için su depolayan ve özümseme (fotosentez) yeteneğine sahip şişkin gövdelerinin yanisira, dikenleşmiş yapraklara sahiptir.

klad (clade)

Ortak bir atadan gelen gurup.

kladistik

Türler arasında ilkel ya da edinilmiş karakter ayırımına göre ilişkiler kurmayı amaçlayan evrimsel biyoloji öğretisi.

kladogram

Türlerin akrabalığının şematik anlatımı. (bknz kladistik)

konverjan evrim

bkz. kavuşmacı evrim

L

lokus

Bir kromozom üzerinde gen gibi biyolojik önemi olan bir DNA dizisinin bulundugu konum. Bir kromozom üzerindeki lokus verilen özellik için sadece bir allel içerir, eğer canlı diploid ise homolog kromozom üzerindeki aynı konumda bulunan lokus farklı bir allel içerebilir.

M

magdaleniyen (magdalenian)

Avrupa'da üst-paleolitik dönemde 17-12 bin yılları arasını kapsayan kültür evresi; adını Fransa'nın Dordogne bölgesindeki La Madeleine kaya sığınağından almıştır.

mitokondri

Hücrede enerji metabolizmasını düzenleyen küçük organeller. Küçük bir genoma sahip olduğu için diğer organellerden ayrılır.(küçük bir miktar DNA molekülü barındırır.)

mitokondriyal havva (model)

Bu günkü insanın görece yakın bir geçmişte Afrika'da ortaya çıktıktan sonra Eski dünya'nın diğer bölgelerinde yayılışı sırasında önüne çıkan tüm arkaik toplulukları ortadan kaldırarak, onların yerini aldığını savunan ve genetik verilere dayalı evrim kuramı.

moleküler saat (biyolojik anlamda)

genom içerisinde biriken mutasyonların geçen sürenin ölçülmesinde kullanılmasına ilişkin kavram.

morfoloji

Bir organizmanın fiziksel yapısı.

musteriyen (Mousterian)

Önceden hazırlanmış özlerden yongalar çıkarmak yöntemiyle taş alet yapma teknolojisi. Bu dönem 200 bin yıl önce başlamış 40 bin yıl öncesine kadar sürmüştür.

mutlak tarihleme

Fosil barındıran katmanların yaşını genellikle radyometrik yöntemlerle saptayarak fosil ya da buluntuları tarihlendirme.

N

neolitik

10 bin yıl önce tarımın başlaması ile ilintilenen dönem.

niş (Niche)

Aynı türün bireyleri arasındaki savaşım, gereksinimlerinin çok benzer olması nedeniyle en çetin olanıdır. Canlılar bu nedenle türleşerek değişik ortamlara ve kaynaklara uyum sağlarlar. Türleşme bireylerin arasındaki savaşımın düzeyini azaltır. Her canlı türü, bulunduğu ortamın kaynaklarını en verimli biçimde kullanmaya çalışır ve hayatta kalma olasılığını artırmaya çalışır. Bir canlı türünün kullanabildigi kaynakların sınırladığı yaşam alanına "Niş" adı verilir. Bkz. Türleşme.

nükleotit

Fosfat, pentoz ve azotlu organik bazdan oluşan DNA ve RNA'nın temel yapıtaşı.

O, Ö

oldowan

Çakıl taşlarını parçalayıp biçimlendirerek kesici aletler üretmeye yönelik taş-alet endüstrisi . Bu kültürel evre Afrika ve Asyanın kimi yörelerinde 2,5 milyon yıl önce başlamış ve günümüzden 200 bin yıl öncesine kadar sürmüştür.

orta Paleolitik

Kuzey Afrika ve Avrupa'da yaklaşık 200 bin yıl önce başlayarak 40 bin yıl önce kültürel dönem; Sahra-altı Afrika'sındaki dengi Orta Taş Devridir.

P

paleoantropoloji

İnsan evrimini çoklu-disiplin bağlamında incelenmesi

paleolitik

2,5 milyon yıl önce ,taş aletlerin ilk ortaya çıkışından, tarımın başladığı 10 bin yıl öncesine kadar süren Eski Taş Devri.

paleomanyetizma

Yerkürenin manyetik kutuplarının yönünde periyodik olarak tersine yön değiştirmesine dayalı tarihlendirme yöntemi.

paleontoloji

Soyu tükenmiş organizmaların fosillerini ve biyolojisini inceleyen bilim dalı.

pleistosen

Dördüncü jeolojik çağın ilk dönemi ; bu çağ yaklaşık 2 milyon yıl önce başlamış ve 10 bin yıl önce sona ermiştir.

pliosen

Yaklaşık 5 milyon yıl öncesinden 2 milyon yıl öncesine dek süren 3. jeolojik çağın (tersiyer) son dönemi.

polimorfizm (genetik)

Fenotipik bir etki yapabilen bir genin değişkeni. (bknz alel)

potasyum-argon tarihlendirme yöntemi

Potasyum 40'ın argon 40'a bozunumuna dayanarak volkanik kayaçları tarihlendirme yöntemi; Paleoantro-polojide önemli bir tarihlendirme aracıdır.

primatlar

Prosimiyenlerle antropoidleri kapsayan sonlu (plasentalı) memeliler sınıfı.

prosimiyen

Lemurları, lorisleri ve tarsiyerleri kapsayan primat alttakımının genel adı.

punctuationalizm

Başkalaşımların kısa dönemlerde yoğunlaştığı evrim biçimi (gradualizm karşıtı)

S, Ş

şatelperoniyen (Chatelperronian)

Musteriyen kültür evresinden Orinyasine geçiş aşamasında ortaya çıkan ve her ikisinin özelliklerini taşıyan Üst Paleolitik alet endüstrisi olup arkaik ve modern insan arasındaki ilişkiler sonucunda doğmuş olabileceği düşünülen kültür.

setikleme

Arka ayaklar üstünde ve el parbaklarının dışına (setiklere) basarak yürüme ya da devinme biçimi.

solutreyen

Üst paleolotik'te 23 bin-18 bin yılları arası dönemi kapsayan başat bir kültürel evre ; adını doğu Fransa'daki Solutre fosil alanından almıştır.

T

taksonomi

Organizmaları evrimsel ilişkiler uyarınca sınıflandırma.

türleşme

Yaşayan bir soyun dallanmasıyla yeni türlerin evrimleşerek çeşitlenmesi

U, Ü

üst paleolitik

Yaklaşık 40 bin-10 bin yılları arasını kapsayan ve Kuzey Afrika ile Avrupayı ilgilendiren kültürel dönem; Sahra-altı Afrika'daki dengi son taş devridir.

uyum

Bir canlı türünün yaşam kavgasında olumlu etkileri olan ve doğal seçilim ile zamanla topluluk içinde sıklığını artıran özelliklere denir. Canlıların değişen çevre koşullarına bağlı olarak hayatta kalma başarısını artıracak yöndeki kalıtımsal değişimlerdir. Kavram ilk olarak Jean-Baptiste Lamarck tarafından ortaya atılmıştır.

KAYNAKLAR (BİBLİYOGRAFYA)

[1] Charles Darwin, "Türlerin Kökeni ve Korunumlu Doğal Seçilimin Anlamı" The Origin of Species: By Means of Natural Selection or the Preservation of Favoured Races in the Struggle for Life, London: Senate Press 1995

[2] Caner Taslaman, Evrim Teorisi, Felsefe ve Tanrı, İstanbul Yayınları, 2007

[3] Richard Dawkins, "Kör Saatçi" The Blind Watchmaker, London: W. W. Norton 1986

[4] Richard Dawkins "Gen bencildir" The Selfish Gen, London: W. W. Norton 1990

[5] Richard Dawkins "Tanrı Yanılgısı" The God Delusion, London: W. W. Norton 1998

[6] T.W. Graham Solomons & Craig B. Fryhle, Organic Chemistry, University of South Florida, John Wiley & Sons, 2000

[7] T.W. Graham Solomons & Craig B. Fryhle, Organik Kimya (Türkçe çevirisi), Gürol Okay & Yılmaz Yıldırır, Literatür Yayınları, 2002

[8] Frank Netter, Atlas of Human Anatomy, Novartis

[9] Marks Engels Mektuplar, cilt I

[10] Marx ve Engels Mektuplar, cilt II

[11] Friedrich Engels, Ütopik Sosyalizm-Bilimsel Sosyalizm

[12] Richard Monestarsky, "Misteries of the Orient", Discover, 1993

[13] Stefan Bengston, Nature (1990).

[14] Ernst A. Hooten, Up From the Ape, New York: Mc Millan, 1931

[15] Francis Hitching, The Neck of the Giraffe: Where Darwin Went Wrong, New York: Ticknor & Fields 1982

[16] Stephen Jay Gould, "Smith Woodward's Folly", New Scientist, Nisan 1979

[17] "Piltdown", Meydan Larousse, Cilt 10

[18] William K. Gregory, "Hesperopithecus Apparently Not On Nor a Man", Science, Volume 66, Aralık 1927

[19] Elwyn Simons, "Puzzling Out Men's Ascent", Time, Kasım 1977

[20] Robert Eckardt, "Population Genetics and Human Origins", Scientific American, Sayı 226, 1972

[21] David Pilbeam, "Humans Lose an Early Ancestor", Science, Nisan 1982

[22] Jean Jacques Hublin, The Hamlyn Encyclopædia of Prehistoric Animals, New York: The Hamlyn Publishing Group Ltd. 1984

[23] Francis Hitching, The Neck of the Giraffe: Where Darwin Went Wrong, New York: Ticknor & Fields 1982

[24] Engin Korur, "Gözlerin ve Kanatların Sırrı", Bilim ve Teknik, Ekim 1984

[25] Storris L. Olson & Alan Fedducia, "Flight Capability and the Pectoral Girdle of Archæopteryx", Nature, Mart 1979

[26] Old Bird, Discover, Mart 1997.

[27] Shipman Pat, "Birds Do It... Did Dinosaurs?" New Scientist, Şubat 1997

[28] Douglas Dewar, İnsan: Özel Yaratık

[29] Charles E. Oxnard, "The Place of Australopithecines in Human Evolution: Grounds for Doubt", Nature, Sayı: 258

[30] Richard Leakey, The Making of Mankind, London: Spehere Books 1981

[31] Erik Trinkaus, "Hard Times Among the Neanderthals", Natural History, Sayı 87, Aralık 1978, s. 10; R. L. Holloway, "The Neanderthal Brain: What Was Primitive", American Journal of Physical Anthropology Supplement, Sayı 12, 1991

[32] Erik Trinkaus, "Hard Times Among the Neanderthals", Natural History, Sayı 87, Aralık 1978

[33] Richard B. Bliss & Gray E. Parker, Origin of Life, California 1979

[34] Kevin Mc Kean, Bilim ve Teknik, Sayı 189

[35] J. P. Ferris & C. T. Chen, "Photochemistry of Methane, Nitrogen and Water Mixture as a Model for the Atmosphere of the Primitive Earth", Journal of American Chemical Society, Cilt 97, Sayı 11, 1975

[36] Stanley Miller, Molecular Evolution of Life: Current Status of the Prebiotic Synthesis of Small Molecules, 1986

[37] Richard B. Bliss & Gray E. Parker, Origin of Life, California 1979

[38] Richard Dickerson, "Chemical Evolution", Scientific American, Cilt 239, Sayı 3, 1978

[39] Frank B. Salisbury, Doubts about the Modern Synthetic Theory of Evolution,

[40] Homer Jacobson, "Information, Reproduction and the Origin of Life," American Scientist, Ocak 1955

[41] Reinhard Junker, Siegfried Scherer, "Entstehung Gesiche Der Lebewesen", Weyel, 1986

[42] A. I. Oparin, Origin of Life

[43] Stephen Jay Gould, Full House The Spread of Excellence from Plato to Darwin, Three Rivers Press, New York (1995)

[44] Ahmet Cevizci, Paradigma Felsefe Sözlüğü, Paradigma Yayınları, 4. Baskı,İstanbul (2000)

[45] Ernst Mayr, The Growth of Biological Thought

[46] Platon, Devlet, çev: Sabahattin Eyüboğlu - M. Ali Cimcoz, Türkiye İş Bankası Yayınları, İstanbul (2000)

[47] Ş. Teoman Duralı, Biyoloji Felsefesi, Akçağ Yayınları, Ankara (1992)

[48] Ş. Teoman Duralı, Çağdaş Küresel Medeniyet: Gelişimi Konumu ve Anlamı, Dergah Yayınları, İstanbul (2002)

[49] Ernst Mayr, Toward a New Philosophy of Biology, Harvard University Press, Cambridge (1988)

[50] Martin Heidegger, Nietzche'nin Tanrı Öldü Sözü, çev: Levent Özşor, Asa Kitabevi, (2001)

[51] F. S. Bodenheimer, The History of Biology an Introduction

[52] Aristoteles, Metafizik, çev: Ahmet Arslan, Sosyal Yayınları, İstanbul (1996)

[53] Alfred Weber, Felsefe Tarihi, çev: H. Vehbi Eralp, Sosyal Yayınları, İstanbul (1998)

[54] Marc Ereshefsky, Species and The Linnaean Hierarchy, (ed: Robert A. Wilson, 'Species') MIT Press, Cambridge (1998)

[55] Erik Nordenskiöld, The History of Biology

[56] L. P. Coonen, Evolution of Method in Biology, (ed: Vincent E. Smith, 'Philosophy of Biology') St. John's University Press, New York (1962)

[57] Ş. Teoman Duralı, Aristoteles'te Bilim ve Canlılar Sorunu, Çantay Kitabevi, İstanbul (1995)

[58] Aristoteles, Fizik, çev: Saffet Babür, Yapı Kredi Yayınları, İstanbul (2001)

[59] Aristoteles, Fizik, s. 71-93; Bryan Magee, Felsefenin Öyküsü, çev: Bahadır Sina Şener, Dost Kitabevi Yayınları, Ankara (2000)

[60] Michael Ruse, Philosophy of Biology, Prentice Hall, New Jersey (1989)

This book has been produced in line with the EU GPSR guidelines about the safety of products.

The General Product Safety Regulation is the European Union's updated framework for ensuring that all consumer products, including books, are safe for consumers.

This book has been printed by CPI books GmbH. The printer has issued safety certificates for the materials - like ink, paper and glue - being used.

The product identifier is: 9786253871512

The author is responsible for the content of the book, is the publisher of the works and bears full responsibility for it.

The book has been produced via Bookmundo. Bookmundo enables any author to share their stories with the rest of the world via printed books and ebooks and a broad distribution network.

Bookmundo will act as an intermediary in regard to questions about safety and will address them to the printer / author. Should there be any question in regard to the safety of the product, please contact us.

Bookmundo
Delftsestraat 33
3013AE Rotterdam
The Netherlands
info@bookmundo.com

FSC
www.fsc.org
MIX
Papier | Fördert gute Waldnutzung
FSC® C083411

Kolibri 360 GmbH
Ferdinand-Jühlke-Straße 7
99095 Erfurt, Deutschland
produktsicherheit@kolibri360.de